网络管理员 5 天修炼

施　游　朱小平　阮晓龙　编著

中国水利水电出版社
www.waterpub.com.cn
·北京·

内 容 提 要

　　网络管理员考试是计算机技术与软件专业技术资格（水平）考试系列中的一个重要考试，是计算机专业技术人员获得网络助理工程师职称的一个必要途径。网络管理员考试涉及的知识点极广，涵盖了本科计算机基础的全部内容，但考试难度不大。

　　本书以作者多年从事软考教育培训和试题研究的心得体会建立了一个 5 天的复习架构。本架构通过深度剖析考试大纲并综合历年的考试情况，将网络管理员考试涉及的各知识点高度概括、整理，将整个考试分解为一个个相互联系的知识点逐一讲解。读者通过学习本书可以快速提高复习效率和准确度，做到复习有的放矢，考试时得心应手。最后还给出了一套全真的模拟试题并详细作了解析。

　　本书可作为参加网络管理员考试的考生自学用书，也可作为软考培训班的教材。

图书在版编目（ＣＩＰ）数据

网络管理员5天修炼 / 施游，朱小平，阮晓龙编著
. -- 北京 : 中国水利水电出版社，2019.8（2024.12 重印）
ISBN 978-7-5170-7885-2

Ⅰ．①网… Ⅱ．①施… ②朱… ③阮… Ⅲ．①计算机
网络管理－资格考试－自学参考资料 Ⅳ．①TP393.07

中国版本图书馆CIP数据核字 (2019) 第165387号

责任编辑：周春元　　　加工编辑：王开云　　　封面设计：李 佳

书　　名	网络管理员 5 天修炼 WANGLUO GUANLIYUAN 5 TIAN XIULIAN
作　　者	施 游　朱小平　阮晓龙 编著
出版发行	中国水利水电出版社 （北京市海淀区玉渊潭南路 1 号 D 座　　100038） 网址：www.waterpub.com.cn E-mail: mchannel@263.net（答疑） 　　　　sales@mwr.gov.cn 电话：（010）68545888（营销中心）、82562819（组稿）
经　　售	北京科水图书销售有限公司 电话：（010）68545874、63202643 全国各地新华书店和相关出版物销售网点
排　　版	北京万水电子信息有限公司
印　　刷	三河市鑫金马印装有限公司
规　　格	184mm×240mm　　16 开本　　18.75 印张　　434 千字
版　　次	2019 年 8 月第 1 版　　2024 年 12 月第 5 次印刷
印　　数	11001—13000 册
定　　价	58.00 元

编委会成员

前　言

　　是否通过了网络管理员考试，对于网络技术人员的求职及薪资的影响越来越大。每年都会有大批的"准网络管理员"参加这个考试。我们每年在全国各地进行的考前辅导中，发现很多考生都有着一个共同的烦恼——考试面涉及太广，通过考试不容易。据此，考生最希望能得到老师给出所谓的考试重点。但软考作为严肃的国家组织的考试，是不可能有真正完全准确的"重点"的。但通过我们多年的授权经验，可以肯定的是，学习方法有好坏之分，学习效率有高低之分。

　　为了帮助"准网络管理员"们，结合多年来辅导的心得，我们以历次培训的经典的 5 天时间作为学习时序，精心设计编写了本书，以期考生能通过 5 天的时间，极大地提高考试通过率。5 天的时间很短，但要真正沉下心来进行学习也挺不容易。真诚地希望"准网络管理员"们能抛弃一切杂念，静下心来，花仅仅 5 天的时间，当作一个修炼项目来做，相信您一定会有意外的收获。

　　尽管考试的范围十分广泛，从计算机科学基础到计算机软硬件知识、信息化知识、多媒体知识、计算机网络基础，再到网络安全技术等领域知识，下午的案例分析中还涉及华为设备的配置、Web 配置，但考试涉及的非网络部分的考点相对集中，复习的时候可以通过一些技巧快速提升学习效果，考试的侧重点还在网络技术部分。而这一切，都在本书中进行了精心的组织和设计，通过学习本书，相信您可以极大地提高学习效率和效果。

　　本书的"5 天修炼"是这样来安排的：

　　第 1 天"打好基础，掌握理论"。先掌握网络管理员考试中最基础的内容，以网络体系结构的层次思想为指导，对网络有初步的认识。这类考点几乎在软考考试各科目中均有出现，只是考察难度有些区别。

　　第 2 天"夯实基础，再学理论"。在了解网络基本通信模型的基础上，进一步学习网络安全、无线网络、存储技术、计算机科学基础、计算机的软硬件知识、知识产权知识、信息化知识和多媒体知识。

　　第 3 天"动手操作，案例配置"。掌握网络管理中操作系统的基本操作，对 Windows 系统和 Linux 系统的基本配置有一定了解。

　　第 4 天"再接再厉，案例实践"。学习网络管理中最通用的设备配置知识及其综合运用能力，主要考查 Web 配置、办公软件操作、华为等厂商的交换机、路由器的基础配置与操作。

　　第 5 天"模拟测试，反复操练"。进入全真的模拟考试，检验自己的学习效果，熟悉考试的题型和题量，进一步提升修炼成果。

不过也提醒"准网络管理员"们，一定不要为了考试而学习，一定要抱着"修炼"的心态，通过考试只是目标之一，更多的是要通过学习提高自身的技术水平，以便在将来的工作岗位上能有所作为。

此外，要感谢中国水利水电出版社万水分社周春元副总经理，他的辛勤劳动和真诚约稿，也是我能编写此书的动力之一。感谢和我共事多年的朱小平先生、黄少年女士对本书的编写给出的许多宝贵的建议，感谢我的同事们、助手们，是他们帮助我做了大量的资料整理，甚至参与了部分编写工作。

然而，虽经多年锤炼，编者毕竟水平有限，敬请各位考生、各位培训师批评指正，不吝赐教。大家可以关注我们的"攻克要塞"微信平台，或者发邮件到 syhnjs@qq.com，与我们进行实时的互动，我们有专业老师在其中为大家解答考试相关的问题。

编　者
2019 年 6 月

目 录

考前必知

◎冲关前的准备

不管基础如何、学历如何，5 天的关键学习并不需要准备太多的东西，不过还是在此罗列出来，以做一些必要的简单准备。

（1）本书。

（2）至少 20 张草稿纸。

（3）1 支笔。

（4）处理好自己的工作和生活，以使这 5 天能静下心来学习。

经过 5 天的学习，我们可以掌握网络管理员考试的大部分关键知识，这也是攻克要塞老师们线上和线下培训课程的主体内容。但要通过考试，这 5 天时间，对于一部分基础知识掌握不牢的学员是不够的，还需要后期花费更多的精力去反复学习与复习本书的内容。

◎考试形式解读

网络管理员考试有两场，分为上午考试和下午考试，两场考试都过关才能算通过该考试。

上午考试的内容是计算机与网络知识，考试时间为 150 分钟，笔试，选择题，而且全部是单项选择题，其中含 5 分的英文题。上午考试总共 75 道题，共计 75 分，按 60% 计，45 分算过关。

下午考试的内容是网络系统的管理与维护，考试时间为 150 分钟，笔试，问答题。一般为 5 道大题，每道大题 15 分，每个大题中有若干个小问题，总计 75 分，按 60% 计，45 分算过关。

◎答题注意事项

上午考试答题时要注意以下事项：

（1）记得带 2B 铅笔和一块比较好用的橡皮。上午考试答题采用填涂答题卡的形式，阅卷是由机器阅卷的，所以需要使用2B铅笔；带好用的橡皮是为了修改选项时擦得比较干净。

（2）注意把握考试时间，虽然上午考试时间有150分钟，但是题量还是比较大的，一共75道题，做一道题还不到2分钟，因为还要留出10分钟左右来填涂答题卡和检查核对。笔者的考试经验是做20道左右的试题就在答题卡上填涂完这20道题，这样不会慌张，也不会明显地影响进度。

（3）做题先易后难。上午考试一般前面的试题会容易一点，大多是知识点性质的题目，但也会有一些计算题，有些题还会有一定的难度，个别试题还会出现新概念题（即在教材中找不到答案，平时工作也可能很少接触），这些题常出现在60~70题之间。考试时建议先将容易做的和自己会的做完，其他的先跳过去，在后续的时间中再集中精力做难题。

下午考试答题采用的是专用答题纸，既有选择题也有填空题。下午考试答题要注意以下事项：

（1）先易后难。先大致浏览一下5道考题，考试以知识点问答题为主，基本没有计算题，应先将自己最为熟悉和最有把握的题完成，再重点攻关难题。

（2）问答题最好以要点形式回答。阅卷时多以要点给分，不一定要与参考答案一模一样，但常以关键词语或语句意思表达相同或接近为判断是否给分和给多少分的标准。因此答题时要点要多写一些，以涵盖到参考答案中的要点。比如，如果题目中某问题给的是5分，则极可能是5个要点，1个要点1分，回答时最好能写出7个左右的要点，多写一般不扣分。

（3）配置题分数一定要拿到。网络管理员的配置题分值大、形式固定、内容变化也不大，熟悉基本和常见的配置命令和配置流程就能拿高分。

◎制订复习计划

5天的关键学习对于每个考生来说都是一个挑战，这么多的知识点要在短短的5天时间内全部掌握，是很不容易的，也是非常紧张的，但也是值得的。学习完这5天，相信您会感到非常充实，考试也会胜券在握。先看看这5天的内容是如何安排的吧（5天修炼学习计划表）。

5天修炼学习计划表

时间		学习内容
第1天　打好基础，掌握理论	第1学时	网络体系结构
	第2学时	物理层
	第3学时	数据链路层
	第4学时	网络层
	第5学时	传输层
	第6学时	应用层

续表

时间		学习内容
第 2 天　夯实基础，再学理论	第 1 学时	网络安全
	第 2 学时	无线基础知识
	第 3 学时	存储技术基础
	第 4 学时	计算机科学基础
	第 5 学时	计算机硬件知识
	第 6 学时	计算机软件知识
	第 7 学时	知识产权
	第 8 学时	信息化知识
	第 9 学时	多媒体
第 3 天　动手操作，案例配置	第 1 学时	Windows 知识
	第 2 学时	Windows 配置
	第 3 学时	Linux 知识
第 4 天　再接再厉，案例实践	第 1 学时	Web 网站建设
	第 2 学时	办公软件
	第 3 学时	交换基础
	第 4 学时	交换机配置
	第 5 学时	路由基础
	第 6 学时	路由配置
第 5 天　模拟测试，反复操练	第 1 学时	模拟测试（上午一）试题
	第 2 学时	模拟测试（下午一）试题
	第 3 学时	模拟测试（上午一）试题点评
	第 4 学时	模拟测试（下午一）试题点评

　　从笔者这几年的考试培训经验来看，不怕您基础不牢，怕的就是您不进入计划学习的状态。闲话不多说了，开始第 1 天的复习吧。

第1天
打好基础，掌握理论

第 1 学时　网络体系结构

本学时考点知识结构图如图 1-1-1 所示。

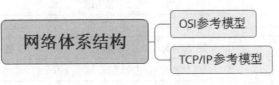

图 1-1-1　知识结构图

1.1　OSI 参考模型

　　设计一个好的网络体系结构是一个复杂的工程，好的网络体系结构使得相互通信的计算终端能够高度协同工作。ARPANET 在早期就提出了分层方法，把复杂问题分割成若干个小问题来解决。1974 年，IBM 第一次提出了**系统网络体系结构**（System Network Architecture，SNA）概念，SNA第一个应用了分层的方法。

　　随着网络的飞速发展，用户迫切要求能在不同体系结构的网络间交换信息，不同网络能互连起来。**国际标准化组织**（International Organization for Standardization，ISO）从 1977 年开始研究这个问题，并于 1979 年提出了一个互联的标准框架，即著名的**开放系统互连参考模型**（Open System

Interconnection/ Reference Model，OSI/RM），简称 OSI 模型。1983 年形成了 OSI/RM 的正式文件——**ISO 7498 标准**，即常见的七层协议的体系结构。网络体系结构也可以定义为计算机网络各层及协议的集合，这样 OSI 本身就算不上一个网络体系结构，因为没有定义每一层所用到的服务和协议。体系结构是抽象的概念，实现是具体的概念，实际运行的是硬件和软件。

开放系统互连参考模型分七层，从低到高分别是物理层、数据链路层、网络层、传输层、会话层、表示层和应用层。

1. 物理层（Physical Layer）

物理层位于 OSI/RM 参考模型的最底层，为数据链路层实体提供建立、传输、释放所必需的物理连接，并且提供**透明的比特流传输**。物理层的连接可以是全双工或半双工方式，传输方式可以是异步或同步方式。物理层的数据单位是**比特**，即一个二进制位。物理层构建在物理传输介质和硬件设备相连接之上，向上服务于紧邻的数据链路层。

物理层通过各类协议定义了网络的机械特性、电气特性、功能特性和规程特性。

- **机械特性**：规定接口的外形、大小、引脚数和排列、固定位置。
- **电气特性**：规定接口电缆上各条线路出现的电压范围。
- **功能特性**：指明某条线上出现某一电平的电压表示何种意义。
- **规程特性**：指明各种可能事件出现的顺序。

物理层的两个重要概念：DTE 和 DCE。

- **数据终端设备**（Data Terminal Equipment，DTE）：具有一定的数据处理能力和数据收发能力的设备，用于提供或接收数据。常见的 DTE 设备有路由器、PC、终端等。
- **数据通信设备**（Data Communications Equipment，DCE）：在 DTE 和传输线路之间提供信号变换和编码功能，并负责建立、保持和释放链路的连接。常见的 DCE 设备有 CSU/DSU、NT1、广域网交换机、MODEM 等。

两者的区别是：**DCE 提供时钟**，而 **DTE 不提供时钟**；DTE 的接头是针头（俗称"公头"），而 DCE 的接头是孔头（俗称"母头"）。

2. 数据链路层（Data Link Layer）

数据链路层将原始的传输线路转变成一条逻辑的传输线路,实现实体间二进制信息块的正确传输，为网络层提供可靠的数据信息。数据链路层的数据单位是**帧**，具有流量控制功能。**链路**是相邻两结点间的物理线路。数据链路与链路是两个不同的概念。**数据链路**可以理解为数据的通道，是物理链路加上必要的通信协议而组成的逻辑链路。

数据链路层应具有的功能：

- 链路连接的建立、拆除和分离：数据传输所依赖的介质是长期的，但传输数据的实体间的连接是有生存期的。在连接生存期内，收发两端可以进行一次或多次不等的数据通信，每次通信都要经过建立通信联络、数据通信和拆除通信联络这三个过程。
- 帧定界和帧同步：数据链路层的数据传输单元是帧，由于数据链路层的协议不同，帧的长短和界面也不同，所以必须对帧进行定界和同步。

- 顺序控制：对帧的收发顺序进行控制。
- 差错检测、恢复：差错检测多用方阵码校验和循环码校验来检测信道上数据的误码，而帧丢失等用序号检测。各种错误的恢复则常靠反馈重发技术来完成。
- 链路标识、流量/拥塞控制：标识用户网络接口或网络接口上承载通路的虚连接；同时实施数据链路层面的流量控制。

局域网中的数据链路层可以分为**逻辑链路控制**（Logical Link Control，LLC）和**介质访问控制**（Media Access Control，MAC）两个子层。其中 LLC 只在使用 IEEE 802.3 格式的时候才会用到，而如今很少使用 IEEE 802.3 格式，取而代之的是以太帧格式，而使用以太帧格式则不会有 LLC 存在。

3. 网络层（Network Layer）

网络层控制子网的通信，其主要功能是提供**路由选择**，即选择到达目的主机的最优路径，并沿着该路径传输数据包。网络层还应具备的功能有：路由选择和中继；激活和终止网络连接；链路复用；差错检测和恢复；流量/拥塞控制等。

4. 传输层（Transport Layer）

传输层利用实现可靠的**端到端的数据传输**能实现数据**分段、传输和组装**，还提供差错控制和流量/拥塞控制等功能。

5. 会话层（Session Layer）

会话层允许不同机器上的用户之间建立会话。会话就是指各种服务，包括对话控制（记录该由谁来传递数据）、令牌管理（防止多方同时执行同一关键操作）、同步功能（在传输过程中设置检查点，以便在系统崩溃后还能在检查点上继续运行）。

建立和释放会话连接还应做以下工作：

- 将会话地址映射为传输层地址。
- 进行数据传输。
- 释放连接。

6. 表示层（Presentation Layer）

表示层提供一种通用的数据描述格式，便于不同系统间的机器进行信息转换和相互操作，如表示层完成 EBCDIC 编码（大型机上使用）和 ASCII 码（PC 机上使用）之间的转换。表示层的主要功能有：数据语法转换、语法表示、数据加密和解密、数据压缩和解压。

7. 应用层（Application Layer）

应用层位于 OSI/RM 参考模型的最高层，直接针对用户的需要。

下面再介绍几个考试涉及的重要考点及概念：

（1）封装。OSI/RM 参考模型的许多层都使用特定方式描述信道中来回传送的数据。数据在从高层向低层传送的过程中，每层都对接收到的原始数据添加信息，通常是附加一个报头和报尾，这个过程称为封装。

（2）网络协议。网络协议（简称**协议**）是网络中的数据交换建立的一系列规则、标准或约定。协议是控制两个（或多个）对等实体进行通信的集合。

网络协议由**语法、语义和时序关系**三个要素组成。

● 语法：数据与控制信息的结构或形式。

● 语义：根据需要发出哪种控制信息，依据情况完成哪种动作以及作出哪种响应。

● 时序关系：又称为同步，即事件实现顺序的详细说明。

（3）PDU。协议数据单元（Protocol Data Unit，PDU）是指对等层次之间传送的数据单位。如在数据从会话层传送到传输层的过程中，传输层把数据 PDU 封装在一个传输层数据段中。图 1-1-2 描述了 OSI 参考模型数据封装流程及各层对应的 PDU。

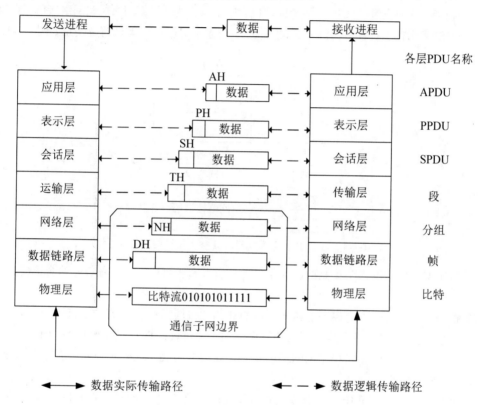

图 1-1-2　OSI 参考模型通信示意图

（4）实体。任何可以接收或发送信息的硬件/软件进程通常是一个特定的软件模块。

（5）服务。在协议的控制下，两个对等实体间的通信使得本层能为上一层提供服务。要实现本层协议，还需要使用下一层所提供的服务。

协议和服务区别是：本层服务实体只能看见服务而无法看见下面的协议。协议是"水平的"，是针对两个对等实体的通信规则；服务是"垂直的"，是由下层向上层通过层间接口提供的。只有能被高一层实体"看见"的功能才能称为服务。

（6）服务原语。上层使用下层所提供的服务必须通过与下层交换一些命令，这些命令就称为服务原语。

（7）服务数据单元。OSI 把层与层之间交换的数据的单位称为服务数据单元（Service Data Unit，SDU）。

1.2 TCP/IP 参考模型

OSI 参考模型虽然完备，但是太过复杂，不实用。而之后的 TCP/IP 参考模型经过一系列的修改和完善后得到了广泛的应用。TCP/IP 参考模型包含应用层、传输层、网络层和网络接口层。TCP/IP 参考模型与 OSI 参考模型有较多相似之处，各层也有一定的对应关系，具体对应关系如图 1-1-3 所示。

OSI	TCP/IP
应用层	应用层
表示层	
会话层	
传输层	传输层
网络层	网际层
数据链路层	网络接口层
物理层	

图 1-1-3 TCP/IP 参考模型与 OSI 参考模型的对应关系

（1）应用层。TCP/IP 参考模型的应用层包含了所有高层协议。该层与 OSI 的会话层、表示层和应用层相对应。

（2）传输层。TCP/IP 参考模型的传输层与 OSI 的传输层相对应。该层允许源主机与目标主机上的对等体之间进行对话。该层定义了两个端到端的传输协议：TCP 协议和 UDP 协议。

（3）网际层。TCP/IP 参考模型的网络层对应 OSI 的网络层。该层负责为经过逻辑互联网络路径的数据进行路由选择。

（4）网络接口层。TCP/IP 参考模型的最底层是网络接口层，该层在 TCP/IP 参考模型中并没有明确规定。

TCP/IP 参考模型主要协议的层次关系如图 1-1-4 所示。TCP/IP 参考模型与 OSI 参考模型有很多相同之处，都是以协议栈为基础的，对应各层功能也大体相似。当然也有一些区别，如 OSI 模型最大的优势是强化了服务、接口和协议的概念，这种做法能明确什么是规范、什么是实现，侧重理论框架的完备。TCP/IP 模型是事实上的工业标准，而改进后的 TCP/IP 模型却没有做到，因此其并不适用于新一代网络架构设计。TCP/IP 模型没有区分物理层和数据链路层这两个功能完全不同的层。OSI 模型比较适合理论研究和新网络技术研究，而 TCP/IP 模型真正做到了流行和应用。

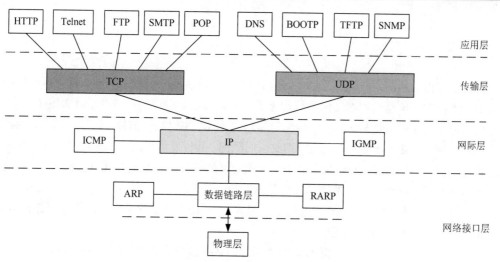

图 1-1-4　TCP/IP 参考模型主要协议的层次关系图

第 2 学时　物理层

本学时考点知识结构图如图 1-2-1 所示。

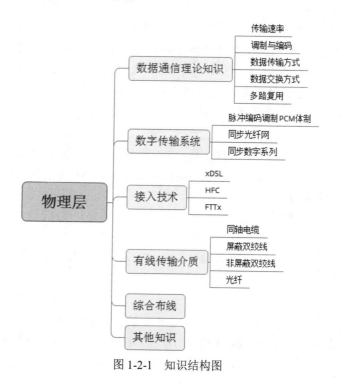

图 1-2-1　知识结构图

2.1 数据通信理论知识

通信就是将信息从源地传送到目的地。**通信研究**就是解决从一个信息的源头到信息的目的地整个过程的技术问题。**信息**是通过通信系统传递的内容，其形式可以是声音、动画、图像、文字等。

通信信道上传的电信号编码、电磁信号编码、光信息编码叫做**信号**。信号可以分为模拟信号和数字信号两种。**模拟信号**是在一段连续的时间间隔内，其代表信息的特征量可以在任意瞬间呈现为任意数值的信号；**数字信号**是信息用若干个明确定义的离散值表示的时间离散信号。可以简单地认为，模拟信号值是连续的，而数字信号值是离散的。

传送信号的通路称为**信道，**信道也可以是模拟或数字方式，传输模拟信号的信道叫作**模拟信道**；传输数字信号的信道叫做**数字信道**。

信息传输过程可以进行抽象，通常称为数据通信系统模型，具体如图 1-2-2 所示。

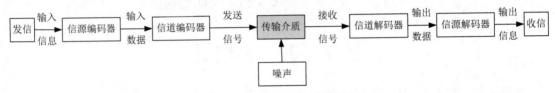

图 1-2-2 数据通信系统模型

（1）发信是信息产生的源头，可以是人，也可以是硬件。

（2）信源编码器的作用是进行**模/数转换**（A/D 转换），即将文字、声音、动画、图像等模拟信号转换为数字信号。计算机或终端可以看作信源编码器。由计算机或终端产生的数字信号的频谱都是从零开始的，这种**未经调制**的信号所占用的频率范围叫作**基本频带**（这个频带从直流起可以高到数百赫兹，甚至数千赫兹），简称**基带**。局域网中的信源编码器发出的信号往往是基本频带信号，简称**基带信号**。

另外，当采用模拟信号传输数据时往往只占用**有限的频带**，使用频带传输的信号简称为**频带信号**。通过将基带划分为多个频带的方式可以将链路容量分解成两个或更多信道，每个信道可以携带不同的信号，这就是**宽带传输**。

（3）信道编码器的作用是将信号转换为合适的形式对传输介质进行数据传输。

（4）信道解码器将传输介质和传输数据转换为接收信号。

（5）信源解码器的作用是进行**数/模转换**（D/A 转换），即将数字信号或模拟信号转换为文字、声音、动画、图像等。

1. 传输速率

数字通信系统的有效程度可以用码元传输速率和信息传输速率来表示。

码元：在数字通信中，常用时间间隔相同的符号来表示一个二进制数字，这样的时间间隔内的信号称为二进制码元。另一种定义是，在使用时间域（时域）的波形表示数字信号时，代表不同离散数值的基本波形就称为码元。考试中常用的是第二种定义。

码元速率（波特率）：即单位时间内载波参数（相位、振幅、频率等）变化的次数，单位为波特，常用符号 Baud 表示，简写成 B。

比特率（信息传输速率、信息速率）：指单位时间内在信道上传送的数据量（即比特数），单位为比特每秒（bit/s），简记为 b/s 或 bps。

比特率与波特率有如下换算关系：

$$比特率=波特率×单个调制状态对应的二进制位数=波特率×\log_2 N \qquad (1\text{-}2\text{-}1)$$

式中，N 为码元总类数。

带宽：传输过程中信号不会明显减弱的一段频率范围，单位为赫兹（Hz）。对于模拟信道而言，信道带宽计算公式如下：

$$信道带宽\ W=最高频率-最低频率 \qquad (1\text{-}2\text{-}2)$$

信噪比与分贝：信号功率与噪声功率的比值称为信噪比，通常将信号功率记为 S，噪声功率记为 N，则信噪比为 S/N。考试中通常给出的值是分贝值，而计算公式使用的是 S/N，因此可以得到以下转换公式：

$$S/N = 10^{(分贝值/10)} \qquad (1\text{-}2\text{-}3)$$

无噪声时的数据速率计算：在无噪声情况下，应依据奈奎斯特定理来计算最大数据速率。奈奎斯特定理为：

$$最大数据速率 = 2W\log_2 N = B\log_2 N \qquad (1\text{-}2\text{-}4)$$

式中，W 为带宽；B 为波特率；N 为码元总的种类数。

有噪声时的数据速率计算：在有噪声情况下，应依据香农公式来计算极限数据速率。香农公式为：

$$极限数据速率=带宽×\log_2(1+S/N) \qquad (1\text{-}2\text{-}5)$$

式中，S 为信号功率；N 为噪声功率。

误码率：指接收到的错误码元数在总传送码元数中所占的比例。

$$P_C = \frac{错误码元数}{码元总数} \qquad (1\text{-}2\text{-}6)$$

2. 调制与编码

由于模拟信号和数字信号的应用非常广泛，日常生活中的模拟数据和数字数据也很多，因此数据通信中就面临模拟数据和数字数据与模拟信号和数字信号之间相互转换的问题，这就要用到调制和编码。**编码**就是用数字信号承载数字或模拟数据；**调制**就是用模拟信号承载数字或模拟数据。

调制可以分为基带调制和带通调制。

- **基带调制**。基带调制只对基带信号波形进行变换，并不改变其频率，变换后仍然是基带信号。
- **带通调制（频带调制）**。带通调制使用载波将基带信号的频率迁移到较高频段进行传输，解决了很多传输介质不能传输低频信息的问题，并且使用带通调制信号可以传输得更远。

（1）模拟信号调制为模拟信号。由于基带信号包含许多低频信息或直流信息，而很多传输介质并不能传输这些信息，因此需要使用调制器对基带信号进行调制。

模拟信号调制为模拟信号的方法有：

- **调幅（AM）**：依据传输的原始模拟数据信号变化来调整载波的振幅。
- **调频（FM）**：依据传输的原始模拟数据信号变化来调整载波的频率。
- **调相（PM）**：依据传输的原始模拟数据信号变化来调整载波的初始相位。

（2）模拟信号编码为数字信号。模拟信号编码为数字信号最常见的就是脉冲编码调制（Pulse Code Modulation，PCM）。脉冲编码的过程为采样、量化和编码。

- 采样，即对模拟信号进行周期性扫描，把时间上连续的信号变成时间上离散的信号。采样必须遵循奈奎斯特采样定理才能保证无失真地恢复原模拟信号。

举例：模拟电话信号通过 PCM 编码成为数字信号。语音最大频率小于 4kHz（**约为 3.4kHz**），根据采样定理，采样频率要大于 2 倍语音最大频率，即 8kHz（采样周期=125μs），这样就可以无失真地恢复语音信号。

- 量化，即利用抽样值将其幅度离散，用先规定的一组电平值把抽样值用最接近的电平值来代替。规定的电平值通常用二进制表示。

举例：语音系统采用 128 级（7 位）量化，采用 8kHz 的采样频率，那么有效数据速率为 56kb/s，又由于在传输时，每 7bit 需要添加 1bit 的信令位，因此语音信道数据速率为 64kb/s。

- 编码，即用一组二进制码组来表示每一个有固定电平的量化值。然而实际上量化是在编码过程中同时完成的，故编码过程也称为模/数变换，记作 A/D。

（3）数字信号调制为模拟信号。模拟信号传输都是在数字载波信号上完成的，与模拟信号调制为模拟信号的方法类似，可以利用调制频率、振幅和相位三种载波特性之一或组合。基本调制方法有：

- **幅移键控（Amplitude Shift Keying，ASK）**：载波幅度随着基带信号的变化而变化，还可称作"通-断键控"或"开关键控"。图 1-2-3 显示了 ASK 调制器的输入和对应的输出波形，对于输入二进制数据流的每个变化，ASK 波形都有一个变化。对于二进制输入为 1 的整个时间，输出为一个振幅恒定、频率恒定的信号；对于二进制输入为 0 的整个时间，载波处于关闭状态。

注意：1 和 0 时的 ASK 波形表示方式可以相反。

- 频移键控（Frequency Shift Keying，FSK）：载波频率随着基带信号的变化而变化。图 1-2-4 显示了 FSK 调制器的输入和对应的输出波形，从中可以发现二进制 0 和 1 的输入对应不同频率的波形输出。
- **相移键控（Phase Shift Keying，PSK）**：载波相位随着基带信号的变化而变化。PSK 最简单的形式是 BPSK，载波相位有 2 种，分别表示逻辑 0 和 1。

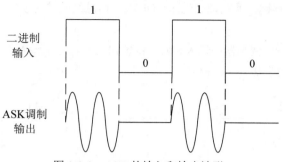

图 1-2-3　ASK 的输入和输出波形

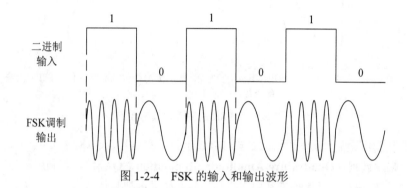

图 1-2-4　FSK 的输入和输出波形

图 1-2-5 显示了 BPSK 调制器的输入和对应的输出波形，二进制 1 和 0 分别用不同相位的波形表示。

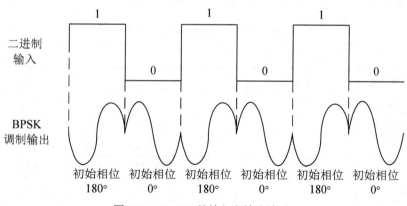

图 1-2-5　BPSK 的输入和输出波形

较为复杂的是高阶 PSK，即用多个输入相位来表示多个信息位。**4PSK** 又称为 QPSK，使用 4个输出相位表示 2 个输入位；**8PSK** 使用 8 个输出相位表示 3 个输入位；**16 PSK** 使用 16 个输出相位表示 4 个输入位。

DPSK 称为相对相移键控调制,又记作 2DPSK。信息是通过连续信号之间的载波信号的初始相位是否变化来传输的。

图 1-2-6 显示了 DPSK 调制器的输入和对应的输出波形,对于输入位 0,初始有相位变化;对于输入位 1,初始无相位变化。

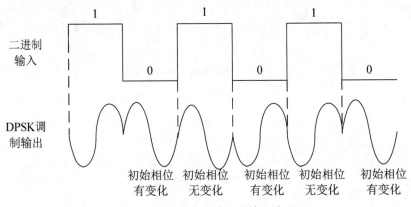

图 1-2-6　DPSK 的输入和输出波形

当然,结合使用振幅、频率和相位方式可以表示更多的信号,QAM 就是其中的一种。

● **正交幅度调制(Quadrature Amplitude Modulation,QAM)**。若利用正交载波调制技术传输 ASK 信号,可使频带利用率提高一倍。如果再把其他技术结合起来,还可以进一步提高频带利用率。能够完成这种任务的技术称为正交幅度调制(QAM),通常有 4QAM、8QAM、16QAM、64QAM 等,如 16QAM 是指包含 16 种符号的 QAM 调制方式。

表 1-2-1 总结了常见的调制技术,并给出了对应的码元数。

表 1-2-1　常见调制技术汇总表

调制技术	码元种类/比特位	特性
幅移键控(ASK)	2/1	恒定振幅表示 1,载波关闭表示 0;抗干扰性差,容易实现
频移键控(FSK)	2/1	不同的两个频率分别代表 0 和 1
相移键控(PSK)	2/1	不同的两个相位分别代表 0 和 1
QPSK(4PSK)	4/2	+45°、+135°、-45°、-135° 分别代表 00、01、10、11
8PSK	8/3	8 个相位分别代表 000,…,111 的 8 个值
DPSK	2/1	遇到位 0,初始有相位变化;遇到位 1,初始无相位变化
4QAM	4/2	结合了 ASK 和 PSK 的调制方法

(4)数字信号调制为数字信号。数字信号调制的方法比较多,下面讲述考试所涉及的所有数字信号调制方法,如图 1-2-7 所示。

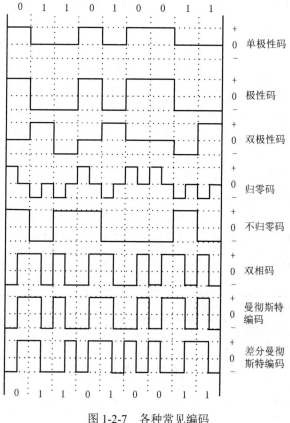

图 1-2-7　各种常见编码

- 极性编码。

使用正负电平和零电平来表示的编码。**极性码**使用正电平表示 0，负电平表示 1；**单极性码**使用正电平表示 0，零电平表示 1；**双极性码**使用正负电平和零电平共 3 个电平表示信号。典型的信号交替反转编码（Alternate Mark Inversion，AMI）就是一种双极性码，数据流中遇到 1 时，电平在正负电平之间交替翻转；遇到 0 则保持零电平。

极性编码使用恒定的电平表示数字 0 或 1，因此需要使用时钟信号定时。

- 归零码（Return to Zero，RZ）。

码元中间信号回归到零电平，从正电平到零电平表示 0，从负电平到零电平表示 1。这种中间信号都有电平变化的方式，使得编码可以自同步。

- 不归零码（Not Return to Zero，NRZ）。

码元中间信号不回归到 0，遇到 1 时，电平翻转；遇到 0 时，电平不翻转。这种翻转的特性称为差分机制。在**不归零反相编码（No Return Zero-Inverse，NRZ-I）**中，编码后电平只有正负电平之分，没有零电平，属于不归零编码。NRZ-I 遇到 0 时，电平翻转；遇到 1 时，电平不翻转。

- 双相码。

双相码的每一位中有电平转换，如果中间缺少电平翻转，则认为是违例代码，既可以同步也可以用于检错。负电平到正电平代表 0，正电平到负电平代表 1。

- 曼彻斯特编码。

曼彻斯特编码属于一种双相码，负电平到正电平代表 0，正电平到负电平代表 1；也可以是负电平到正电平代表 1，正电平到负电平代表 0，常用于 10M 以太网。传输一位信号需要有两次电平变化，因此编码效率为 50%。

- 差分曼彻斯特编码。

差分曼彻斯特编码属于一种双相码，中间电平只起到定时的作用，不用于表示数据。信号开始时有电平变化则表示 0，没有电平变化则表示 1。

- 4B/5B、8B/10B、8B/6T 编码。

由于曼彻斯特编码的效率不高，只有 50%，因此在高速网络中，这种编码方式显然就不适用了。在高速率的局域网和广域网中采用 m 位比特编码成 n 位比特编码方式，即 mB/nB 编码。常见的 mB/nB 编码见表 1-2-2。

表 1-2-2　常见的 mB/nB 编码

编码	定义	应用领域
4B/5B	将 4 个比特数据编码成 5 个比特符号的方式 编码效率为 4bit/5bit=80%	FDDI、100Base-TX、100Base-FX
8B/10B	8B/10B 编码是将一组连续的 8 位数据分解成两组数据，一组 3 位，一组 5 位，经过编码后分别成为一组 4 位的代码和一组 6 位的代码，从而组成一组 10 位的数据发送出去。编码效率为 8bit/10bit=80%	USB 3.0、1394b、Serial ATA、PCI Express、Infini-band、Fiber Channel、RapidIO、千兆以太网
64/66B	将 64 位信息编码为 66 位符号。编码效率为 64bit/66bit=97%	万兆以太网
8B/6T	将 8 位映射为 6 个三进制位	100Base-T4（3 类 UTP）

3. 数据传输方式

数据传输方式可以按多种方式进行分类。

（1）按信号类型分类。

1）**模拟通信**：利用正弦波的幅度、频率或相位的变化，或利用脉冲的幅度、宽度或位置变化来模拟原始信号，以达到通信的目的。

2）**数字通信**：用数字信号作为载体来传输消息，或用数字信号对载波进行数字调制后再传输的通信方式。

（2）按照一次传输的数据位数分类。

1）**串行通信**：串行通信是指使用一条数据线将数据一位一位地依次传输，每一位数据占据一个固定的时间长度。常见的串行通信技术标准有 EIA-232（RS-232）、EIA-422（RS-422）、EIA-485（RS-485），通用串行总线（Universal Serial Bus，USB）、IEEE 1394。

2）**并行通信**：一组数据的各数据位在多条线上同时被传输，这种传输方式称为并行通信。常见应用了并行通信技术的有磁盘并口线和打印机并口。

（3）按照信号传送的方向与时间的关系分类。

1）**单工通信**：数据只能在一个方向上流动，如无线电波和有线电视。

2）**半双工通信**：可以切换方向的单工通信，但不能同时或双向通信，如对讲机。

3）**全双工通信**：允许数据同时在两个方向上进行传输，如电话和手机通信。

（4）按照数据的同步方分类。

1）**同步通信**：通信双方必须先建立同步，即双方时钟要调整到同一频率。同步方式可以分为两种：一种是使用**全网同步**，用一个非常精确的主时钟对全网所有结点上的时钟进行同步；另一种是使用**准同步**，各结点的时钟之间允许有微小的误差，然后采用其他措施实现同步传输。同步通信是一种连续串行传送数据的通信方式，一次通信只传送一帧信息。这里的信息帧与异步通信中的字符帧不同，通常含有若干个数据字符，它们均由**同步字符**、**数据字符**和**校验字符（CRC）**组成。

2）**异步通信**：发送端和接收端可以由各自的时钟来控制数据的发送和接收，这两个时钟源彼此独立、互不同步。发送端可以在任意时刻开始发送字符，因此必须在每一个字符的开始和结束的地方加上标志，即加上起始位和终止位，用于正确接收每一个字符。异步通信中，数据通常以字符或字节为单位组成字符帧传送。

异步通信数据速率＝每秒钟传输字符数×（起始位＋终止位＋校验校正＋数据位）　　（1-2-7）

异步通信有效数据速率＝每秒钟传输字符数×数据位　　（1-2-8）

4．数据交换方式

通信网络数据的交换方式有多种，主要分为电路交换、报文交换、分组交换和信元交换，具体方式见表 1-2-3。

表 1-2-3　数据交换方式及其特性

数据交换方式		定义	特点
电路交换		通信开始之前，主呼叫和被呼叫之间建立连接，之后建立通信，期间独占整个链路，结束通信时释放链路。常见的应用有：公共交换电话网（PSTN）	优点：时延小。 缺点：链路空闲率高，不能进行差错控制
报文交换		结点把要发送的信息组织成一个报文（数据包），该报文中含有目标结点的地址，完整的报文在网络中一站一站地向前传送。每一个结点接收**整个报文**并检查目标结点地址，然后根据网络中的拥塞情况，在适当的时候转发到下一个结点	优点：不用建立专用通路；可以校验，也可以将一个报文发至多个目的地。 缺点：中间结点需要先存储，再转发报文，时间延时较大；中间结点的存储空间也需要较大
分组交换（确定最大报文长度）	数据报	数据报服务类似于邮政系统的信件投递。每个分组都携带完整的源和目的结点的地址信息，独立地进行传输。每当经过一个中间结点时，都要根据目标地址和网络当前的状态，按一定的路由选择算法选择一条最佳的输出线，直至传输到目的结点	优点：不需要建立连接。 缺点：每个分组独立选路，不完全走一条路；可靠性差

数据交换方式		定义	特点
分组交换（确定最大报文长度）	虚电路	在虚电路服务方式中，为了进行数据的传输，网络的源主机和目的主机之间要先建立一条逻辑通道，所有报文沿着逻辑通道传输数据。在传输完毕后，还要将这条虚电路释放。虚电路的服务方式是网络层向传输层提供的一种使所有分组按顺序到达目的主机的可靠的数据传送方式。虽然用户感觉到好像占用了一条端到端的物理线路，但实际上并没有真正地占用，即这一条线路不是专用的，所以称之为"虚电路"。典型应用有 X.25、帧中继（FRN）、ATM	优点：相对数据报可以进行流控和差错控制，提高了可靠性，适合远程控制和文件传送 缺点：不如数据报方式灵活
信元交换		信元交换又叫 ATM（异步传输模式），是一种面向连接的快速分组交换技术，它是通过建立虚电路来进行数据传输的。信元交换技术是一种快速分组交换技术，它结合了电路交换技术延迟小和分组交换技术灵活的优点。信元是固定长度的分组，ATM 采用信元交换技术，其信元长度为 53 字节，其中信元头为 5 字节，数据为 48 字节	结合了电路交换技术延迟小和分组交换技术灵活的优点

5. 多路复用

多路复用（信道复用）的实质是在发送端将多路信号组合成一路信号，然后在一条专用的物理信道上实现传输，接收端再将复合信号分离出来。多路复用技术有：时分复用（Time Division Multiplexing，TDM）、波分复用（Wavelength Division Multiplexing，WDM）、频分复用（Frequency Division Multiplexing，FDM）。具体各复用的技术特性见表 1-2-4。

表 1-2-4　各类复用及其技术特性

复用技术		特点	应用
时分复用	同步时分复用	固定时隙的时分复用，即使无数据传输的各子信道轮流按时间独占带宽	E1、T1、SDH/SONET、DDN、PON 下行
	统计时分复用	对同步时分复用进行改进，通过动态地分配时隙来进行数据传输	ATM
波分复用		所谓波分复用，就是将整个波长频带被划分为若干个波长范围，每路信号占用一个波长范围来进行传输。属于特殊的频分复用	光纤通信
频分复用		频分复用是指多路信号在频率位置上分开，但同时在一个信道内传输。频分复用信号在频谱上不会重叠，但在时间上是重叠的	宽带有线电视、无线广播、ADSL、无线局域网

2.2　数字传输系统

1. 脉冲编码调制 PCM 体制

前面介绍了脉冲编码调制 PCM 的原理，下面讲述 PCM 的两个重要国际标准：北美的 24 路 PCM（T1，速率为 1.544Mb/s）和欧洲的 30 路 PCM（E1，速率为 2.048Mb/s）。

（1）T1。T1 系统共有 24 个语音话路，每个时隙传送 8bit（7bit 编码加上 1bit 信令），因此共用 193bit（192bit 加上 1bit 帧同步位）。每秒传送 8000 个帧，因此 PCM 一次群 **T1 的数据率=8000× 193b/s=1.544Mb/s**，其中每个话音信道的数据速率是 **64kb/s**。

（2）E1。E1 有成帧、成复帧与不成帧三种方式，考试主要考成复帧方式。

1）E1 的成帧方式。E1 中的第 0 时隙用于传送帧同步数据，其余 31 个时隙可以用于传输有效数据。

2）E1 的成复帧方式。E1 的一个时分复用帧（长度为 T=125μs）共划分为 32 个相等的时隙，时隙的编号为 CH0~CH31。其中时隙 CH0 用作帧同步，时隙 CH16 用来传送信令，剩下 CH1~CH15 和 CH17~CH31 共 30 个时隙用作 30 个语音话路，E1 载波的控制开销占 6.25%。每个时隙传送 8bit（7bit 编码加上 1bit 信令），因此共用 256bit。每秒传送 8000 个帧，因此 PCM 一次群 E1 的数据率就是 2.048Mb/s，其中每个话音信道的数据速率是 64kb/s。

3）E1 的不成帧方式。所有 32 个时隙都可用于传输有效数据。

E1 有以下三种使用方法：

● 2M 的 DDN 方式：将整个 2M 用作一条链路。

● CE1 方式：将 2M 用作若干个 64k 线路的组合。

● PRA 信令方式：也是 E1 最原本的用法，把一条 E1 作为 32 个 64k 来用，但是时隙 0 和时隙 16 用作信令，一条 E1 可以传 30 路话音。

表 1-2-5 给出了 T1 和 E1 的常考点。E1 和 T1 可以使用复用方法，4 个一次群可以构成 1 个二次群（分别称为 E2 和 T2）；4 个 E2 可以构成 1 个三次群，称为 E3；7 个 T2 可以构成 1 个三次群，称为 T3。

表 1-2-5　T1 和 E1 的常考点

名称	总速率	话路组成	每个话音信道的数据速率
T1	1.544Mb/s	24 条语音话路	64kb/s
E1	2.048Mb/s	30 条语音话路和 2 条控制话路	64kb/s

2. 同步光纤网

由于 PCM 速率不统一（T1 和 E1 共存）、属于准同步方式，因此人们提出同步光纤网（Synchronous Optical NETWORK，SONET）解决上述问题。SONET 使用非常精确的铯原子钟提供时间同步。

SONET 和 PCM 都是每秒钟传送 8000 帧，STS-1 帧长为 810 字节，因此基础速率为 8000×810×8=51.84Mb/s。该速率对电信号称为第 1 级同步传送信号（Synchronous Transport Signal，STS-1）；对光信号称为第 1 级光载波（Optical Carrier，**OC-1**）。

SONET 中，OC-1 为最小单位，值为 51.84Mb/s；OC-N 代表 N 倍的 51.84Mb/s，如 OC-3=OC-1 ×3=155.52Mb/s。

3. 同步数字系列

同步数字系列（Synchronous Digital Hierarchy，SDH）是 ITU-T 以 SONET 为基础制定的国际标准。SDH 和 SONET 的不同主要在于基本速率不同，SDH 的基本速率是第 1 级同步传递模块（Synchronous Transfer Module，STM-1）。**STM-1 的速率为 155.52Mb/s**，与 OC-3 的速率相同，STM-N 则代表 N 倍的 STM-1。

当数据传输速率较小时，可以使用 SDH 提供的准同步数字系列（Plesiochronous Digital Hierarchy，PDH）兼容传输方式。**该方式在 STM-1 中封装了 63 个 E1 信道**，可以同时向 63 个用户提供 2Mb/s 的接入速率。PDH 兼容方式有两种接口，一种是传统的 E1 接口，如路由器上的 G.703 转 V.35 接口；另一种是封装了多个 E1 信道的 CPOS（Channel POS）接口。

2.3 接入技术

1. xDSL

xDSL 技术就是利用电话线中的高频信息传输数据，高频信号损耗大，容易受噪声干扰。xDSL 的速率越高，传输距离越近。表 1-2-6 给出了 xDSL 的常见类型。

表 1-2-6 常见的 xDSL

名称	对称性	上、下行速率 （受距离影响有变化）	极限传输 距离	复用技术
ADSL （非对称数字用户线路）	不对称	上行：640～1Mb/s 下行：1～8Mb/s	3～5km	频分复用
VDSL （甚高速数字用户线路）	不对称	上行：1.6～2.3Mb/s 下行：12.96～52Mb/s	0.9～1.4km	QAM 和 DMT
HDSL （高速数字用户线路）	对称	上行：1.5Mb/s 下行：1.5Mb/s	2.7～3.6km	时分复用
G.SHDSL （对称的高比特数字用户环路）	对称	一对线上、下行可达 192kb/s～2.312Mb/s	3.7～7.1km	时分复用

2. HFC

混合光纤—同轴电缆（Hybrid Fiber-Coaxial，HFC）。HFC 通常由光纤干线、同轴电缆支线和用户配线网络三部分组成，从有线电视台出来的节目信号先变成光信号在干线上传输，到用户区域后把光信号转换成电信号，经分配器分配后通过同轴电缆送到用户端。

电缆调制解调器（Cable Modem，CM）是用户设备和同轴电缆网络的接口，**是有线电视网络（Cable TV，CATV）网络用户端必须安装的设备**。

3．FTTx

FTTx 技术主要用于接入网络光纤化，范围从区域电信机房的局端设备到用户终端设备，局端设备为光线路终端（Optical Line Terminal，OLT），用户端设备为光网络单元（Optical Network Unit，ONU）或光网络终端（Optical Network Terminal，ONT）。

（1）FTTx 分类。根据光纤到用户的距离来分类，可分成光纤到交换箱（Fiber To The Cabinet，FTTCab）、光纤到路边（Fiber To The Curb，FTTC）、光纤到大楼（Fiber To The Building，FTTB）及光纤到户（Fiber To The Home，FTTH）等服务形态。

（2）PON 技术。无源光纤网络（Passive Optical Network，PON）是指光配线网（ODN）中不含有任何电子器件和电子电源，ODN 全部由光分路器（Splitter）等无源器件组成，不需要贵重的有源电子设备。

PON 技术主要有：以太网无源光网络（Ethernet Passive Optical Network，EPON）和千兆以太网无源光网络（Gigabit-Capable PON，GPON），它可以实现上下行 1.25Gb/s 的速率。

2.4　有线传输介质

1．同轴电缆

同轴电缆由内到外分为四层：中心铜线、塑料绝缘体、网状导电层和电线外皮。电流传导与中心铜线和网状导电层形成回路。同轴电缆因中心铜线和网状导电层为同轴关系而得名。常见的同轴电缆如图 1-2-8 所示。

图 1-2-8　同轴电缆

同轴电缆从用途上分，可分为**基带同轴电缆**和**宽带同轴电缆**（即网络同轴电缆和视频同轴电缆）。同轴电缆分 50Ω 基带电缆和 75Ω 宽带电缆两类。基带电缆又分**细同轴电缆**和**粗同轴电缆**，基带电缆仅仅用于数字传输，数据率可达 10Mb/s。

2. 屏蔽双绞线

根据屏蔽方式的不同，屏蔽双绞线可分为两类，即独立屏蔽双绞线（Shielded Twisted-Pair，STP）和铝箔屏蔽双绞线（Foil Twisted-Pair，FTP）。STP 是指每条线都有各自屏蔽层的屏蔽双绞线，而 FTP 则是采用整体屏蔽的屏蔽双绞线。常见的 STP、FTP 如图 1-2-9 所示。

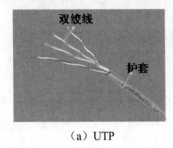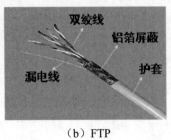

| （a）UTP | （b）FTP | （c）STP |

图 1-2-9　UTP、FTP、STP

注意：屏蔽只在整个电缆有屏蔽装置，并且两端正确接地的情况下才起作用。所以要求整个系统全部是屏蔽器件，包括电缆、插座、水晶头和配线架等，同时建筑物需要有良好的地线系统。

3. 非屏蔽双绞线

非屏蔽双绞线（Unshielded Twisted Pair，UTP）由 8 根不同颜色的线分成 4 对绞合在一起，成对扭绞的作用是尽可能减少电磁辐射与外部电磁干扰的影响。双绞线按电气特性可分为 3 类线、4 类线、5 类线、超 5 类线、6 类线。网络中最常用的是 5 类线、超 5 类线和 6 类线。

国际电气工业协会（EIA）定义了各种双绞线的速率见表 1-2-7。

表 1-2-7　双绞线速率表

类型		速率
屏蔽双绞线	3 类	16Mb/s
	5 类	100Mb/s
非屏蔽双绞线	3 类	16 Mb/s
	4 类	20 Mb/s
	5 类	100 Mb/s
	超 5 类	155 Mb/s
	6 类	200 Mb/s，可达 1GMb/s

（1）双绞线的线序标准有：568A 和 568B。

标准 568A 线序为绿白、绿、橙白、蓝、蓝白、橙、棕白、棕；**标准 568B** 线序为橙白、橙、绿白、蓝、蓝白、绿、棕白、棕。

在实际应用中，大多数都使用 568B 的标准，通常认为该标准对电磁干扰的屏蔽更好。

（2）交叉线与直连线。

交叉线是指一端是 568A 标准，另一端是 568B 标准的双绞线；**直连线**是指两端都是 568A 或 568B 标准的双绞线。

实际布线中，5 类网线只要保证线序中的 1236 线连通即进行网络通信。

综合布线中对 5 类线、超 5 类线、6 类线测试的参数有：衰减量、近端串扰、远端串扰、回波损耗、特性阻抗、接线方式。

- 衰减量：沿链路的信号损失度量。
- 近端串扰：不是近端点所产生的串扰值，它只是表示在近端点所测量到的串扰值。
- 远端串扰：远端串扰与近端串扰有很多相似之处，但是在通道的远端测量。
- 回波损耗：电缆链路由于阻抗不匹配所产生的反射，是一对线自身的反射。
- 特性阻抗：好比运输线的糟糕路况会影响车辆的速度，路况越差，路的阻碍作用越大（特性阻抗大，通过的无线电波能量就小）；路况越好，通过的车队速度越快（通过的无线电波能量越多）。

4. 光纤

光纤是光导纤维的简称，光纤传输介质由可以传送光波的**玻璃纤维或透明塑料**制成，**外包一层比玻璃折射率低的材料**。进入光纤的光波在两种材料的介面上形成**全反射**，从而不断地向前传播。光纤可以分为单模光纤和多模光纤。

光波在光纤中的传播模式与**芯线和包层的相对折射率**、**芯线的直径**以及**工作波长**有关。如果芯线的直径小到光波波长大小，则光纤就成为波导，光在其中无反射地沿直线传播，这种光纤叫**单模光纤**。

光波在光导纤维中以多种模式传播，不同的传播模式有不同波长的光波和不同的传播与反射路径，这样的光纤叫**多模光纤**。多模光纤在传输中通常使用波分多路复用技术（WDM）。

表 1-2-8 给出了单模光纤和多模光纤的特性。

表 1-2-8　单模光纤和多模光纤的特性

	单模光纤	多模光纤
光源	激光二极管 LD	LED
光源波长	1310nm 和 1550nm 两种	850nm
纤芯直径/包层外径	9/125μm	50/125μm 和 62.5/125μm
距离	2～10km 甚至更高	550m 和 275m
光种类	一种模式的光	不同模式的光

光纤布线系统的测试指标包括：最大衰减限值、波长窗口参数和回波损耗限值。

2.5 综合布线

综合布线是能支持话音、数据、图形图像应用的布线技术。综合布线支持 UTP、光纤、STP、同轴电缆等各种传输载体，能支持话音、图形、图像、数据多媒体、安全监控、传感等各种信息的传输。

综合布线系统由工作区子系统、水平子系统、干线子系统、设备间子系统、管理子系统、建筑群子系统 6 个部分组成，具体组成如图 1-2-10 所示。

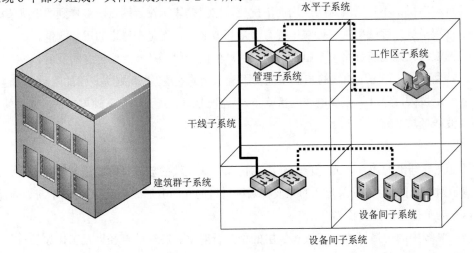

图 1-2-10 综合布线系统

（1）工作区子系统：是由终端设备连接到信息插座的连线组成的，包括连接线和适配器。工作区子系统中信息插座的安装位置距离地面的高度为 30～50cm；如果信息插座到网卡之间使用无屏蔽双绞线，布线距离最大为 10m。

（2）水平子系统：连接干线子系统和用户工作区，是各个楼层配线间中的配线架到工作区信息插座之间所安装的线缆。

（3）干线子系统：是各水平子系统（各楼层）设备之间的互连系统。

（4）设备间子系统：位置处于设备间，并且集中安装了许多大型设备（主要是服务器、管理终端）的子系统。

（5）管理子系统：该系统由互相连接、交叉连接和配线架、信息插座式配线架及相关跳线组成。

（6）建筑群子系统：将一个建筑物中的电缆、光缆和无线延伸到建筑群的另外一些建筑物中的通信设备和装置上。建筑群之间往往采用单模光纤进行连接。

最后一个阶段是实施阶段，该阶段的作用是测试（线路测试、设备测试）、运行和维护，如布线实施后需要进行测试。

在测试线路的主要指标中，近端串扰是指电信号传输时，在两个相邻的线对之间，会发生一个线对与另一个线对的信号产生耦合的现象。衰减是由集肤效应、绝缘损耗、阻抗不匹配、连接电阻等因素造成信号沿链路传输时的损失。

2.6　其他知识

RS-232-C 是美国电子工业协会（Electrical Industrial Association，EIA）于 1973 年提出的串行通信接口标准，主要用于 DTE（如计算机和终端等设备）与 DCE（如调制解调器、中继器、多路复用器等）之间通信的接口规范。RS-232 仍然广泛用于计算机串行接口外设连接，比如计算机的 RS-232 端口连接到交换机、路由器等设备的 Console 端口进行管理。

第3学时　数据链路层

本学时考点知识结构图如图 1-3-1 所示。

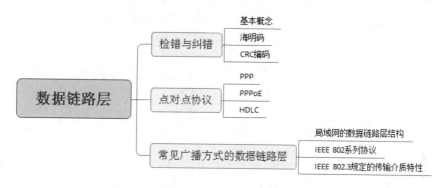

图 1-3-1　知识结构图

3.1　检错与纠错

1. 基本概念

通信链路都不是完全理想的。比特在传输的过程中可能会产生**比特差错**，即 1 可能会变成 0，0 也可能变成 1。

一帧包含 m 个数据位（即报文）和 r 个冗余位（校验位）。假设帧的总长度为 n，则有 $n=m+r$。包含数据和校验位的 n 位单元，通常称为 n 位**码字**（codeword）。

海明码距（码距）是两个码字中不相同的二进制位的个数；**两个码字的码距**是一个编码系统中任意两个合法编码（码字）之间不同的二进数位数；**编码系统的码距**是整个编码系统中任意两个

码字的码距的最小值。**误码率**是传输错误的比特占所传输比特总数的比率。

例：如图 1-3-2 所示给出了一个编码系统，用两个比特位表示 4 个不同信息。任意两个码字之间不同的比特位数从 1 到 2 不等，但最小值为 1，故该编码系统的码距为 1。

	二进码字	
	a2	a1
0	0	0
1	0	1
2	1	0
3	1	1

图 1-3-2　码距为 1 的编码系统

如果任何码字中的一位或多位被颠倒或出错了，那么结果中的码字仍然是合法码字。例如，如果传送信息 10，而被误收为 11，因 11 是合法码字，所以接收方仍然认为 11 是正确的信息。

然而，如果用 3 个二进位来编 4 个码字，那么码字间的最小距离可以增加到 2，如图 1-3-3 所示。

	二进码字		
	a3	a2	a1
0	0	0	0
1	0	1	1
2	1	0	1
3	1	1	0

图 1-3-3　改进后码距为 2 的编码系统

这里任意两个码字相互间最少有两个比特位不相同。因此，如果任何信息中的一个比特出错，那么将成为一个没有使用的码字，接收方能检查出来。例如信息是 011，因出错成为了 001，001 不是编码系统中已经规定使用的合法码字，这样接收方就能发现出错了。

海明研究发现，**检测 d 个错误**，则编码系统**码距≥d+1**；**纠正 d 个错误**，则编码系统**码距>2d**。

2．海明码

海明码是一种多重奇偶检错系统，它具有检错和纠错的功能。海明码中的全部传输码字是由原来的信息和附加的奇偶校验位组成的。每一个这种奇偶校验位和信息位被编在传输码字的特定位置上。这种系统组合方式能找出错误出现的位置，无论是原有信息位还是附加校验位。

注意：从理论上讲，海明码校验位可以放在任何位置，但每个数据位由确定位置关系的校验位来校验。

3．CRC 编码

数据链路层（比如以太网帧）广泛使用循环冗余校验码（Cyclical Redundancy Check，CRC）进行错误检测。CRC 编码又称为多项式编码（Polynomial Code）。

3.2 点对点协议

1. PPP

点对点协议（the Point-to-Point Protocol，PPP）提供了一种在点对点链路上封装网络层协议信息的标准方法。用户使用拨号电话线接入互联网，使用的是 PPP 协议。

2. PPPoE

以太网上的点对点协议（Point-to-Point Protocol over Ethernet，PPPoE）是将 PPP 协议封装在以太网中的一种隧道协议。PPPoE 集成了 PPP 协议，可以实现身份验证、加密以及压缩等功能。

3. HDLC

高级数据链路控制（High-level Data Link Control，HDLC），是一种面向比特的链路层协议，是 PPP 的前身。

3.3 常见广播方式的数据链路层

1. 局域网的数据链路层结构

IEEE 802 标准把数据链路层分为两个子层：①逻辑链路控制（Logical Link Control，LLC），该层与硬件无关，实现流量控制等功能；②媒体接入控制层（Media Access Control，MAC），该层与硬件相关，提供硬件和 LLC 层的接口。局域网数据链路层结构如图 1-3-4 所示，LLC 层目前不常使用。

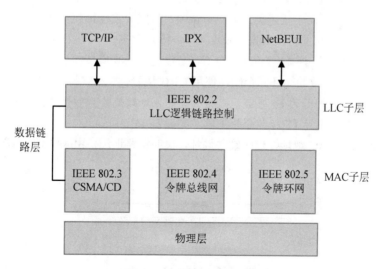

图 1-3-4　局域网数据链路层结构

（1）MAC。MAC 子层的主要功能包括数据帧的封装/卸装、帧的寻址和识别、帧的接收与发送、链路的管理、帧的差错控制等。MAC 层的主要访问方式有 CSMA/CD、令牌环和令牌总线三种。

以太网发送数据需要遵循一定的格式，以太网中的 MAC 帧格式如图 1-3-5 所示。

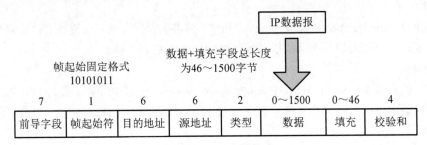

图 1-3-5　MAC 帧格式

帧由 8 个字段组成，每一个字段有一定的含义和用途。每个字段长度不等，下面分别加以简述。

● 前导字段：形为 1010…1010，长度为 7 个字节。
● 帧起始符字段：固定格式为 10101011，长度为 1 个字节。
● 目的地址、源地址字段：可以是 6 个字节。最高位为 0，代表普通地址；最高位为 1，代表组地址；全 1 的目标地址是广播地址。
● 类型字段：标识上一层使用什么协议，以便把收到的 MAC 帧数据上交给上一层协议，也可以表示长度。

类型字段是 DIX 以太网帧的说法，而 IEEE 802.3 帧中的该字段被称为长度字段。由于该字段有两个字节，可以表示 0～65535，因此该字段可以赋予多个含义，0～1500 用于表示长度值，1536～65535（0x0600～0xFFFF）用于描述类型值。考试中，该字段常标识为长度字段。

● 数据字段：上一层的协议数据，长度为 0～1500 字节。
● 填充字段：确保最小帧长为 64 个字节，长度为 0～46 字节。
● 校验和字段：32 位的循环冗余码，**使用 CRC 校验**。

注意：以太网的最小帧长为 64 字节，是指从**目的地址到校验和**的长度。在一些抓包工具中得到的以太网帧，往往不会显示 CRC 部分的字段。

（2）MAC 地址。**MAC 地址**，也叫**硬件地址**，又叫链路地址，**由 48 比特组成**。MAC 地址结构如图 1-3-6 所示。

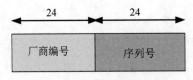

图 1-3-6　MAC 地址结构

MAC 地址的前 24 位是厂商编号，由 IEEE 分配给生产以太网网卡的厂家；后 24 位是序列号，由厂家自行分配，用于表示设备地址。网卡的物理地址通常是由网卡生产厂家烧入网卡的 EPROM（一种闪存芯片，通常可以通过程序擦写），它存储的是真正表示主机的地址，用于发送和接收的终端传输数据。也就是说，在网络底层的物理传输过程中是通过物理地址来识别**第二层设备**的，一般也是全球唯一的。

2．IEEE 802 系列协议

IEEE 802 协议包含了以下多种子协议。把这些协议汇集在一起就叫 IEEE 802 协议集，该协议集的组成如图 1-3-7 所示。

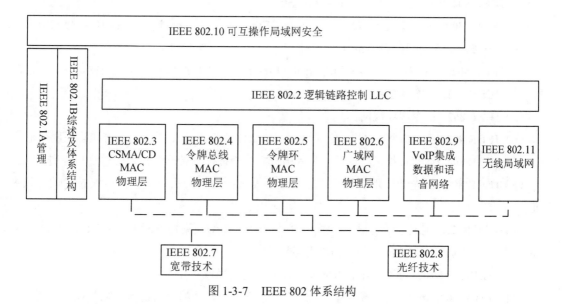

图 1-3-7　IEEE 802 体系结构

（1）IEEE 802.1 系列。IEEE 802.1 协议提供高层标准的框架，包括端到端协议、网络互连、网络管理、路由选择、桥接和性能测量。

- IEEE 802.1d：生成树协议（Spanning Tree Protocol，STP）。
- IEEE 802.1P：是交换机与优先级相关的流量处理的协议。
- IEEE 802.1q：虚拟局域网（Virtual Local Area Network，VLAN）协议定义了 VLAN 和封装技术，包括 GARP 协议及其源码、GVRP 协议及其源码。
- **IEEE 802.1s**：多生成树协议（Multiple Spanning Tree Protocol，MSTP）。
- **IEEE 802.1w**：快速生成树协议（Rapid Spanning Tree Protocol，RSTP）。
- **IEEE 802.1x**：基于端口的访问控制协议（Port Based Network Access Control，PBNAC）起源于 IEEE 802.11 协议，目的是解决无线局域网用户的接入认证问题。IEEE 802.1x 协议提供了一种用户接入认证的手段，并简单地通过控制接入端口的开/关状态来实现，不仅适用于无线局域网的接入认证，还适用于点对点物理或逻辑端口的接入认证。

（2）IEEE 802.2。**IEEE 802.2**：逻辑链路控制（Logical Link Control，LLC）提供 LAN 和 MAC

子层与高层协议间的一致接口。

（3）IEEE 802.3 系列。IEEE 802.3 是以太网规范,定义 CSMA/CD 标准的媒体访问控制（MAC）子层和物理层规范。

- **IEEE 802.3ab**：该标准针对实体媒介部分制定的 1000 Base-T 规格，使得超高速以太网不再只限制于光纤介质。这也是一个传输介质为 4 对 CAT-5 双绞线、100m 内达到以 1Gb/s 传输数据的标准。
- **IEEE 802.3u**：快速以太网（Fast Ethernet）协议。
- **IEEE 802.3z**：千兆以太网（Gigabit Ethernet）。该标准包含：1000BASE-LX、1000BASE-SX，1000BASE-CX 三种。
- **IEEE 802.3ae**：万兆以太网（10 Gigabit Ethernet）。该标准仅支持光纤传输。

（4）**IEEE 802.4**：令牌总线网（Token-Passing Bus）。

（5）**IEEE 802.5**：令牌环线网。

（6）**IEEE 802.6**：城域网 MAN，定义城域网的媒体访问控制（MAC）子层和物理层规范。

（7）**IEEE 802.7**：宽带技术咨询组，为其他分委员会提供宽带网络技术的建议和咨询。

（8）**IEEE 802.8**：光纤技术咨询组，为其他分委员会提供使用有关光纤网络技术的建议和咨询。

（9）**IEEE 802.9**：定义了综合语音/数据终端访问综合语音/数据局域网（包括 IVD LAN、MAN、WAN）的媒体访问控制（MAC）子层和物理层规范。

（10）**IEEE 802.10**：可互操作局域网安全标准，定义局域网互连安全机制。

（11）**IEEE 802.11**：无线局域网标准，定义了自由空间媒体的媒体访问控制（MAC）子层和物理层规范。

（12）**IEEE 802.12**：按需优先定义使用按需优先访问方法的 100Mb/s 以太网标准。

（13）**没有 IEEE 802.13 标准**。

（14）**IEEE 802.14**：有线电视标准。

（15）**IEEE 802.15**：无线个人局域网（Personal Area Network，PAN），适用于短程无线通信的标准（如蓝牙）。

（16）**IEEE 802.16**：宽带无线接入（Broadband Wireless Access，BWA）标准。

3. IEEE 802.3 规定的传输介质特性

前面介绍了以太网传输介质，下面介绍传输介质的选用方案。传输介质一般使用 10Base-T 形式进行描述。其中 10 是速率，即 10Mb/s；Base 表示传输速率，Base 是基带，Broad 是宽带；而 T 则代表传输介质，T 是双绞线，F 是光纤。

常见的传输介质见表 1-3-1。

表 1-3-1　常见的传输介质及其特性

名称	电缆	最大段长	特点
100Base-T4	4 对 3 类 UTP	100m	3 类双绞线，8B/6T，NRZ 编码
100Base-TX	2 对 5 类 UTP 或 2 对 STP	100m	100Mb/s 全双工通信，MLT-3 编码
100Base-FX	1 对光纤	2000m	100Mb/s 全双工通信，4B/5B、NRZI 编码
100Base-T2	2 对 3、4、5 类 UTP	100m	PAM5x5 的 5 电平编码方案
1000Base-CX	2 对 STP	25m	2 对 STP
1000Base-T	4 对 UTP	100m	4 对 UTP
1000Base-SX	62.5μm 多模	220m	模式带宽 160MHz·km，波长 850nm
		275m	模式带宽 200MHz·km，波长 850nm
	50μm 多模	500m	模式带宽 400MHz·km，波长 850nm
		550m	模式带宽 500MHz·km，波长 850nm
1000Base-LX	62.5μm 多模	550m	模式带宽 500MHz·km，波长 850nm
	50μm 多模		模式带宽 400MHz·km，波长 850nm
			模式带宽 500MHz·km，波长 850nm
	单模	5000m	波长 1310nm 或 1550nm
10Gbase-S	50μm 多模	300m	波长 850nm
	62.5μm 多模	65m	波长 850nm
10Gbase-L	单模	10km	波长 1310nm
10Gbase-E	单模	40km	波长 1550nm
10Gbase-LX4	单模	10km	波长 1310nm
	50μm 多模	300m	波分多路复用
	62.5μm 多模		

注：通常用光纤传输信号的速率与其传输长度的乘积来描述光纤的模式带宽特性，用 B·L 表示，单位为 MHz·km。

第 4 学时　网络层

本学时考点知识结构图如图 1-4-1 所示。

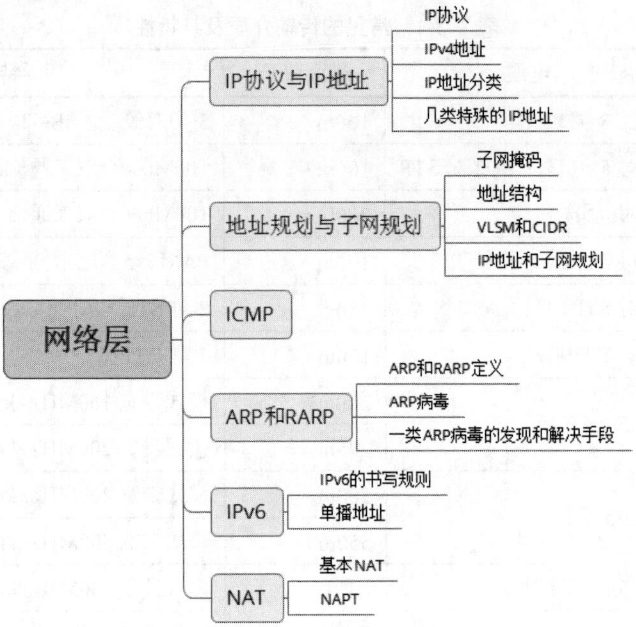

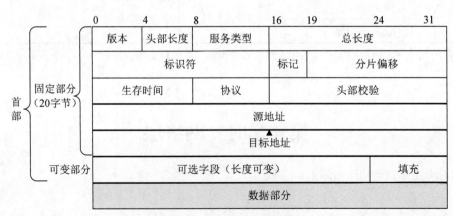

图 1-4-1 知识结构图

4.1 IP 协议与 IP 地址

1. IP 协议

网络之间的互连协议（Internet Protocol，IP）是方便计算机网络系统之间相互通信的协议，是各大厂家遵循的计算机网络相互通信的规则。图 1-4-2 给出了 IP 数据报头（Packet Header）结构，有些书称为 IP 数据报头。

	0	4	8	16	19	24	31

	版本	头部长度	服务类型	总长度		
固定部分（20字节）	标识符			标记	分片偏移	
	生存时间		协议	头部校验		
	源地址					
	目标地址					
可变部分	可选字段（长度可变）				填充	
	数据部分					

图 1-4-2 IP 数据报报头结构

（1）版本。长度为4位，标识数据报的IP版本号，值为二进制0100，则表示IPv4。

（2）头部长度（Internet Header Length，IHL）。长度为4位，该字段表示数的单位是32位，即4字节。常用的值是5，也是可取的最小值，表示报头为20字节；可取的最大值是15，表示报头为60字节。

（3）服务类型（Type of Service，ToS）。长度为8位，指定特殊数据处理方式。该字段分为两部分：优先权和ToS。后来该字段被IETF改名为区分服务（Differentiated Services，DS）。该字段的前6位构成了区分代码点（Differentiated Services Code Point，DSCP）和显式拥塞通知（Explicit Congestion Notification，ECN）字段，DSCP用于定义64个不同服务类别，而ECN用于通知拥塞，具体如图1-4-3所示。

图1-4-3　ECN字段

（4）总长度（Total Length）。该字段长度为16位，单位是字节，指的是首部加上数据之和的长度。所以，数据报的最大长度为$2^{16}-1=65535$字节。由于有MTU限制（如以太网单个IP数据报就不能超过1500字节），所以超过1500字节的IP数据报就要分段，而总长度是所有分片报文的长度和。

（5）标识符（Identifier）。该字段长度为16位。同一数据报分段后，其标识符一致，这样便于重装成原来的数据报。

（6）标记字段（Flag）。该字段长度为3位，第1位不使用；第2位是不分段（DF）位，值为1表示不能分片，为0表示允许分片；第3位是更多分片（MF）位，值为1表示之后还有分片，为0表示最后一个分片。

（7）分片偏移字段（Fragment Offset）。该字段长度为13位，单位8字节，即每个分片长度是8字节的整数倍。该字段是标识所分片的分组，分片之后在原始数据中的相对位置。

（8）生存时间（Time to Live，TTL）。该字段长度为8位，用来设置数据报最多可以经过的路由器数，用于防止无限制转发。由发送数据的源主机设置，通常为16、32、64、128个。每经过一个路由器，其值减1，直到为0时该数据报被丢弃。

（9）协议字段（Protocol）。该字段长度为8位，指明IP层所封装的上层协议类型，如ICMP（1）、IGMP（2）、TCP（6）、UDP（17）等。

（10）头部校验（Header Checksum）。该字段长度为16位，是根据IP头部计算得到的校验和码。计算方法没有采用复杂的CRC编码，而是对头部中每个16比特进行二进制反码求和（与ICMP、IGMP、TCP、UDP不同，IP报头不对IP报头后面的数据进行校验）。

（11）源地址、目标地址字段（Source and Destination Address）。该字段长度均为32位，用来标明发送IP数据报文的源主机地址和接收IP报文的目标主机地址，都是IP地址。

（12）可选字段（Options）。该字段长度可变，从 1 字节到 40 字节不等，用来定义一些任选项，如记录路径、时间戳等。这些选项很少被使用，并且不是所有主机和路由器都支持这些选项。可选项字段的长度必须是 32 位（4 字节）的整数倍，如果不足，必须填充 0 以达到此长度要求。

2. IPv4 地址

IP 地址就好像电话号码：有了某人的电话号码，你就能与他通话了。同样，有了某台主机的 IP 地址，你就能与这台主机通信了。TCP/IP 协议规定，IP 地址使用 32 位的二进制来表示，也就是 4 个字节。例如，采用二进制表示方法的 IP 地址形式为 00010010 00000010 10101000 00000001，这么长的地址，操作和记忆起来太费劲。为了方便使用，IP 地址经常被写成十进制的形式，中间使用符号 "." 分开不同的字节。于是，上面的 IP 地址可以表示为 18.2.168.1。IP 地址的这种表示法叫作**点分十进制表示法**，这显然比 1 和 0 容易记忆得多。如图 1-4-4 所示将 32 位的地址映射到用点分十进制表示法表示的地址上。

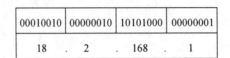

图 1-4-4　点分十进制与 32 地址的对应表示形式

3. IP 地址分类

IP 地址分为五类：A 类用于大型网络，B 类用于中型网络，C 类用于小型网络，D 类用于组播，E 类保留用于实验。每一类有不同的网络号位数和主机号位数。各类地址特征如图 1-4-5 所示。

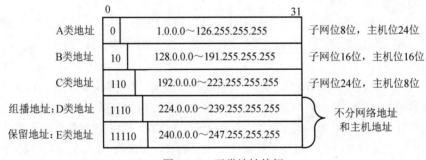

图 1-4-5　五类地址特征

（1）A 类地址。IP 地址写成二进制形式时，A 类地址的第一位总是 0。A 类地址的第 1 个字节为网络地址，其他 3 个字节为主机地址。

A 类地址范围：1.0.0.0～126.255.255.255。

A 类地址中的私有地址和保留地址：

1）10.X.X.X 是私有地址，就是在互联网上不使用，而只用在局域网络中的地址。网络号为 10，网络数为 1 个，地址范围为 10.0.0.0～10.255.255.255。

2）127.X.X.X 是保留地址，用作环回（Loopback）地址，环回地址（典型的是 127.0.0.1）向自己发送流量。在一台安装好 TCP/IP 协议的 PC 上，当网络连接不可用时，为了测试编写好的网络程序，通常使用的目的主机 IP 地址为 127.0.0.1。

发送到该地址的数据不会离开设备到网络中，而是直接回送到本主机。该地址既可以作为目标地址，又可以作为源地址，是一个虚 IP 地址。

（2）B 类地址。IP 地址写成二进制形式时，B 类地址的前两位总是 10。B 类地址的第 1 和第 2 字节为网络地址，第 3 和第 4 字节为主机地址。

B 类地址范围：128.0.0.0～191.255.255.255。

B 类地址中的私有地址和保留地址：

1）172.16.0.0～172.31.255.255 是私有地址。

2）169.254.X.X 是保留地址。如果 PC 机上的 IP 地址设置自动获取，而 PC 机又没有找到相应的 DHCP 服务，那么最后 PC 机可能得到保留地址中的一个 IP。 没有获取到合法 IP 后的 PC 机地址分配情况如图 1-4-6 所示。

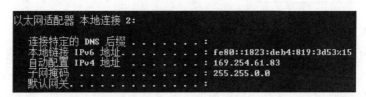

图 1-4-6　在断开的网络中，PC 机被随机分配了一个 169.254.X.X 保留地址

（3）C 类地址。IP 地址写成二进制形式时，C 类地址的前三位固定为 110。C 类地址第 1～3 字节为网络地址，第 4 字节为主机地址。

C 类地址范围：192.0.0.0～223.255.255.255。

C 类地址中的私有地址：192.168.X.X 是私有地址，地址范围：192.168.0.0～192.168.255.255。

（4）D 类地址。IP 地址写成二进制形式时，D 类地址的前四位固定为 1110。D 类地址不分网络地址和主机地址，该类地址用作组播。

D 类地址范围：224.0.0.0～239.255.255.255。其中，224.0.0.1 代表所有主机与路由器；224.0.0.2 代表所有组播路由器；224.0.0.5 代表 OSPF 路由器；224.0.0.6 代表 OSPF 指定路由器/备用指定路由器；224.0.0.7 代表 ST 路由器，224.0.0.8 代表 ST 主机，224.0.0.9 代表 RIP-2 路由器，224.0.0.12 代表 DHCP 服务器/中继代理，224.0.0.14 代表 RSVP 封装，224.0.0.18 代表虚拟路由器冗余协议（Virtual Router Redundancy Protocol，VRRP）。

（5）E 类地址。IP 地址写成二进制形式时，E 类地址的前五位固定为 11110。E 类地址不分网络地址和主机地址。E 类地址范围：240.0.0.0～247.255.255.255。

4．几类特殊的 IP 地址

几类特殊的 IP 地址的结构和特性见表 1-4-1。

表 1-4-1 特殊地址特性

地址名称	地址格式	特点	可否作为源地址	可否作为目标地址
有限广播	255.255.255.255（网络字段和主机字段全1）	不被路由，会被送到相同物理网络段上的所有主机	N	Y
直接广播	主机字段全1，如 192.1.1.255	广播会被路由，并会发送到专门网络上的每台主机	N	Y
网络地址	主机位全0，如 192.168.1.0	表示一个子网	N	N
全零地址	0.0.0.0	代表任意主机	Y	N
环回地址	127.X.X.X	向自己发送数据	Y	Y

4.2 地址规划与子网规划

1. 子网掩码

子网掩码用于区分网络地址、主机地址、广播地址，是表示网络地址和子网大小的重要指标。子网掩码的形式是网络号部分全1，主机号部分全0。掩码也能像 IPv4 地址一样使用点分十进制表示法书写，但掩码不是 IP 地址。掩码还能使用"/从左到右连续 1 的总数"形式表示，这种描述方法称为**建网比特数**。

表 1-4-2 和表 1-4-3 给出了 B 类和 C 类网络可能出现的子网掩码，以及对应网络数量和主机数量。

表 1-4-2　B 类子网掩码特性

子网掩码	建网比特数	子网络数	可用主机数
255.255.255.252	/30	16382	2
255.255.255.248	/29	8192	6
255.255.255.240	/28	4096	14
255.255.255.224	/27	2048	30
255.255.255.192	/26	1024	62
255.255.255.128	/25	512	126
255.255.255.0	/24	256	254
255.255.254.0	/23	128	510
255.255.252.0	/22	64	1022
255.255.248.0	/21	32	2046
255.255.240.0	/20	16	4094

子网掩码	建网比特数	子网络数	可用主机数
255.255.224.0	/19	8	8190
255.255.192.0	/18	4	16382
255.255.128.0	/17	2	32766
255.255.0.0	/16	1	65534

表 1-4-3 C 类子网掩码特性

子网掩码	建网比特数	子网络数	可用主机数
255.255.255.252	/30	64	2
255.255.255.248	/29	32	6
255.255.255.240	/28	16	14
255.255.255.224	/27	8	30
255.255.255.192	/26	4	62
255.255.255.128	/25	2	126
255.255.255.0	/24	1	254

注意：（1）主机数=可用主机数+2。在软考中，通常不考虑子网数-2 的情况，但是在某些选择题中出现两个可用答案时，也要考虑子网络的个数-2，因为早期的路由器在划分子网之后，0 号子网与没有划分子网之前的网络号是一样的，为了避免混淆，通常不使用 0 号子网。路由器上甚至有 IP subnet-zero 这样的指令控制是否使用 0 号子网。

（2）A 类地址的默认掩码是 255.0.0.0；B 类地址的默认掩码是 255.255.0.0；C 类地址的默认掩码是 255. 255. 255.0。

2. 地址结构

早期 IP 地址结构为两级地址：

$$IP 地址::=\{<网络号>,<主机号>\} \tag{1-4-1}$$

RFC 950 文档发布后增加一个子网号字段，变成三级网络地址结构

$$IP 地址::=\{<网络号>,<子网号>,<主机号>\} \tag{1-4-2}$$

3. VLSM 和 CIDR

（1）可变长子网掩码（Variable Length Subnet Masking，VLSM）。以往的 A 类、B 类和 C 类地址使用固定长度的子网掩码，分别为 8 位、16 位、24 位，这种方式比较死板、浪费地址空间，VLSM 则是对部分子网再次进行子网划分，允许一个组织在同一个网络地址空间中使用多个不同的子网掩码。VLSM 使寻址效率更高，IP 地址利用率也更高。所以 VLSM 技术被用来节约 IP 地址，该技术可以理解为把大网分解成小网。

（2）无类别域间路由（Classless Inter-Domain Routing，CIDR）。在进行网段划分时，除了有

将大网络拆分成若干个小网络的需求外，也有将小网络组合成大网络的需求。在一个有类别的网络中（只区分 A、B、C 等大类的网络），路由器决定一个地址的类别，并根据该类别识别网络和主机。而在 CIDR 中，路由器使用前缀来描述有多少位是网络位（或称前缀），剩下的位则是主机位。CIDR 显著提高了 IPv4 的可扩展性和效率，通过使用路由聚合（或称超网）可有效地减小路由表的大小，节省路由器的内存空间，提高路由器的查找效率。该技术可以理解为把小网合并成大网。

4．IP 地址和子网规划

IP 地址和子网规划是历次考试的重点。IP 地址和子网规划类的题目可以分为以下几种形式。

（1）给定 IP 地址和掩码，求网络地址、广播地址、子网范围、子网能容纳的最大主机数。

【例 1-4-1】已知 8.1.72.24，子网掩码是 255.255.192.0。计算网络地址、广播地址、子网范围、子网能容纳的最大主机数。

1）计算子网的步骤如图 1-4-7 所示。

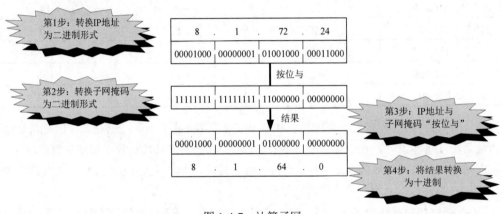

图 1-4-7　计算子网

2）计算广播地址的步骤如图 1-4-8 所示。

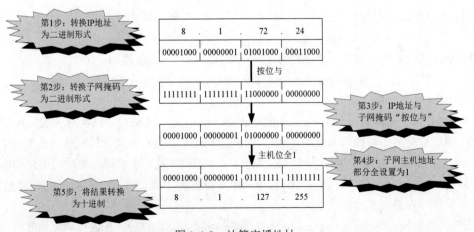

图 1-4-8　计算广播地址

3）子网范围。

子网范围=[子网地址]～[广播地址]=8.1.64.0～8.1.127.255。

4）子网能容纳的最大主机数。

子网能容纳的最大主机数=$2^{主机位}-2=2^{14}-2=16382$。

（2）给定现有的网络地址和掩码并给出子网数目，计算子网掩码及子网可分配的主机数。

【例 1-4-2】某公司网络的地址是 200.100.192.0，掩码为 255.255.240.0，要把该网络分成 16 个子网，则对应的子网掩码应该是多少？每个子网可分配的主机地址数是多少？

1）计算子网掩码。

计算子网掩码的步骤如图 1-4-9 所示。

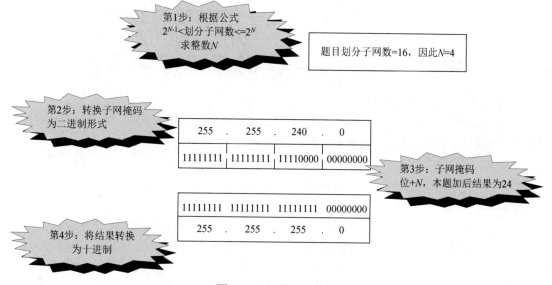

第1步：根据公式 $2^{N-1}<$划分子网数$<=2^N$ 求整数N

题目划分子网数=16，因此N=4

第2步：转换子网掩码为二进制形式

255	.	255	.	240	.	0
11111111		11111111		11110000		00000000

第3步：子网掩码位+N，本题加后结果为24

11111111	11111111	11111111	00000000
255	. 255	. 255	. 0

第4步：将结果转换为十进制

图 1-4-9　计算子网掩码

可以得到，本题的子网掩码为 255.255.255.0。

2）计算子网可分配的主机数。

子网能容纳的最大主机数=$2^{主机位}-2=2^8-2=254$。

（3）给出网络类型及子网掩码，求划分子网数。

【例 1-4-3】一个 B 类网络的子网掩码为 255.255.192.0，则这个网络被划分成了多少个子网？

1）根据网络类型确定网络号的长度。

本题网络类型为 B 类网，因此网络号为 16 位。

2）转换子网掩码为建网比特数。

本题中的子网掩码 255.255.192.0 可以用/18 表示。

3）子网号=建网比特数-网络号，划分的子网个数=$2^{子网号}$。

本题子网号=18–16=2，因此划分的子网个数=2^2=4。

（4）使用子网汇聚将给出的多个子网合并为一个超网，求超网地址。

【例 1-4-4】路由汇聚（Route Summarization）是把小的子网汇聚成大的网络，将 172.2.193.0/24、172.2.194.0/24、172.2.196.0/24 和 172.2.198.0/24 子网进行路由汇聚后的网络地址是多少？

1）将所有十进制的子网转换成二进制。转换结果见表 1-4-4。

表 1-4-4 转换结果

	十进制	二进制
子网地址	172.2.193.0/24	**10101100.00000010.11000** 001.00000000
	172.2.194.0/24	**10101100.00000010.11000** 010.00000000
	172.2.196.0/24	**10101100.00000010.11000** 100.00000000
	172.2.198.0/24	**10101100.00000010.11000** 110.00000000
合并后的超网地址	172.2.192.0/21	**10101100.00000010.11000** 000.00000000

2）从左到右找连续的相同位和相同位数。

从表 1-4-4 中可以发现，相同位为 21 位，即 10101100.00000010.11000，000.00000000 为新网络地址，将其转换为点分十进制得到的汇聚网络为 172.2.192.0/21。

4.3 ICMP

Internet 控制报文协议（Internet Control Message Protocol，ICMP）是 TCP/IP 协议簇的一个子协议，是网络层协议，用于 IP 主机和路由器之间传递控制消息。控制消息是指网络通不通、主机是否可达、路由是否可用等网络本身的消息。这些控制消息虽然并不传输用户数据，但是对用户数据的传递起着重要的作用。

（1）ICMP 报文格式。ICMP 报文**封装在 IP 数据报**内传输，封装结构如图 1-4-10 所示。由于 IP 数据报首部校验和并不检验 IP 数据报的内容，因此不能保证经过传输的 ICMP 报文不产生差错。

图 1-4-10 ICMP 报文封装在 IP 数据报内部

（2）ICMP 报文分类。ICMP 报文分为 **ICMP 差错报告报文**和 **ICMP 询问报文**，具体见表 1-4-5。

表 1-4-5　常考的 ICMP 报文

报文种类	类型值	报文类型	报文定义	报文内容
差错报告报文	3	目的不可达	路由器与主机不能交付数据时，就向源点发送目的不可达报文	包括网络不可达、主机不可达、协议不可达、端口不可达、需要进行分片却设置了不分片、源路由失败、目的网络未知、目的主机未知、目的网络被禁止、目的主机被禁止、由于服务类型 TOS 网络不可达、由于服务类型 TOS 主机不可达、主机越权、优先权中止生效
	4	源点抑制	由于拥塞而丢弃数据报时就向源点发送抑制报文，降低发送速率	
	5	重定向（改变路由）	路由器将重定向报文发送给主机，优化或改变主机路由	包括网络重定向、主机重定向、对服务类型和网络重定向、对服务类型和主机重定向
	11	时间超时	丢弃 TTL 为 0 的数据，向源点发送时间超时报文	
	12	参数问题	发现数据报首部有不正确字段时丢弃报文，并向源点发送参数问题报文	
询问报文	0	回送应答	收到**回送请求报文**的主机必须回应源主机**回送应答报文**	
	8	回送请求		
	13	时间戳请求	请求对方回答当前日期和时间	
	14	时间戳应答	回答当前日期和时间	

（3）ICMP 报文应用。ICMP 报文应用有 Ping 命令（使用回送应答和回送请求报文）和 tracert、traceroute 命令（使用时间超时报文和目的不可达报文）。

4.4　ARP 和 RARP

1．ARP 和 RARP 定义

地址解析协议（Address Resolution Protocol，ARP）是将 32 位的 IP 地址解析成 48 位的以太网地址；而反向地址解析（Reverse Address Resolution Protocol，RARP）则是将 48 位的以太网地址解析成 32 位的 IP 地址。ARP 报文**封装在以太网帧**中进行发送。ARP 的请求过程如下：

（1）发送 ARP 请求。请求主机以**广播方式**发出 **ARP 请求分组**。ARP 请求分组主要由**主机本**

身的 **IP 地址、MAC 地址**以及**需要解析的 IP 地址**三个部分组成。具体发送 ARP 请求的过程如图 1-4-11 所示，该图要求找到 1.1.1.2 对应的 MAC 地址。

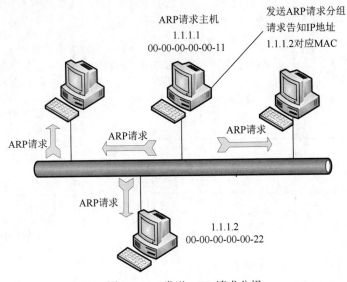

图 1-4-11　发送 ARP 请求分组

（2）ARP 响应。所有主机都能收到 ARP 请求分组，但只有与请求解析的 IP 地址一致的主机响应，并以**单播方式**向 ARP 请求主机发送 ARP 响应分组。ARP 响应分组由**响应方的 IP 地址**和 **MAC 地址**组成。具体过程如图 1-4-12 所示，地址为 1.1.1.2 的主机发出响应报文。

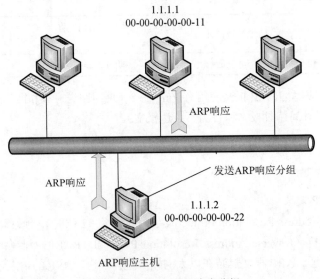

图 1-4-12　发送 ARP 响应分组

（3）A 主机写高速缓存。A 主机收到响应分组后，将 1.1.1.2 和 MAC 地址 00-00-00-00-00-22 对应关系写入 ARP 高速缓存。**ARP 高速缓存**记录了 IP 地址和 MAC 地址的对应关系，避免了主机进行一次通信就发送一次 ARP 请求分组的情况出现，减少了网络中 ARP 请求带来的广播报文。当然，高速缓存中的每个 IP 地址和 MAC 地址的对应关系都有一定的**生存时间**，大于该时间的对应关系将被删除。

2. ARP 病毒

ARP 病毒是一种破坏性极大的病毒，利用了 ARP 协议设计之初没有任何验证功能这一漏洞而实施破坏。ARP 木马使用 ARP 欺骗手段破坏客户机建立正确的 IP 地址和 MAC 地址对应关系，把虚假的网关 MAC 地址发送给受害主机。达到盗取用户账户、阻塞网络、瘫痪网络的目的。

ARP 病毒利用感染主机的方法向网络发送大量虚假的 ARP 报文，**主机没有感染 ARP 木马时也有可能导致网络访问不稳定**。例如：向被攻击主机发送的虚假 ARP 报文中，目的 IP 地址为**网关 IP 地址**，目的 MAC 地址是**感染木马的主机 MAC 地址**。这样会将同网段内其他主机发往网关的数据引向发送虚假 ARP 报文的机器，并抓包截取用户口令信息。

ARP 病毒还能在局域网内产生大量的广播包，造成广播风暴。

3. 一类 ARP 病毒的发现和解决手段

网络管理员经常使用的发现和解决 ARP 病毒的手段有：接入交换机端口绑定固定的 MAC 地址、查看接入交换机的端口异常（一个端口短时间出现多个 MAC 地址）、安装 ARP 防火墙、发现主机 ARP 缓存中的 MAC 地址不正确时可以**"执行 arp –a 查看当前主机所缓存的 mac 地址和 ip 地址对应表"**，**"执行 arp-d 命令清除 ARP 缓存"**、主机使用**"arp-s 网关 IP 地址/网关 MAC 地址"命令设置静态绑定。**

通常还可以通过安装杀毒软件、为各类终端系统打补丁、交换机启用 ARP 病毒防治功能等组合方式阻挡攻击并去除 ARP 病毒。

4.5　IPv6

IPv6（Internet Protocol Version 6）是 IETF 设计的用于替代现行 IPv4 的下一代 IP 协议。IPv6 的地址长度为 128 位，但通常写作 8 组，每组为 4 个十六进制数，如 2002:0db8:85a3:08d3:1319: 8a2e:0370:7345 是一个合法的 IPv6 地址。

1. IPv6 的书写规则

（1）任何一个 16 位段中起始的 0 不必写出来；任何一个 16 位段如果少于 4 个十六进制的数字，就认为忽略了起始部分的数字 0。

例如，2002:0db8:85a3:08d3:1319:8a2e:0370:7345 的第 2、第 4 和第 7 段包含起始 0。使用简化规则，该地址可以书写为 2002:db8:85a3:8d3:1319:8a2e:370:7345。

注意： 只有起始的 0 才能被忽略，末尾的 0 不能忽略。

（2）任何由全 0 组成的 1 个或多个 16 位段的单个连续字符串都可以用一个双冒号 "::" 来表示。

例如：2002:0:0:0:0:0:0:0001 可以简化为 2002::1。

注意：双冒号只能用一次。

2. 单播地址

单播地址用于表示单台设备的地址。发送到此地址的数据包被传递给标识的设备。单播地址和多播地址的区别在于高八位不同，多播地址的高八位总是十六进制的 FF。单播地址有以下几类：

（1）全球单播地址。全球单播地址是指这个单播地址是全球唯一的，其地址格式如图 1-4-13 所示。

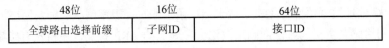

图 1-4-13　全球单播地址格式

当前分配的全球单播地址最高位为 001（二进制）。

（2）链路本地单播地址。链路本地单播地址在邻居发现协议等功能中很有用，该地址主要用于启动时及系统尚未获取较大范围的地址时，链路结点的自动地址配置。该地址的起始 10 位固定为 1111111010（FE80::/10）。

（3）任意播地址。任意播地址更像一种服务，而不是一台设备，并且相同的地址可以驻留在提供相同服务的一台或多台设备中。任意广播地址取自单播地址空间，而且在语法上不能与其他地址区别开来。

（4）组播地址。多播地址标识不是一台设备，而是多台设备组成一个多播组。IPv6 中的组播在功能上与 IPv4 中的组播类似：表现为一组接口可以同时接受某一类的数据流量。该地址前 8 比特设置为 1，十六进制值为 FF。

4.6　NAT

网络地址转换（Network Address Translation，NAT）将数据报文中的 IP 地址替换成另一个 IP 地址，一般是私有地址转换为公有地址来实现访问公网的目的。这种方式只需要占用较少的公网 IP 地址，有助于减少 IP 地址空间的枯竭。传统 NAT 包括基本 NAT 和 NAPT 两大类。

1. 基本 NAT

NAT 设备配置多个公用的 IP 地址，当位于内部网络的主机向外部主机发起会话请求时，把内部地址转换成公用 IP 地址。基本 NAT 可以看成一对一的转换。

基本 NAT 又可以分为静态 NAT 和动态 NAT。

静态 NAT，内部网络中的每个主机都被永久映射成外部网络中的某个合法地址。

动态 NAT 主要应用于拨号和频繁的远程连接，当远程用户连接上后，动态 NAT 就会给用户分配一个 IP 地址；当用户断开时，这个 IP 地址就会被释放而留待以后使用。

2. NAPT

网络地址端口转换（Network Address Port Translation，NAPT）是 NAT 的一种变形，它允许多个内部地址映射到同一个公有地址上，也可称之为**多对一地址转换**或地址复用。

软考中常考到的一个知识是基于源地址的 NAT 和基于目的地址的 NAT。通常用于内部私有地址访问公网的 NAT，也就是基于源地址的 NAT，又称 SNAT。只要数据包的源地址符合某个规则（如某个 ACL 定义的源地址范围），就将这些数据包的源地址经过 SNAT 转换为路由器出接口或者某个指定的地址池的公网地址，而目标地址不变。

而用于将内部服务器映射到公网地址，用于提供公网服务的 NAT，是一种基于目的地址的 NAT，也称为 DNAT。因此不管源地址是什么，只要是目标地址为服务器公布的公网地址（如 212.124.118.2）的数据，经过 DNAT 后就将目标地址转换为服务器在内网的私有地址（如 10.10.1.1），而源地址不变。

NAPT 同时映射 IP 地址和端口号，来自不同内部地址的数据报的源地址可以映射到同一个外部地址，但它们的端口号被转换为该地址的不同端口号，因而仍然能够共享同一个地址，即 NAPT 出口数据报中的内网 IP 地址被 NAT 的公网 IP 地址代替，出口分组的端口被一个高端端口代替。外网进来的数据报根据对应关系进行转换。

NAPT 将**内部的所有地址映射到一个外部 IP 地址（也可以是少数外部 IP 地址）**，这样做的好处是**隐藏了内部网络的 IP 配置、节省了资源**。

第 5 学时　传输层

本学时考点知识结构图如图 1-5-1 所示。

图 1-5-1　知识结构图

5.1　TCP

1. 面向连接服务和无连接服务

网络服务分为面向连接服务和无连接服务两种方式。

（1）面向连接服务。面向连接的服务是双方通信的前提，即先要建立一条通信线路，这个过程分为三步：建立连接、使用连接和释放连接。面向连接服务的工作方式与电话系统类似。其特点也是打电话必须经过建立拨号、通话和挂电话这三个过程。

数据传输过程前必须经过建立连接、使用连接和释放连接这三个过程；建立之后，一个虚拟的电话联系信道就建立了。当数据正式传输时，数据分组不需要再携带目的地址。面向连接需要通信之前建立连接，但是这种方式比较复杂，相对无连接的效率不高。

（2）无连接服务。无连接的服务就是通信双方不需要事先建立一条通信线路，而是把每个带有目的地址的数据包（数据分组）送到线路上，由系统选定路线进行传输。IP 协议和 UDP 协议就是一种无连接协议；邮政系统可以看成一个无连接的系统。

无连接收发双方之间通信时，其下层资源只需在数据传输时动态地进行分配，不需要预留。收发双方只有在传输数据的时候才处于激活状态。

无连接服务通信比较迅速、使用灵活、连接开销小，但是这种方式可靠性低，不能防止报文丢失、重复或失序。

2．TCP

传输控制协议（Transmission Control Protocol，TCP）是一种可靠的、面向连接的字节流服务。源主机在传送数据前需要先和目标主机建立连接。然后在此连接上，被编号的数据段按序收发。同时要求对每个数据段进行确认，这样保证了可靠性。如果在指定的时间内没有收到目标主机对所发数据段的确认，源主机将再次发送该数据段。

（1）TCP 的三种机制。TCP 建立在无连接的 IP 基础之上，因此使用了三种机制实现面向连接的服务。

1）使用序号对数据报进行标记。这种方式便于 TCP 接收服务在向高层传递数据之前调整失序的数据包。

2）TCP 使用确认、校验和定时器系统提供可靠性。当接收者按照顺序识别出数据报未能到达或发生错误时，接收者将通知发送者；当接收者在特定时间没有发送确认信息时，那么发送者就会认为发送的数据包并没有到达接收方，这时发送者就会考虑重传数据。

3）TCP 使用窗口机制调整数据流量。窗口机制可以减少因接收方缓冲区满而造成丢失数据报文的可能性。

（2）TCP 报文首部格式。TCP 报文首部格式如图 1-5-2 所示。

源端口（16）								目的端口（16）
序列号（32）								
确认号（32）								
报头长度（4）	保留（6）	URG	ACK	PSH	RST	SYN	FIN	窗口（16）
校验和（16）								紧急指针（16）
选项（长度可变）								填充
TCP 报文的数据部分（可变）								

图 1-5-2　TCP 报文首部格式

- 源端口（Source Port）和目的端口（Destination Port）

该字段长度均为 16 位。TCP 协议通过使用端口来标识源端和目标端的应用进程，端口号取值范围为 0～65535。

- 序列号（Sequence Number）

该字段长度为 32 位。因此序号范围为 $[0, 2^{32}-1]$。序号值是进行 mod 2^{32} 运算的值，即序号值为最大值 $2^{32}-1$ 后，下一个序号又回到 0。

【例 1-5-1】本段数据的序号字段为 1024，该字段长 100 字节，则下一个字段的序号字段值为 1124。这里序列号字段又称为**报文段序号**。

- 确认号（Acknowledgement Number）

该字段长度为 32 位。期望收到对方下一个报文段的第一个数据字段的序号。

【例 1-5-2】接收方收到了序号为 100、数据长度为 300 字节的报文，则接收方的确认号设置为 400。

注意：如果确认号=N，则表示 N-1 之前（包含 N-1）的所有数据都已正确收到。

- 报头长度（Header Length）：报头长度又称为数据偏移字段，长度为 4 位，单位 32 位。没有任何选项字段的 TCP 头部长度为 20 字节，最多可以有 60 字节的 TCP 头部。
- 保留字段（Reserved）：该字段长度为 6 位，通常设置为 0。
- 标记（Flag）：该字段包含的字段有：紧急（URG）——紧急有效，需要尽快传送；确认（ACK）——建立连接后的报文回应，ACK 设置为 1；推送（PSH）——接收方应该尽快将这个报文段交给上层协议，无须等缓存满；复位（RST）——重新连接；同步（SYN）——发起连接；终止（FIN）——释放连接。
- 窗口大小（Window Size）：该字段长度为 16 位。因此序号范围为 $[0, 2^{16}-1]$。该字段用来进行流量控制，单位为字节，是作为接收方让发送方设置其发送窗口的依据。这个值是本机期望下一次接收的字节数。
- 校验和（Checksum）：该字段长度为 16 位，对整个 TCP 报文段（即 TCP 头部和 TCP 数据）进行校验和计算，并由目标端进行验证。
- 紧急指针（Urgent Pointer）：该字段长度为 16 位。它是一个偏移量，和序号字段中的值相加表示紧急数据最后一个字节的序号。
- 选项（Option）：该字段长度可变到 40 字节。可能包括窗口扩大因子、时间戳等选项。为保证报头长度是 32 位的倍数，因此还需要填充 0。

（3）TCP 建立连接。TCP 连接建立的过程主要是解决以下问题：

1）让通信双方确定对方的存在。

2）可以让通信双方协商参数（比如窗口的最大值、服务质量等）。

3）能分配传输数据的资源（如缓存大小、连接表的项目等）。

TCP 会话通过**三次握手**来建立连接。三次握手的目标是使数据段的发送和接收同步，同时也向其他主机表明其一次可接收的数据量（窗口大小）并建立逻辑连接。

（4）TCP 释放连接。TCP 释放连接是四次握手。

（5）TCP 拥塞控制。如果网络对资源的需求大于可用资源，网络中就可能会出现拥塞。拥塞控制就是防止过多的数据注入网络，避免网络中间设备（例如路由器）过载而发生拥塞。

TCP 拥塞控制的概念是每个源端判断当前网络中有多少可用容量，从而知道它可以安全完成传送的分组数。

注意：拥塞控制是一个全局性的过程，与流量控制不同，流量控制指点对点通信量的控制。

TCP 拥塞控制机制包括慢启动（Slow Start）、拥塞避免（Congestion Avoidance）、快重传（Fast Retransmit）、快恢复（Fast Recovery）等。

1）慢启动与拥塞避免：又称慢开始。慢启动的策略是，主机一开始发送大量数据，有可能引发网络拥塞，因此较好的可能是先探测一下，由小到大逐步增加拥塞窗口的大小。通常，在刚开始发送报文段时，可设置为某一初始值。而每收到一个对新报文段的确认后，将增加拥塞窗口值。**慢启动的"慢"是指窗口大小的初始值小，但其值的增长是倍增的。**

拥塞避免算法：设置阈值限制倍增区间，让拥塞窗口值慢慢增加。

执行慢启动算法的前提：发送方的超时计时器时限已到，但仍然没有收到确认信息，说明网络出现拥塞或者其他问题导致报文丢弃。

注意：拥塞避免并不能完全避免网络拥塞。

2）快重传和快恢复。快重传和快恢复是 TCP 拥塞控制机制中，为了进一步提高网络性能而设置的两个算法。

快重传规定：①接收方在收到一个失序的报文段后就立即发出重复确认（目的是使发送方及早知道有报文段没有到达对方），而无须等到接收方发送数据时捎带确认；②发送方只要收到三个连续重复确认就应当立即重传对方尚未收到的报文段，而无须等待设置的重传计时器的时间到期。

快恢复算法是和快重传算法相配合的算法。快恢复算法要点为：当发送方连续收到三个重复的报文段确认时，慢启动阈值减半，但之后并不执行慢启动算法，而是执行拥塞避免算法。

5.2 UDP

1. UDP

用户数据报协议（User Datagram Protocol，UDP）是一种不可靠的、无连接的数据报服务。源主机在传送数据前不需要和目标主机建立连接。数据附加了源端口号和目标端口号等 UDP 报头字段后，直接发往目的主机。这时，每个数据段的可靠性依靠上层协议来保证。在传送数据较少且较小的情况下，UDP 比 TCP 更加高效。

2. 端口

协议端口号（Protocol Port Number，Port）是标识目标主机进程的方法。TCP/IP 使用 16 位的端口号来标识端口，所以端口的取值范围为[0,65535]。

端口可以分为系统端口、登记端口、客户端使用端口。

（1）系统端口。该端口的取值范围为[0,1023]，常见协议号见表 1-5-1。

表 1-5-1　常见协议号

协议号	名称	功能
20	FTP-DATA	FTP 数据传输
21	FTP	FTP 控制
22	SSH	SSH 登录
23	TELNET	远程登录
25	SMTP	简单邮件传输协议
53	DNS	域名解析
67	DHCP	DHCP 服务器开启，用来监听和接收客户请求消息
68	DHCP	客户端开启，用于接收 DHCP 服务器的消息回复
69	TFTP	简单 FTP
80	HTTP	超文本传输
110	POP3	邮局协议
143	IMAP	交互式邮件存取协议
161	SNMP	简单网管协议
162	SNMP（trap）	SNMP Trap 报文

（2）登记端口。登记端口是为没有熟知端口号的应用程序使用的，端口范围为[1024,49151]。这些端口必须在 IANA 登记以避免重复。

（3）客户端使用端口。这类端口仅在客户进程运行时动态使用，使用完毕后，进程会释放端口。该端口范围为[49152,65535]。

第 6 学时　应用层

本学时考点知识结构图如图 1-6-1 所示。

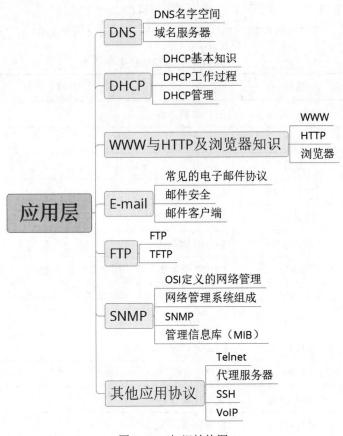

图 1-6-1 知识结构图

6.1 DNS

域名系统（Domain Name System，DNS）是把主机域名解析为 IP 地址的系统，解决了 IP 地址难记的问题。该系统是由解析器和域名服务器组成的。**DNS 主要基于 UDP 协议，较少情况下使用 TCP 协议，端口号均为 53**。域名系统由三部分构成：DNS 名字空间、域名服务器、DNS 客户机。

1. DNS 名字空间

DNS 系统属于分层式命名系统，即采用的命名方法是层次树状结构。连接在 Internet 上的主机或路由器都有一个唯一的层次结构名，即域名（Domain Name）。域名可以由若干个部分组成，每个部分代表不同级别的域名并使用 "." 号分开。完整的结构为：**主机.….三级域名.二级域名.顶级域名.**。

注意：域名的每个部分不超过 63 个字符，整个域名不超过 255 个字符。顶级域名后的 "." 号表示根域，通常可以不用写。

Internet 上域名空间的结构如图 1-6-2 所示。

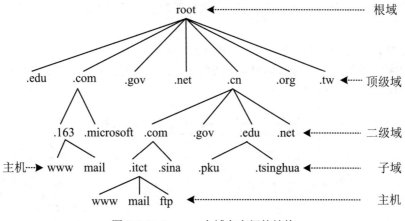

图 1-6-2　Internet 上域名空间的结构

（1）根域：根域处于 Internet 上域名空间结构树的最高端，是树的根，提供根域名服务。根域用"."来表示。

（2）顶级域名（Top Level Domain，TLD）：顶级域名在根域名之下，分为国家顶级域名、通用顶级域名和国际顶级域名三大类。常用域名见表 1-6-1。

表 1-6-1　常用域名

域名名称	作用
.com	商业机构
.edu	教育机构
.gov	政府部门
.int	国际组织
.mil	美国军事部门
.net	网络组织（如因特网服务商和维修商），现在任何人都可以注册
.org	非盈利组织
.biz	商业
.info	网络信息服务组织
.pro	会计、律师和医生
.name	个人
.museum	博物馆
.coop	商业合作团体
.aero	航空工业
国家代码	国家（如 cn 代表中国）

（3）主机：属于最低层域名，处于域名树的叶子端，代表各类主机提供的服务。

2. 域名服务器

域名服务器运行模式为客户机/服务器模式（C/S 模式）。

（1）按域名空间层次，可以分为根域名服务器、顶级域名服务器、权限域名服务器、本地域名服务器。具体功能见表 1-6-2。

表 1-6-2　按域名空间层次划分的服务器

名称	定义	作用
根域名服务器	最高层次域名服务器，该服务器保存了全球所有顶级域名服务器的 IP 地址和域名。全球有 100 多个	本地域名无法解析域名时，直接向根域名服务器请求
顶级域名服务器	管理本级域名（如.cn）上注册的所有二级域名	可以解析本级域名下的二级域名的 IP 地址；提交下一步所寻域名服务器地址
权限域名服务器	一个域可以分为多个区，每一个区都设置服务器，即权限服务器	该区域管理主机的域名和 IP 地址的映射、解析
本地域名服务器	主机发出的 DNS 查询报文最初送到的服务器	查询本地域名和 IP 地址的映射、解析。向上级域名服务器进行域名查询

（2）按域名服务器的作用，可以分为主域名服务器、辅域名服务器、缓存域名服务器、转发域名服务器。具体功能见表 1-6-3。

表 1-6-3　按作用划分的域名服务器

名称	定义	作用
主域名服务器	维护本区所有域名信息，信息存于磁盘文件和数据库中	提供本区域名解析，区内域名信息的权威。**具有域名数据库。一个域有且只有一个主域名服务器**
辅域名服务器	主域名服务器的备份服务器提供域名解析服务，信息存于磁盘文件和数据库中	主域名服务器备份，可进行域名解析的负载均衡。**具有域名数据库**
缓存域名服务器	向其他域名服务器进行域名查询，将查询结果保存在缓存中的域名服务器	改善网络中 DNS 服务器的性能，减少反复查询相同域名的时间，提高解析速度，节约出口带宽。**获取解析结果耗时最短，没有域名数据库**
转发域名服务器	负责**非本地和缓存中**无法查到的域名。接收域名查询请求，首先查询自身缓存，如果找不到对应的，则转发到指定的域名服务器查询	负责域名转发，由于转发域名服务器同样可以有缓存，因此可以减少流量和查询次数。**具有域名数据库**

所谓区域复制，就是把区域的记录定期同步到其他服务器上。

6.2 DHCP

BooTP 是最早的主机配置协议。动态主机配置协议（Dynamic Host Configuration Protocol，DHCP）则是在其基础之上进行了改良的协议，是一种用于简化主机 IP 配置管理的 IP 管理标准。通过采用 DHCP 协议，DHCP 服务器为 DHCP 客户端进行动态 IP 地址分配。同时 DHCP 客户端在配置时不必指明 DHCP 服务器的 IP 地址就能获得 DHCP 服务。当同一子网内有多台 DHCP 服务器时，在默认情况下，客户机采用最先到达的 DHCP 服务器分配的 IP 地址。

1. DHCP 基本知识

当需要跨越多个网段提供 DHCP 服务时，必须使用 **DHCP 中继代理**，就是在 DHCP 客户和服务器之间转发 DHCP 消息的主机或路由器。

DHCP 服务端使用 **UDP 的 67 号端**口来监听和接收客户请求消息，保留 **UDP 的 68 号端**口用于接收来自 DHCP 服务器的消息回复。

在 Windows 系统中，在 DHCP 客户端无法找到对应的服务器、获取合法 IP 地址失败的前提下，获取的 IP 地址值为 **169.254.X.X**。

注意：Windows 2000 以前的系统在获取合法 IP 地址失败的前提下，获取的 IP 地址值为 **0.0.0.0**。

2. DHCP 工作过程

DHCP 的工作过程如图 1-6-3 所示。该工作过程知识，在历次考试中反复考查到。

第1步：IP 租用请求（DHCPDISCOVER）
第2步：IP 租用提供（DHCPOFFER，含一个有效地址）
第3步：IP 租用选择（选择DHCPOFFER发送DHCPREQUEST）
第4步：IP 租用确认（DHCPACK）
DHCP服务器　　　　　　　　　　　　　　　　DHCP客户端

图 1-6-3　DHCP 工作过程

（1）DHCP 客户端发送 IP 租用请求。DHCP 客户机启动后发出一个 DHCPDISCOVER 广播消息，其封包的源地址为 0.0.0.0，目标地址为 255.255.255.255。

（2）DHCP 服务器提供 IP 租用服务。当 DHCP 服务器收到 DHCPDISCOVER 数据包后，通过 UDP 的 68 号端口给客户机回应一个 DHCPOFFER 信息，其中包含一个还没有被分配的有效 IP 地址。

（3）DHCP 客户端 IP 租用选择。客户机可能从不止一台 DHCP 服务器收到 DHCPOFFER 信息。客户机选择最先到达的 DHCPOFFER 并发送 DHCPREQUEST 消息包。

（4）DHCP 客户端 IP 租用确认。DHCP 服务器向客户机发送一个确认（DHCPACK）信息，信息中包括 IP 地址、子网掩码、默认网关、DNS 服务器地址以及 IP 地址的租约（Windows 中默认为 8 天）。

（5）DHCP 客户端重新登录。获取 IP 地址后的 DHCP 客户端再重新联网，不再发送 DHCPDISCOVER,直接发送包含前次分配地址信息的 DHCPREQUEST 请求（此处还是使用广播）。DHCP 服务器收到请求后，如果该地址可用，则返回 DHCPACK 确认；否则发送 DHCPNACK 信息否认。收到 DHCPNACK 的客户端需要从第一步开始重新申请 IP 地址。

（6）更新租约。DHCP 服务器向 DHCP 客户机出租的 IP 地址一般都有一个租借期限，期满后，DHCP 服务器便会收回出租的 IP 地址。如果 DHCP 客户机要延长其 IP 租约，则必须更新其 IP 租约。DHCP 客户机启动及 IP 租约期限过一半时，DHCP 客户机都会自动向 DHCP 服务器发送更新其 IP 租约的信息。

3．DHCP 管理

由于用户不同，需要租约的 IP 地址时间就会不同。因此，分配的 IP 地址需要区别对待。如频繁变化的、出差的、使用远程访问的笔记本、移动设备，就只需要提供较短的租约时间。解决办法是：把所有使用 DHCP 协议获取 IP 地址的主机划分为不同的类别进行管理。

6.3 WWW 与 HTTP 及浏览器知识

1．WWW

万维网（World Wide Web，WWW）是一个规模巨大、可以互联的资料空间。该资料空间的资源依靠 URL 进行定位，通过 HTTP 协议传送给使用者，又由 HTML 来进行文档的展现。由定义可以知道，WWW 的核心由三个主要标准构成：URL、HTTP、HTML。

（1）URL。统一资源标识符（Uniform Resource Locator，URL）是一个全世界通用的、负责给万维网上资源定位的系统。URL 由四个部分组成：

<协议>://<主机>:<端口>/<路径>

● <协议>：表示使用什么协议来获取文档，之后的"://"不能省略。常用协议有 HTTP、HTTPS、FTP。

● <主机>：表示资源主机的域名。

● <端口>：表示主机服务端口，有时可以省略。

● <路径>：表示最终资源在主机中的具体位置，有时可以省略。

（2）HTTP。超文本传送协议（HyperText Transport Protocol，HTTP）负责规定浏览器和服务器怎样进行互相交流。

（3）HTML。超文本标记语言（Hypertext Markup Language，HTML）是用于描述网页文档的一种标记语言。

WWW 采用客户机/服务器的工作模式，工作流程具体如下：

1）用户使用浏览器或其他程序建立客户机与服务器的连接，并发送浏览请求。

2）Web 服务器接收到请求后返回信息到客户机。

3）通信完成后关闭连接。

2．HTTP

HTTP 是互联网上应用最为广泛的一种网络协议，该协议由万维网协会（World Wide Web Consortium，W3C）和 Internet 工作小组（Internet Engineering Task Force，IETF）共同提出。该协议使用 TCP 的 80 号端口提供服务。

Web 服务器往往访问压力较大，为了提高效率，HTTP 1.0 规定浏览器与服务器只保持短暂的连接，浏览器的每次请求都需要与服务器建立一个 TCP 连接，服务器完成请求处理后立即断开 TCP 连接，服务器不跟踪每个客户也不记录过去的请求。

这样访问多图的网页就需要建立多个单独连接来请求与响应，每次连接只是传输一个文档和图像，上一次和下一次请求完全分离。客户端、服务器端的建立和关闭连接比较费事，会严重影响双方的性能。当网页包含 Applet、JavaScript、CSS 等，也会出现类似情况。

为了克服上述缺陷，HTTP 1.1 支持持久连接。即一个 TCP 连接上可以传送多个 HTTP 请求和响应，减少建立和关闭连接的消耗和延迟。一个包含多图像的网页文件的多个请求与应答可在同一个连接中传输。当然每个单独的网页文件的请求和应答仍然需要使用各自的连接。HTTP 1.1 还允许客户端不用等待上一次请求结果返回，就可以发出下一次请求，但服务器端必须按照接收到客户端请求的先后顺序依次回送响应结果，以保证客户端能够区分出每次请求的响应内容，这样也减少了整个下载所需的时间。

HTTP 1.1 还通过增加更多的请求头和响应头来改进和扩充功能。

（1）同一 IP 地址和端口号配置多个虚拟 Web 站点。HTTP 1.1 新增加 Host 请求头字段后，Web 浏览器可以使用主机头名来明确表示要访问服务器上的哪个 Web 站点，这样可以在一台 Web 服务器上用同一 IP 地址、端口号、不同的主机名来创建多个虚拟 Web 站点。

（2）实现持续连接。Connection 请求头的值为 Keep-Alive 时，客户端通知服务器返回本次请求结果后保持连接；Connection 请求头的值为 close 时，客户端通知服务器返回本次请求结果后关闭连接。

（3）HTTP 2.0。HTTP 2.0 兼容于 HTTP 1.X，同时大大提升了 Web 性能，进一步减少了网络延迟，减少了前端方面的优化工作。HTTP 2.0 采用了新的二进制格式，解决了多路复用（即连接共享）问题，可对 header 进行压缩，使用较为安全的 HPACK 压缩算法，重置连接表现更好，有一定的流量控制功能，使用更安全的 SSL。

3．浏览器

网页浏览器（Web browser），简称浏览器，是一种浏览互联网网页的应用工具，也可以播放声音、动画、视频，还可以打开 PDF、Word 等格式的文档。目前，常见的浏览器有 IE 系列浏览器、谷歌 Chrome 浏览器、苹果 Safari 浏览器、火狐浏览器、QQ 浏览器、百度浏览器等。

Chrome 是一款设计简单、高效的浏览器，支持多标签浏览，每个标签页都在独立的沙箱（sandbox）内运行。沙箱可以限定不可信的代码只运行在指定环境中，而不能访问之外的资源。这种方式可以防止恶意软件破坏系统、利用标签页影响其他标签页。

浏览器无痕浏览，是指当浏览器退出时，会清除访问浏览记录，但已经下载的文件不会被清除。

浏览器内核（又称渲染引擎），主要功能是解析 HTML、CSS，进行页面布局、渲染与复合层合成。

（1）进入浏览器设置。打开 IE 11 浏览器，单击菜单的"工具"，弹出下拉式菜单，选择"Internet 选项"。如图 1-6-4 所示。

图 1-6-4　进入 IE 设置

（2）清除浏览器缓存。如图 1-6-5 所示，单击"删除"按钮，可以进行浏览历史删除，如图 1-6-6 所示。

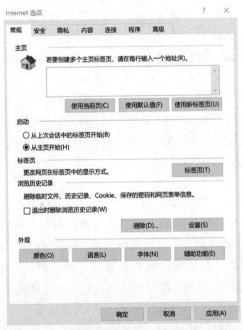

图 1-6-5　"Internet 选项"中"常规"选项卡

（3）安全设置。在"Internet 选项"中的"安全"可以进行安全设置。具体如图 1-6-7 所示。

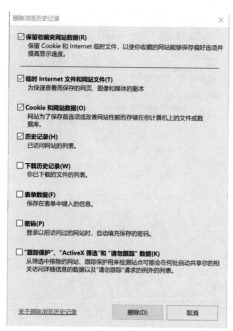

图 1-6-6　删除浏览历史记录

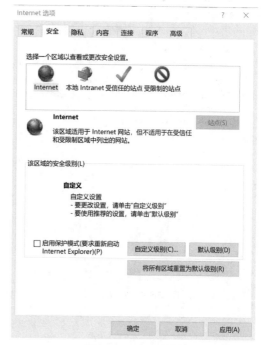

图 1-6-7　安全设置

1）Internet 区域：该区域包含了不在"本地 Intranet 区域"上以及不在其他区域的所有站点。默认安全级为"中-高"。

2）本地 Intranet 区域：该区域设置了不需要代理服务器的所有地址。默认安全级为"中-低"。

3）可信站点区域：设置可信任站点，即用户认为直接从这些站点下载或运行文件，是安全的。默认安全级为"低"。

4）受限站点区域：该区域包含不信任的站点，不能肯定从这些站点下载或运行文件，是安全的。默认安全级为"高"。

（4）隐私设置。隐私设置可以设置站点是否使用 Cookie，是否弹出窗口阻止程序。具体如图 1-6-8 所示。Cookies 就是保存对应的网站的一些用户私人信息。

（5）内容设置。内容设置部分可以完成导入证书、设置自动完成等功能。具体如图 1-6-9 所示。早期版本的 IE 浏览器中，还可以完成"分级审查"功能。

（6）连接设置。连接设置部分可以完成拨号、局域网设置等功能。具体如图 1-6-10 所示。局域网设置功能常用，单击"局域网设置"，可以设置代理服务器。具体如图 1-6-11 所示。

（7）程序设置。程序设置部分可以完成默认浏览器设置、默认 HTML 编辑器、默认 Internet 程序设置等功能。具体如图 1-6-12 所示。

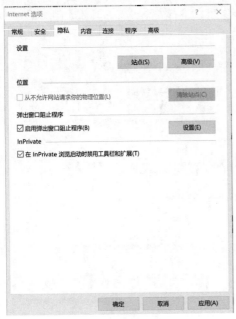

图 1-6-8　隐私设置

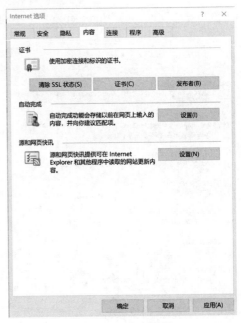

图 1-6-9　内容设置

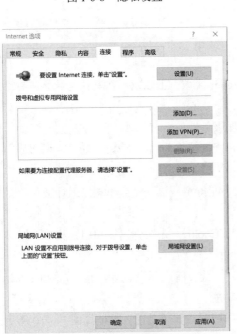

图 1-6-10　连接设置

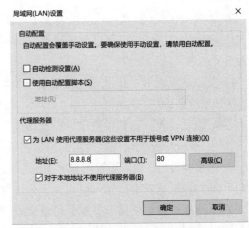

图 1-6-11　代理服务器设置

（8）高级设置。高级设置部分可以完成 HTTP 设置、安全设置、多媒体等功能。具体如图 1-6-13 所示。

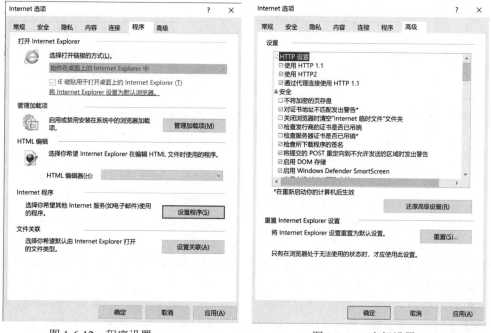

图 1-6-12   程序设置   图 1-6-13   高级设置

6.4   E-mail

电子邮件（Electronic mail，E-mail）又称电子信箱，昵称"伊妹儿"，是一种用网络提供信息交换的通信方式。通过网络，电子邮件系统可以用非常低廉的价格、以非常快速的方式与世界上任何一个角落的网络用户联系，邮件形式可以是文字、图像、声音等。

电邮地址的格式是：用户名@域名。

其中，@是英文 at 的意思。选择@的理由比较有意思，电子邮件的发明者汤姆林森给出的解释是："它在键盘上那么显眼的位置，我一眼就看中了它。"

电子邮件地址表示在某部主机上的一个使用者账号。

1. 常见的电子邮件协议

常见的电子邮件协议有：简单邮件传输协议、邮局协议和 Internet 邮件访问协议。

（1）简单邮件传输协议（Simple Mail Transfer Protocol，SMTP）。SMTP 主要负责底层的邮件系统如何将邮件从一台机器发送至另外一台机器。该协议工作在 TCP 协议的 25 号端口。

（2）邮局协议（Post Office Protocol，POP）。目前的版本为 POP3，POP3 是把邮件从邮件服务器中传输到本地计算机的协议。该协议工作在 TCP 协议的 110 号端口。

（3）Internet 邮件访问协议（Internet Message Access Protocol，IMAP）。目前的版本为 IMAP4，是 POP3 的一种替代协议，提供了邮件检索和邮件处理的新功能。用户可以完全不必下载邮件正文就可以看到邮件的标题和摘要，使用邮件客户端软件就可以对服务器上的邮件和文件夹目录等进行操作。IMAP 协议增强了电子邮件的灵活性，同时也减少了垃圾邮件对本地系统的直接危害，同时相对节省了用户查看电子邮件的时间。除此之外，IMAP 协议可以记忆用户在脱机状态下对邮件的操作（如移动邮件、删除邮件等），在下一次打开网络连接时会自动执行，该协议工作在 TCP 协议的 143 号端口。

2. 邮件安全

电子邮件在传输中使用的是 SMTP 协议，它不提供加密服务，攻击者可以在邮件传输中截获数据。其中的文本格式和非文本格式的二进制数据（如.exe 文件）都可以轻松地还原。同时还存在发送的邮件是冒充的邮件、邮件误发送等问题。

优良保密协议（Pretty Good Privacy，PGP）是一款邮件加密协议，可以对邮件保密以防止非授权者阅读，还能为邮件加上数字签名，从而使收信人可以确认邮件的发送者，并能确信邮件没有被篡改。PGP 采用了 **RSA 和传统加密的杂合算法**、**数字签名的邮件文摘算法** 和加密前压缩等手段，功能强大、加/解密快且开源。

MIME 协议是 SMTP/RFC822 框架的扩充，它增加了 MIME 头和 MIME 体两部分，目的是解决 RFC822 模式只能传输文本信息的局限。

IETF 在 RFC 2045～RFC 2049 中给出的 MIME 规定，邮件主体除了 ASCII 字符类型之外，还可以包含其他数据类型。用户可以使用 MIME 增加非文本对象，将各种格式文件加到邮件主体中去。

基于 MIME 标准，S/MIME 在 MIME 体做了安全扩展，在内容类型中增加了新的子类型，可以把 MIME 实体封装成安全对象，用于提供数据保密、完整性保护、认证和鉴定服务等功能。

3. 邮件客户端

常见的电子邮件客户端有 Foxmail、Outlook 等。在阅读邮件时，使用网页、程序、会话方式都有可能运行恶意代码。为了防止电子邮件中的恶意代码，应该用纯文本方式阅读电子邮件。

大部分用户也接受了浏览器收发邮件的方式。图 1-6-14 为使用浏览器进入 QQ 邮箱的显示界面图。从图中可以知道，用户有 6 封未读邮件，草稿箱中有 6 封编辑邮件，垃圾箱中有 7 封未读垃圾邮件。

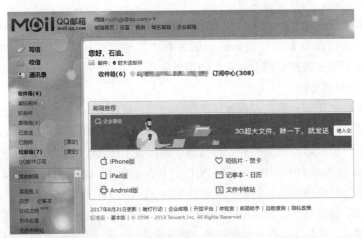

图 1-6-14　腾讯 QQ 邮箱

6.5　FTP

1. FTP

文件传输协议（File Transfer Protocol，FTP）简称为"文传协议"，用于在 Internet 上控制文件的双向传输。FTP 客户上传文件时，通过服务器 **20 号端口**建立的连接是建立在 TCP 之上的**数据连接**，通过服务器 **21 号端口**建立的连接是建立在 TCP 之上的**控制连接**。

2. TFTP

简单文件传送协议（Trivial File Transfer Protocol，TFTP）的功能与 FTP 类似，是一个小而简单的文件传输协议，该协议基于 UDP 协议。一般用于路由器、交换机、防火墙配置文件传输。

6.6　SNMP

网络管理是对网络进行有效而安全的监控、检查。网络管理的任务就是检测和控制。

1. OSI 定义的网络管理

OSI 定义的网络管理功能有以下五类。

（1）性能管理（Performance Management）。在最少的网络资源和最小时延的前提下，网络能提供可靠、连续的通信能力。性能管理的功能有收集统计信息、维护并检查系统状态日志、改变系统操作模式，进行性能检测、性能分析、性能管理、性能控制。

（2）配置管理（Configuration Management）。用来定义、识别、初始化、监控网络中的被管对象，改变被管对象的操作特性，报告被管对象状态的变化。配置管理的功能有配置信息收集（信息包含设备地理位置、命名、记录，维护设备的参数表、及时更新，维护网络拓扑）和利用软件设置参数并配置硬件设备（设备初始化、启动、关闭、自动备份硬件配置文件）。

（3）故障管理（Fault Management）。故障管理是对网络中被管对象故障的检测、定位和排除。故障管理的功能有故障检测、故障告警、故障分析与定位、故障恢复与排除、故障预防。

（4）安全管理（Security Management）。保证网络不被非法使用。安全管理的功能有管理员身份认证、管理信息加密与完整性、管理用户访问控制、风险分析、安全告警、系统日志记录与分析、漏洞检测。

（5）计费管理（Accounting Management）。记录用户使用网络资源的情况并核收费用，同时也统计网络的利用率。计费管理的功能有账单记录、账单验证、计费策略管理。

2. 网络管理系统组成

网络管理系统由以下四个要素组成：

（1）管理站（Network Manager）。管理站是位于网络系统主干或者靠近主干的工作站，是网络管理系统的核心，负责管理代理和管理信息库，定期查询代理信息，确定独立的网络设备和网络状态是否正常。

（2）代理（Agent）。代理又称为管理代理，位于被管理设备内部。负责收集被管理设备的各种信息和响应管理站的命令或请求，并将其传输到 MIB 数据库中。代理所在地设备可以是网管交换机、服务器、网桥、路由器、网关及任何合法结点的计算机。

SNMP 从代理设备中收集数据有两种方法：一种是轮询的方法；另一种是基于中断或者事件报告的方法。

- 轮询方式：系统按一定周期查询被管理设备。
- 事件报告方式：当有异常事件发生时，代理立即通知管理站（假定设备没有崩溃，代理和管理站之间仍然有一条通路）。

（3）管理信息库（Management Information Base，MIB）。相当于一个虚拟数据库，提供有关被管理网络各类系统和设备的信息，属于分布式数据库。

（4）网络管理协议。用于管理站和代理之间传递、交互信息。常见的网管协议有 SNMP 和 CMIS/CMIP。

网管站通过 SNMP 向被管设备的网络管理代理发出各种请求报文，代理则接收这些请求后完成相应的操作，可以把自身信息主动通知给网管站。

网络管理各要素的组成结构如图 1-6-15 所示。

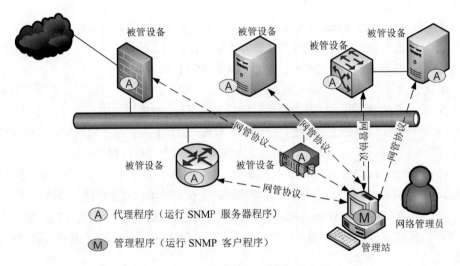

图 1-6-15　网络管理各要素的组成结构

在 SNMPv3 中把管理站和代理统一叫做 SNMP 实体。SNMP 实体由一个 SNMP 引擎和一个或多个 SNMP 应用程序组成。

3．SNMP

简单网络管理协议（Simple Network Management Protocol，SNMP）是在应用层上进行网络设备间通信的管理协议，可以进行网络状态监视、网络参数设定、网络流量统计与分析、发现网络故障等。SNMP 是基于 UDP 的协议，**是一组标准，由 SNMP 协议、管理信息库（MIB）和管理信息**

结构（SMI）组成。

（1）SNMP PDU。SNMP 规定了五个重要的协议数据单元 PDU，也称为 SNMP 报文。SNMP 报文可以分为从管理站到代理的 SNMP 报文和从代理到管理站的 SNMP 报文（SNMP 报文建议不超过 484 个字节）。常见的 SNMP 报文见表 1-6-4。

表 1-6-4　常见的 SNMP 报文

从管理站到代理的 SNMP 报文		从代理到管理站的 SNMP 报文
从一个数据项取数据	把值存储到一个数据项	
Get-Request（从代理进程处提取一个或多个数据项）	Set-Request（设置代理进程的一个或多个数据项）	Get-Response（这个操作是代理进程作为对 Get-Request、Get-Next-Request、Set-Request 的响应）
Get-Next-Request（从代理进程处提取一个或多个数据项的下一个数据项）		Trap（代理进程主动发出的报文，通知管理进程有某些事件发生）

SNMP 协议实体发送请求和应答报文的默认端口号是 161，SNMP 代理发送陷阱报文（Trap）的默认端口号是 162。

目前 SNMP 有 SNMPv1、SNMPv2、SNMPv3 三个版本。各版本的不同见表 1-6-5。

表 1-6-5　各版本 SNMP 的不同

版本	特点
SNMPv1	易于实现、**使用团体名认证**（属于同一团体的管理站和被管理站才能互相作用）
SNMPv2	可以实现**分布和集中**两种方式的管理；**增加管理站之间的信息交换**；改进管理信息机构（可以一次性取大量数据）；增加多协议支持；引入了信息模块的概念（**模块有 MIB 模块、MIB 的依从性声明模块、代理能力说明模块**）
SNMPv3	模块化设计，提供安全的支持，**基于用户的安全模型**

（2）SNMPv3 安全分类。在 SNMPv3 中共有两类安全威胁是一定要提供防护的：主要安全威胁和次要安全威胁。

1）主要安全威胁。主要安全威胁有两种：修改信息和假冒。修改信息是指擅自修改 SNMP 报文，篡改管理操作，伪造管理对象；假冒就是冒充用户标识。

2）次要安全威胁。次要安全威胁有两种：修改报文流和消息泄露。修改报文流可能出现乱序、延长、重放的威胁；消息泄露则可能造成 SNMP 之间的信息被窃听。

另外有两种服务不被保护或者无法保护：拒绝服务和通信分析。

4. 管理信息库（Management Information Base，MIB）

MIB 指定主机和路由器等被管设备需要保存的数据项和可以对这些数据项进行的操作。换句话说，就是只有在 MIB 中的对象才能被 SNMP 管理。

6.7 其他应用协议

1. Telnet

TCP/IP 终端仿真协议（TCP/IP Terminal Emulation Protocol，Telnet）是一种基于 TCP 的虚拟终端通信协议，端口号为 23。Telnet 采用客户端/服务器的工作方式，采用网络虚拟终端（Net Virtual Terminal，NVT）实现客户端和服务器的数据传输，可以实现远程登录、远程管理交换机和路由器。

2. 代理服务器

代理服务器（Proxy Server）处于客户端和需要访问的网络之间，客户向网络发送信息和接收信息均通过代理服务器转发而实现。代理服务器的优点有：共享 IP 地址、缓存功能提高访问速度、信息转发、过滤和禁止某些通信、提升上网效率、隐藏内部网络细节，以提高安全性、监控用户行为、避免来自 Internet 上病毒的入侵、提高访问某些网站的速度、突破对某些网站的访问限制。

3. SSH

传统的网络服务程序（如 FTP、POP 和 Telnet）本质上都是不安全的，因为它们在网络上用明文传送数据、用户账号和用户口令，很容易受到中间人（man-in-the-middle）攻击方式的攻击，即存在另一个人或一台机器冒充真正的服务器接收用户传给服务器的数据，然后再冒充用户把数据传给真正的服务器。

安全外壳协议（Secure Shell，SSH）是目前较可靠、专为远程登录会话和其他网络服务提供安全性的协议。由 IETF 的网络工作小组（Network Working Group）所制定，是创建在应用层和传输层基础上的安全协议。

利用 SSH 协议可以有效防止远程管理过程中的信息泄露问题。通过 SSH 可以对所有传输的数据进行加密，也能够防止 DNS 欺骗和 IP 欺骗。

SSH 的另一个优点是其传输的数据是经过压缩的，所以可以加快传输的速度。SSH 有很多功能，既可以代替 Telnet，又可以为 FTP、POP 甚至 PPP 提供一个安全的"通道"。

4. VoIP

基于 IP 的语音传输协议（Voice over Internet Protocol，VoIP）就是将模拟声音信号数字化，基于 UDP 协议，在 IP 数据网络上做实时传递。VoIP 可以在 IP 网络上便宜地传送语音、传真、视频和数据等业务，如统一消息、虚拟电话、虚拟语音/传真邮箱、查号业务、Internet 呼叫中心、Internet 呼叫管理、电视会议、电子商务、传真存储转发和各种信息的存储转发等。

第**2**天
夯实基础，再学理论

第1学时　网络安全

本学时考点知识结构图如图 2-1-1 所示。

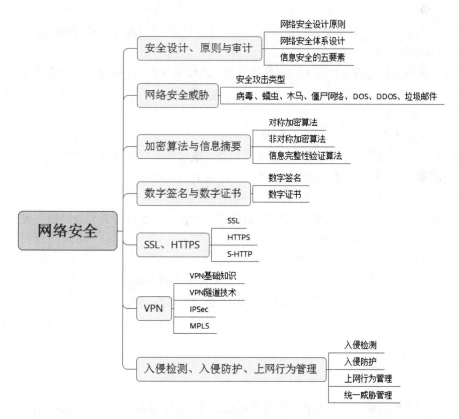

图 2-1-1　知识结构图

1.1 安全设计、原则与审计

1. 网络安全设计原则

网络安全设计是保证网络安全运行的基础，网络安全设计有以下基本设计原则：

（1）充分、全面、完整地对系统的安全漏洞和安全威胁等各类因素进行分析、评估和检测是设计网络安全系统的必要前提条件。

（2）强调安全防护、监测和应急恢复。要求在网络发生被攻击的情况下，必须尽快恢复网络信息中心的服务，减少损失。

（3）网络安全的"木桶原则"强调对信息均衡、全面地进行保护。木桶的最大容积取决于最短的一块木板，**因此系统安全性取决于最薄弱模块的安全性。**

（4）良好的等级划分是实现网络安全的保障。

（5）网络安全应以不影响系统的正常运行和合法用户的操作活动为前提。

（6）考虑安全问题应考虑安全与保密系统的设计要与网络设计相结合，同时要兼顾性能价格的平衡。

网络安全设计原则还有易操作性原则、动态发展原则、技术与管理相结合原则。

2. 网络安全体系设计

网络安全体系设计可按层次分为物理环境安全、操作系统安全、网络安全、应用安全、管理安全等多个方面。

3. 信息安全的五要素

信息安全的基本要素主要包括五个方面：

（1）机密性：保证信息不泄露给未经授权的进程或实体，只供授权者使用。

（2）完整性：信息只能被得到允许的人修改，并且能够被判别该信息是否已被篡改过。同时一个系统也应该按其原来规定的功能运行，不被非授权者操纵。

（3）可用性：只有授权者才可以在需要时访问该数据，而非授权者应被拒绝访问数据。

（4）可控性：可控制数据流向和行为。

（5）可审查性：出现问题有据可循。

另外，有人将五要素进行了扩展，增加了可鉴别性和不可抵赖性。

（1）可鉴别性：网络应对用户、进程、系统和信息等实体进行身份鉴别。

（2）不可抵赖性：数据的发送方与接收方都无法对数据传输的事实进行抵赖。

1.2 网络安全威胁

目前主要网络威胁有非授权访问、信息泄露或丢失、破坏数据完整性、拒绝服务攻击、利用网络传播病毒。

1. 安全攻击类型

网络攻击是以网络为手段窃取网络上其他计算机的资源或特权、对其安全性或可用性进行破坏的行为。安全攻击依据攻击特征可以分为四类，具体见表 2-1-1。

表 2-1-1　安全攻击类型

类型	定义	攻击的安全要素
中断	攻击计算机或网络系统，使得其资源变得不可用或不能用	可用性
窃取	访问未授权的资源	机密性
篡改	截获并修改资源内容	完整性
伪造	伪造信息	真实性

常见的网络攻击有很多，如连续不停 Ping 某台主机、发送带病毒和木马的电子邮件、暴力破解服务器密码等，也有类似有危害但不是网络攻击的（如向多个邮箱群发一封电子邮件）；又如重放攻击，通过发送目的主机已经接收过的报文来达到攻击目的。

2. 病毒、蠕虫、木马、僵尸网络、DOS、DDOS、垃圾邮件

（1）定义。

病毒：是一段附着在其他程序上的、可以自我繁殖的、有一定破坏能力的程序代码。复制后的程序仍然具有感染和破坏的功能。**计算机病毒的六大特征是：繁殖性、破坏性、传染性、潜伏性、隐蔽性、可触发性。**

蠕虫：是一段可以借助程序自行传播的程序或代码。

木马：是利用计算机程序漏洞侵入后窃取信息的程序，这个程序往往伪装成善意的、无危害的程序。

僵尸网络（Botnet）：是指采用一种或多种传播手段使大量主机感染 bot 程序（僵尸程序），从而在控制者和被感染主机之间形成的一个可以一对多控制的网络。

拒绝服务（Denial of Service，DOS）：利用大量合法的请求占用大量网络资源，以达到瘫痪网络的目的。

分布式拒绝服务攻击（Distributed Denial of Service，DDOS）：很多 DOS 攻击源一起攻击某台服务器就形成了 DDOS 攻击。

垃圾邮件：未经用户许可就强行发送到用户邮箱中的任何电子邮件。

（2）各类恶意代码的命名规则。

恶意代码的一般命名格式为：恶意代码前缀.恶意代码名称.恶意代码后缀。

恶意代码前缀是根据恶意代码特征起的名字，具有相同前缀的恶意代码通常具有相同或相似的特征。恶意代码的常见前缀名见表 2-1-2。

表 2-1-2　恶意代码的常见前缀名

前缀	含义	解释	例子
Boot	引导区病毒	通过感染磁盘引导扇区进行传播的病毒	Boot.WYX
DOSCom	DOS 病毒	只通过 DOS 操作系统进行复制和传播的病毒	DosCom.Virus.Dir2.2048 （DirII 病毒）
Worm	蠕虫病毒	通过网络或漏洞进行自主传播，向外发送带毒邮件或通过即时通讯工具（QQ、MSN）发送带毒文件	Worm.Sasser（震荡波）
Trojan	木马	木马通常伪装成有用的程序诱骗用户主动激活，或利用系统漏洞侵入用户计算机。计算机感染特洛伊木马后的典型现象是有未知程序试图建立网络连接	Trojan.Win32.PGPCoder.a （文件加密机）、Trojan.QQPSW
Backdoor	后门	通过网络或者系统漏洞入侵计算机并隐藏起来，方便黑客远程控制	Backdoor.Huigezi.ik（灰鸽子变种 IK）、Backdoor.IRCBot
Win32、PE、Win95、W32、W95	文件型病毒或系统病毒	感染可执行文件（如.exe、.com）、.dll 文件的病毒。若与其他前缀连用，则表示病毒的运行平台	Win32.CIH；Backdoor.Win32.PcClient.al，表示运行在 32 位 Windows 平台上的后门
Macro	宏病毒	宏语言编写，感染办公软件（如 Word、Excel），并且能通过宏自我复制的程序	Macro.Melissa、Macro.Word、Macro.Word.Apr30
Script、VBS、JS	脚本病毒	使用脚本语言编写，通过网页传播、感染、破坏或调用特殊指令下载并运行病毒、木马文件	Script.RedLof（红色结束符）、Vbs.valentin（情人节）
Harm	恶意程序	直接对被攻击主机进行破坏	Harm.Delfile（删除文件）、Harm.formatC.f（格式化 C 盘）
Joke	恶作剧程序	不会对计算机和文件产生破坏，但可能会给用户带来恐慌和麻烦，如做控制鼠标	Joke.CrayMourse （疯狂鼠标）

1.3　加密算法与信息摘要

1. 对称加密算法

加密密钥和解密密钥相同的算法，称为对称加密算法。对称加密算法相对非对称加密算法来说，加密的效率高，适合大量数据加密。常见的对称加密算法有 DES、3DES、RC5、IDEA、RC4，具体特性见表 2-1-3。

表 2-1-3　常见的对称加密算法

加密算法名称	特性
DES	明文分为 64 位一组，密钥 64 位（实际位是 56 位的密钥和 8 位奇偶校验）。注意：考试中填实际密钥位，即 56 位
3DES	3DES 是 DES 的扩展，是执行了三次的 DES。其中，第一、第三次加密使用同一密钥的方式下，密钥长度扩展到 128 位（112 位有效）；三次加密使用不同密钥，密钥长度扩展到 192 位（168 位有效）
RC5	RC5 由 RSA 中的 Ronald L. Rivest 发明，是参数可变的分组密码算法，三个可变的参数是：分组大小、密钥长度和加密轮数
IDEA	明文、密文均为 64 位，密钥长度 128 位
RC4	常用流密码，密钥长度可变，用于 SSL 协议。曾经用于 IEEE 802.11 WEP 协议中。也是 Ronald L. Rivest 发明的

2. 非对称加密算法

加密密钥和解密密钥不相同的算法，称为非对称加密算法，这种方式又称为公钥密码体制，解决了对称密钥算法的密钥分配与发送的问题。在非对称加密算法中，私钥用于解密和签名，公钥用于加密和认证。

（1）加密、解密的表示方法。

式（2-1-1）表示了明文通过加密算法变成密文的方法，其中 K1 表示密钥。

$$Y=E_{K1}(X) \tag{2-1-1}$$

明文 X 通过加密算法 E，使用密钥 K1 变为密文 Y。

式（2-1-2）表示了密文通过解密算法还原成明文的方法，其中 K2 表示密钥。

$$X=D_{K2}(Y) \tag{2-1-2}$$

密文 Y 通过解密算法 D，使用密钥 K2 还原为明文 X。

（2）RSA。

RSA（Rivest Shamir Adleman）是典型的非对称加密算法，该算法基于大素数分解。RSA 适合进行数字签名和密钥交换运算。

3. 信息完整性验证算法

报文摘要算法（Message Digest Algorithms）使用特定算法对明文进行摘要，生成固定长度的密文。这类算法重点在于"摘要"，即对原始数据依据某种规则提取；摘要和原文具有联系性，即被"摘要"数据与原始数据一一对应，只要原始数据稍有改动，"摘要"的结果就不同。因此，这种方式可以验证原文是否被修改。

消息摘要算法采用"单向函数"，即只能从输入数据得到输出数据，无法从输出数据得到输入数据。常见报文摘要算法有安全散列标准 SHA-1、MD5 系列标准。

（1）SHA-1。安全 Hash 算法（SHA-1）也是基于 MD5 的，使用一个标准把信息分为 512 比特的分组，并且创建一个 160 比特的摘要。

（2）MD5。消息摘要算法 5（MD5），把信息分为 512 比特的分组，并且创建一个 128 比特的摘要。

1.4 数字签名与数字证书

1. 数字签名

数字签名的作用就是确保 A 发送给 B 的信息就是 A 本人发送的，并且没有改动。

2. 数字证书

数字证书是一种验证实体身份的方式。数字证书不能看成数字身份证，而是身份认证机构盖在数字身份证上的一个章，就是通常所说的数字身份证上的签名。

数字证书采用公钥体制进行加密和解密。每个用户有一个私钥来解密和签名；同时每个用户还有一个公钥来加密和验证。

目前数字证书的格式大多是 X.509 格式，X.509 是由国际电信联盟（ITU-T）制定的数字证书标准。

1.5 SSL、HTTPS

1. SSL

安全套接层（Secure Sockets Layer，SSL）协议是一个安全传输、保证数据完整的安全协议，之后的传输层安全（Transport Layer Security，TLS）是 SSL 的非专有版本。SSL 处于应用层和传输层之间。

2. HTTPS

安全超文本传输协议（HyperText Transfer Protocol over Secure Socket Layer，HTTPS）是以安全为目标的 HTTP 通道，简单讲是 HTTP 的安全版。它使用 SSL 对信息内容进行加密，使用 TCP 的 443 端口发送和接收报文。其使用语法与 HTTP 类似，使用 "HTTPS://＋URL" 形式。

3. S-HTTP

安全超文本传输协议（Secure HyperText Transfer Protocol，S-HTTP）是一种面向安全信息通信的协议，是 EIT 公司结合 HTTP 而设计的一种消息安全通信协议。S-HTTP 可提供通信保密、身份识别、可信赖的信息传输服务及数字签名等。

1.6 VPN

1. VPN 基础知识

虚拟专用网络（Virtual Private Network，VPN）是在公用网络上建立专用网络的技术。由于整个 VPN 网络中的任意两个结点之间的连接并没有传统专网所需的端到端的物理链路，而是架构在公用网络服务商所提供的网络平台，所以称之为虚拟网。实现 VPN 的关键技术主要有隧道技术、加/解密技术、密钥管理技术和身份认证技术。

2．VPN 隧道技术

实现 VPN 的最关键部分是在公网上建立虚信道，而建立虚信道是利用隧道技术实现的，IP 隧道的建立可以在链路层和网络层。

VPN 主要隧道协议有 PPTP、L2TP、IPSec、SSL VPN、TLS VPN。

（1）PPTP（点到点隧道协议）。PPTP 是一种用于让远程用户拨号连接到本地的 ISP，是通过 Internet 安全访问内网资源的技术。它能将 PPP 帧封装成 IP 数据包，以便能够在基于 IP 的互联网上进行传输。PPTP 使用 TCP 连接、创建、维护、终止隧道，并使用 GRE（通用路由封装）将 PPP 帧封装成隧道数据。被封装后的 PPP 帧的有效载荷可以被加密、压缩或同时被加密与压缩。该协议是第 2 层隧道协议。

（2）L2TP 协议。L2TP 是 PPTP 与 L2F（第二层转发）的一种综合，是由思科公司推出的一种技术。该协议是第 2 层隧道协议。

（3）IPSec 协议。IPSec 协议在隧道外面再封装，保证了隧道在传输过程中的安全。该协议是第 3 层隧道协议。

（4）SSL VPN、TLS VPN。两类 VPN 使用了 SSL 和 TLS 技术，在传输层实现 VPN 的技术。该协议是第 4 层隧道协议。由于 SSL 需要对传输数据加密，因此 SSL VPN 的速度比 IPSec VPN 慢。SSL VPN 的配置和使用又比其他 VPN 简单。

3．IPSec

Internet 协议安全性（Internet Protocol Security，IPSec）是通过对 IP 协议的分组进行加密和认证来保护 IP 协议的网络传输协议簇（一些相互关联的协议的集合）。IPSec 工作在 TCP/IP 协议栈的网络层，为 TCP/IP 通信提供访问控制机密性、数据源验证、抗重放、数据完整性等多种安全服务。

IPSec 是一个协议体系，由建立安全分组流的密钥交换协议和保护分组流的协议两个部分构成，前者即为 IKE 协议，后者则包含 AH、ESP 协议。

4．MPLS

多协议标记交换（Multi-Protocol Label Switching，MPLS）是核心路由器利用含有边缘路由器在 IP 分组内提供的前向信息的标签（Label）或标记（Tag），实现网络层交换的一种交换方式。

MPLS 技术主要是为了提高路由器转发速率而提出的，其核心思想是利用标签交换取代复杂的路由运算和路由交换。该技术实现的核心就是把 **IP 数据报**封装在 **MPLS** 数据包中。MPLS 将 IP 地址映射为简单、固定长度的标签，这和 IP 中的包转发、包交换不同。

MPLS 根据标记对分组进行交换。以以太网为例，MPLS 包头的位置应插入在以太帧头与 IP 头之间，是属于二层和三层之间的协议，也称为 2.5 层协议。

注意：考试中应填 2.5 层。

1.7　入侵检测、入侵防护、上网行为管理

1. 入侵检测

入侵检测（Intrusion Detection System，IDS）是从系统运行过程中产生的或系统所处理的各种数据中查找出威胁系统安全的因素，并可对威胁做出相应的处理，一般认为 **IDS 是被动防护**。入侵检测的软件或硬件称为入侵检测系统。入侵检测被认为是防火墙之后的第二道安全闸门，它在不影响网络性能的情况下对网络进行监测，从而提供对内部攻击、外部攻击和误操作的实时保护。

2. 入侵防护

入侵防护（Intrusion Prevention System，IPS）：一种可识别潜在的威胁并迅速地做出应对的网络安全防范办法。一般认为 **IPS 是主动防护。**

3. 上网行为管理

上网行为管理设备用于控制和管理用户对互联网的使用。设备功能包括带宽流量管理、网络应用控制、网页访问过滤、信息收发审计、用户行为分析。

4. 统一威胁管理

统一威胁管理（Unified Threat Management，UTM）是一个功能全面的安全产品，可以防范多种威胁。通常集成了病毒防护、防火墙、入侵防护、VPN 等功能模块。

第 2 学时　无线基础知识

本学时考点知识结构图如图 2-2-1 所示。

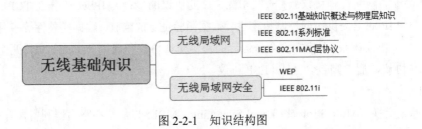

图 2-2-1　知识结构图

2.1　无线局域网

1. IEEE 802.11 基础知识概述与物理层知识

IEEE 802.11 定义了无线局域网的两种工作模式：**基础设施网络（Infrastructure Networking）**和**自主网络（Ad Hoc Networking）**。基础设施网络是预先建立起来的，具有一系列能覆盖一定地理范围的固定基站。构建自主网络时，网络组建不需要使用固定的基础设施，仅靠自身就能临时构

建网络。自主网络就是一种不需要有线网络和接入点支持的点对点网络，每个结点都有路由能力

2. IEEE 802.11 系列标准

IEEE 802.11 由 IEEE 802.11 工作组制定，该工作组成立于 1990 年，是一个专门研究无线 LAN 技术、开发无线局域网物理层协议和 MAC 层协议的组织。IEEE 在 1997 年推出了 IEEE 802.11 无线局域网（Wireless LAN）标准，经过多年的补充和完善，形成了一个系列（即 IEEE 802.11 系列）标准。目前，该系列标准已经成为无线局域网的主流标准。

IEEE 802.11 系列标准见表 2-2-1。

表 2-2-1　IEEE 802.11 系列标准

标准	运行频段	主要技术	数据速率
IEEE 802.11	2.400～2.483GHz	DBPSK、DQPSK	1Mb/s 和 2Mb/s
IEEE 802.11a	5.150～5.350GHz、5.725～5.850GHz，与 IEEE 802.11b/g 互不兼容	OFDM 调制技术	54Mb/s
IEEE 802.11b	2.400～2.483GHz，与 IEEE 802.11a 互不兼容	CCK 技术	11Mb/s
IEEE 802.11g	2.400～2.483GHz	OFDM 调制技术	54Mb/s
IEEE 802.11n	支持双频段，兼容 IEEE 802.11b 与 IEEE 802.11a 两种标准	MIMO（多进多出）与 OFDM 技术	300～600Mb/s
IEEE 802.11ac	核心技术基于 IEEE 802.11a，工作在 5.0GHz 频段上以保证向下兼容性	MIMO（多进多出）与 OFDM 技术	可达 1Gb/s

3. IEEE 802.11MAC 层协议

IEEE 802.11 采用了类似于 IEEE 802.3 CSMA/CD 协议的载波侦听多路访问/冲突避免协议（Carrier Sense Multiple Access/Collision Avoidance，CSMA/CA），不采用 CSMA/CD 协议的原因有两点：①无线网络中，接收信号的强度往往远小于发送信号，因此要实现碰撞的花费过大；②隐蔽站（隐蔽终端问题），并非所有站都能听到对方，如图 2-2-2（a）所示。而暴露站的问题是检测信道忙碌但未必影响数据发送，如图 2-2-2（b）所示。

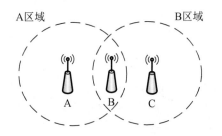 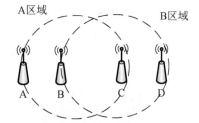

<table>
<tr><td>（a）A、C同时向B发送信号，发送碰撞</td><td>（b）B向A发送信号，避免碰撞，阻止C
向D发送数据</td></tr>
</table>

图 2-2-2　隐蔽站和暴露站问题

因此，CSMA/CA 就是减少碰撞，而不是检测碰撞。

2.2 无线局域网安全

1. WEP

IEEE 802.11b 定义了无线网的安全协议（Wired Equivalent Privacy，WEP）。有线等效保密（WEP）协议是对在两台设备间无线传输的数据进行加密的方式，用以防止非法用户窃听或侵入无线网络。WEP 加密和解密使用同样的算法和密钥。WEP 采用的是 RC4 算法，使用 40 位或 64 位密钥，有些厂商将密钥位数扩展到 128 位（WEP2）。由于科学家找到了 WEP 的多个弱点，于是在 2003 年被淘汰。

2. IEEE 802.11i

Wi-Fi 保护接入（Wi-Fi Protected Access，WPA）是新一代的 WLAN 安全标准，该协议采用新的加密协议并结合 IEEE 802.1x 实现访问控制。在数据保密方面定义了三种加密机制，具体见表 2-2-2。

表 2-2-2　WPA 的三种加密机制

名称	特点
时态密钥完整性协议（Temporal Key Integrity Protocol，TKIP）	临时密钥完整性技术使用 WEP 机制的 RC4 加密，可通过升级硬件或驱动方式来实现
计数器模式密码块链消息完整码协议（Counter-Mode/CBC-MAC Protocol，CCMP）	使用 AES（Advanced Encryption Standard）加密和 CCM（Counter-Mode/CBC-MAC）认证，该算法对硬件要求较高，需要更换硬件
无线健壮认证协议（Wireless Robust Authenticated Protocol，WRAP）	使用 AES 加密和 OCB 加密

第 3 学时　存储技术基础

本学时考点知识结构图如图 2-3-1 所示。

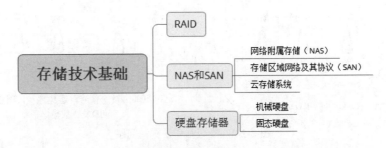

图 2-3-1　知识结构图

3.1　RAID

独立磁盘冗余阵列（Redundant Array of Independent Disk，RAID）是由美国加利福尼亚大学伯克莱分校于 1987 年提出的，利用一个磁盘阵列控制器和一组磁盘组成一个可靠、高速的、大容量的逻辑硬盘。

RAID 分为很多级别，常见的 RAID 如下：

（1）RAID0。无容错设计的条带磁盘阵列（Striped Disk Array without Fault Tolerance）。数据并不是保存在一个硬盘上，而是分成数据块保存在不同驱动器上。因为将数据分布在不同驱动器上，所以数据吞吐率大大提高。如果是 n 块硬盘，则读取相同数据时间减少为 $1/n$。由于不具备冗余技术，如果一块盘坏了，则阵列数据全部丢失。实现 RAID0 至少需要 2 块硬盘。

（2）RAID1。磁盘镜像，可并行读数据，由于在不同的两块磁盘写入相同数据，写入数据比 RAID0 慢点。安全性最好，但空间利用率为 50%，利用率最低。实现 RAID1 至少需要 2 块硬盘。

（3）RAID2。使用了海明码校验和纠错。将数据条块化分布于不同硬盘上，现在几乎不再使用。实现 RAID2 至少需要 2 块硬盘。

（4）RAID3。使用单独的一块校验盘进行奇偶校验。磁盘利用率=$(n-1)/n$，其中 n 为 RAID3 中的磁盘总数。实现 RAID3 至少需要 3 块硬盘。

（5）RAID5。具有独立的数据磁盘和分布校验块的磁盘阵列，无专门的校验盘。RAID5 常用于 I/O 较频繁的事务处理上。RAID5 可以为系统提供数据安全保障，虽然可靠性比 RAID1 低，但是磁盘空间利用率要比 RAID1 高。RAID5 具有和 RAID0 近似的数据读取速度，只是多了一个奇偶校验信息，写入数据的速度比对单个磁盘进行写入操作的速度稍慢。磁盘利用率=$(n-1)/n$，其中 n 为 RAID5 中的磁盘总数。实现 RAID5 至少需要 3 块硬盘。

（6）RAID6。具有独立的数据硬盘与两个独立的分布校验方案，即存储两套奇偶校验码。因此安全性更高，但构造更复杂。磁盘利用率=$(n-2)/n$，其中 n 为 RAID6 中的磁盘总数。实现 RAID6 至少需要 4 块硬盘。

（7）RAID10。高可靠性与高性能的组合。RAID10 是建立在 RAID0 和 RAID1 基础上的，即为一个条带结构加一个镜像结构，这样既利用了 RAID0 极高的读写效率，又利用了 RAID1 的高可靠性。磁盘利用率为 50%。实现 RAID10 至少需要 4 块硬盘。

3.2　NAS 和 SAN

1. 网络附属存储（Network Attached Storage，NAS）

NAS 采用独立的服务器，单独为网络数据存储而开发的一种文件服务器来连接所有存储设备。数据存储至此不再是服务器的附属设备，而成为网络的一个组成部分。

2. 存储区域网络及其协议（Storage Area Network and SAN Protocols，SAN）

SAN 是一种专用的存储网络，用于将多个系统连接到存储设备和子系统。SAN 可以被看作是负责存储传输的后端网络，而前端的数据网络负责正常的 TCP/IP 传输。作为一种新的存储连接拓扑结构，光纤通道为数据访问提供了高速的访问能力，它被设计用来代替现有的系统和存储之间的 SCSI I/O 连接。SAN 可以分为 FC SAN 和 IP SAN。

   3.   云存储系统

云存储系统是通过集群应用和分布式存储技术将大量不同类型的存储设备集合起来协同工作，提供企业级数据存储、管理、业务访问、高效协同的应用系统及存储解决方案。云存储系统的功能包含统一存储，协同共享；多端同步，实时高效；安全稳定，备份容灾。

3.3   硬盘存储器

硬盘是由一个或多个铝制或者玻璃制的碟片组成的存储器。可以分为机械硬盘、固态硬盘。

1．机械硬盘

机械硬盘即传统普通硬盘，由盘片、磁头、接口、缓存、传动部件、主轴马达等组成。具体如图 2-3-2 所示。

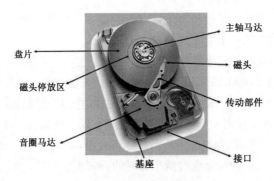

图 2-3-2   机械硬盘构成

（1）硬盘的物理参数。硬盘的主要物理参数有盘片、磁道、柱面、扇区等。具体如图 2-3-3 所示。

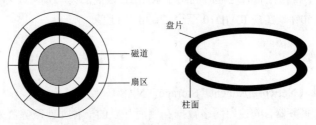

图 2-3-3   硬盘的物理参数

- 盘片：硬盘由很多盘片组成，每个盘片有两个面，每面都有一个读写磁头。
- 磁道（Head）：每个盘面都被划分为数目相等的磁道，并从外缘从"0"开始编号。

- 柱面（Cylinder）：相同编号的磁道形成一个圆柱，称为柱面。磁盘的柱面数与单个盘面上的磁道数是相等的。
- 扇区（Sector）：每个盘片上的每个磁道又被划分为若干个扇区。

（2）硬盘其他参数。

- 硬盘容量：指硬盘能存储数据的数据量大小。硬盘容量=柱面数×磁道数×扇区数×512B。
- 硬盘转速：硬盘主轴电机的转动速度，单位 RPM，即每分钟盘片转动次数（Revolutions Per Minute、RPM）。RPM 越大，访问时间越短，内部传输率越快，硬盘整体性能越好。
- 硬盘缓存：硬盘与外部总线交换数据的暂时存储数据的场所。
- 平均访问时间：硬盘磁头找到目标数据的平均时间。
- 平均寻道时间：硬盘磁头从一个磁道移动到另一个磁道所需要的平均时间。
- S.M.A.R.T.技术：自监测、分析及报告技术（Self-Monitoring Analysis and Reporting Technology，SMART）。该技术监测磁头、磁盘、马达、电路等，并依据历史记录及预设的安全值，自动预警。

2. 固态硬盘

固态硬盘（Solid State Disk），是指用固态电子存储芯片阵列而制成的硬盘，由控制单元和存储单元（FLASH、DRAM 芯片）组成。相对于机械硬盘，固态硬盘读写速度快、更轻便。

固态硬盘与传统机械硬盘相比，优点是快速读写、质量轻、能耗低、体积小；缺点是价格较为昂贵、容量较低、一旦硬件损坏数据较难恢复等。

目前，存储系统（尤其是 SAN 架构）中，为了均衡价格、速度、稳定性，构建存储池采用的硬盘往往是 SSD、SAS 等多种硬盘混合形式。这样可以达到数据分级存储的目的，需要高速率存取的数据存放在 SSD 盘中，大容量数据往往存储在机械硬盘中。

第4学时　计算机科学基础

本学时考点知识结构图如图 2-4-1 所示。

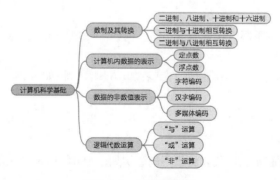

图 2-4-1　知识结构图

4.1 数制及其转换

1．二进制、八进制、十进制和十六进制

进制也称为进位制，属于一种计数方式，就是使用有限的数字符号代表所有数值。

（1）十进制。日常生活中最常用的进制就是十进制。

十进制的表示方法：在数字后加 D 或者不加字母，例如：128D 或 128。

十进制的特点：

1）包含十个基本数字：0、1、2、3、4、5、6、7、8、9。

2）逢十进一。

3）每个数字所在位置不同，代表的值不同。例如，$8157=8000+100+50+7=8\times10^3+1\times10^2+5\times10^1+7\times10^0$。

（2）二进制。二进制是由数学家莱布尼茨发明的。在 20 世纪 30 年代，冯·诺依曼提出采用二进制作为数字计算机的数制基础。理论上最大化系统的表达效率是 e 进制，但 e 并非整数所以三进制为整数最优进制，但是由于二进制更能简化电子元件的制造，所以现代计算机系统设计采用了二进制。

二进制的表示方法：在数字后加 B 或者加 2 脚注，例如：1011B 或者$(1011)_2$。

二进制的特点：

1）有二个基本数字：0、1。

2）逢二进一。

3）每个数字所在位置不同，代表的值不同。例如，$110101=1\times2^5+1\times2^4+0\times2^3+1\times2^2+0\times2^1+1\times2^0$。

（3）八进制。

八进制的表示方法：在数字后面加 Q 或者加 8 脚注，例如 163Q 或者$(163)_8$。

八进制的特点：

1）有八个基本数字：0、1、2、3、4、5、6、7。

2）逢八进一。

3）每个数字所在位置不同，代表的值不同。例如，$115=1\times8^2+6\times8^1+3\times8^0$。

（4）十六进制。

十六进制的表示方法：在数字后面加 H 或者加 16 脚注，例如 A804H 或者$(A804H)_{16}$。

十六进制的特点：

1）有十六个基本数字：0、1、2、3、4、5、6、7、8、9、A、B、C、D、E、F。

2）逢十六进一。

3）每个数字所在位置不同，代表的值不同。例如，$A804=10\times16^3+8\times16^2+0\times16^1+4\times16^0$。

2．二进制与十进制相互转换

（1）二进制转为十进制。

数位：数所在的位置；**权位数**：每个数位代表的数叫做权位数。二进制转为十进制，将二进制数按权展开相加。

转换公式如下：

$$D = D_{n-1} \times 2^{n-1} + D_{n-2} \times 2^{n-2} + \cdots + D_1 \times 2^1 + D_0 \times 2^0 + D_{-1} \times 2^{-1} + \cdots + D_{-m} \times 2^{-m}$$

【例 2-4-1】

$$(110101.01)_2 = 1 \times 2^5 + 1 \times 2^4 + 0 \times 2^3 + 1 \times 2^2 + 0 \times 2^1 + 1 \times 2^0 + 0 \times 2^{-1} + 1 \times 2^{-2}$$
$$= 32 + 16 + 4 + 1 + 0.25 = (53.25)_{10}$$

（2）十进制转为二进制。

1）十进制整数转换为二进制。

将十进制数反复除以 2，直到商为 0。第一次相除后得到的余数为最低位 K_1 最后相除得到的余数为最高位 K_n。得到转换结果 $K_n K_{n-1} \cdots K_2 K_1$。

【例 2-4-2】将 $(53)_{10}$ 转换为二进制，可以用如下方法：

因此，$(53)_{10} = K_5 K_4 K_3 K_2 K_1 K_0 = (110101.00)_2$

2）十进制小数转换为二进制。

第一步：将十进制小数乘以 2，取乘积的整数部分，得到二进制小数的最高位 K_{-1}，

第二步：取乘积的小数部分乘 2，取乘积的整数部分，得到二进制小数的下一位 K_{-m}，

重复第二步，直到乘积小数部分为 0 或者二进制小数位达到精度。

所得 $0.K_{-1} K_{-2} \cdots K_{-m}$ 即为转换结果。

【例 2-4-3】将 $(0.4375)_{10}$ 转换为二进制，可以用如下方法：

$$0.4375 \times 2 = 0.875 \quad \cdots \cdots 结果整数部分为 0（K_{-1}）$$
$$0.875 \times 2 = 1.75 \quad \cdots \cdots 结果整数部分为 1（K_{-2}）$$
$$0.75 \times 2 = 1.5 \quad \cdots \cdots 结果整数部分为 1（K_{-3}）$$
$$0.5 \times 2 = 1.0 \quad \cdots \cdots 结果整数部分为 1（K_{-4}）$$

高 ↓ 低

$$(0.4375)_{10} = 0.K_{-1} K_{-2} \cdots K_{-m} = (0.0111)_2$$

【例 2-4-4】将 $(0.5773)_{10}$ 转换为二进制，保留小数点后 5 位。

$0.5773 \times 2 = 1.1546$ ······整数部分为 1（K_{-1}）　高

$0.1546 \times 2 = 0.3092$ ······整数部分为 0（K_{-2}）

$0.3092 \times 2 = 0.6184$ ······整数部分为 0（K_{-3}）

$0.6184 \times 2 = 1.2368$ ······整数部分为 1（K_{-4}）

$0.2368 \times 2 = 0.4736$ ······整数部分为 0（K_{-5}）　低

$(0.5773)_{10} = 0.K_{-1}K_{-2}K_{-3}K_{-4}K_{-5} = (0.10010)_2$

3. 二进制与八进制相互转换

（1）二进制转八进制："三位并为一位"。

1）整数部分从右至左为一组，最后一组如不足三位，则左侧补 0；

2）小数部分从左至右为一组，最后一组如不足三位，则右侧补 0。

3）按组转换为八进制。

【例 2-4-5】将 $(10\ 111\ 011.001\ 01)_2$ 转换为八进制。

$$\underset{2}{\underline{010}}\ \underset{7}{\underline{111}}\ \underset{3}{\underline{011}}.\underset{1}{\underline{001}}\ \underset{2}{\underline{010}}$$

$(10\ 111\ 011.001\ 01)_2 = (273.12)_8$

（2）八进制转二进制："一位变三位"将八进制数每一位换算为三位二进制。

【例 2-4-6】将 $(273.12)_8$ 转换为二进制。

$$\overset{2}{\underline{010}}\ \overset{7}{\underline{111}}\ \overset{3}{\underline{011}}\ \overset{1}{\underline{001}}\ \overset{2}{\underline{010}}$$

$(273.12)_8 = (10\ 111\ 011.001\ 01)_2$

4. 二进制转十六进制

与二进制转八进制方法类似，二进制转十六进制的方法为："四位并为一位"。

4.2 计算机内数据的表示

计算机中的数据信息分成数值数据和非数值数据（也称符号数据）两大类。数值数据包括定点数、浮点数、无符号数等。非数值数据包含文本数据、图形和图像、音频、视频和动画等。

如今在计算机中为了方便计算，数值并不是完全以真值形式的二进制码来表示。计算机中的数大致可以分为定点数和浮点数两类。

1. 定点数

所谓定点，就是指机器数中的小数点的位置是固定的。根据小数点固定的位置不同可以分为定点整数和定点小数。

● 定点整数：指机器数的小数点位置固定在机器数的最低位之后。

● 定点小数：指机器数的小数点位置固定在符号位之后，有效数值部分在最高位之前。

定点数在计算机中的主要表示方式有三种：原码、反码和补码，另外为了方便阶码的运算还定义了移码。

（1）原码。用真实的二进制值直接表示数值的编码就叫原码。

原码表示法：数值前面增加一位符号位，通常用 0 表示正数，1 表示负数。8 位原码的表示范围是（-127～-0 +0～127）共 256 个。

【例 2-4-7】定点整数表示。

$$X_1 = +1001，则 [X_1]_原 = 01001$$

$$X_2 = -1001，则 [X_2]_原 = 11001$$

【例 2-4-8】定点小数表示。

$$X_1 = +0.1001，则 [X_1]_原 = 01001$$

$$X_2 = -0.1001，则 [X_2]_原 = 11001$$

注意：用带符号位的原码表示的数在加减运算时可能会出现问题，如[例 2-4-9]。

【例 2-4-9】原码表示在加减运算中的问题。

$(1)_{10}-(1)_{10}=(1)_{10}+(-1)_{10}=(0)_{10}$，原码表示为$(00000001)_原+(10000001)_原=(10000010)_原=(-2)$，显然这是不正确的。因此计算机通常不使用原码来表示数据。

（2）反码。正整数的反码就是其本身，而负整数的反码则通过对其绝对值按位求反来取得。

反码表示法：原码表示的基础上，除符号位外的其余各位逐位取反就得到反码。反码表示的数和原码相同且一一对应。

【例 2-4-10】定点整数。

$$X_1 = + 1001，则 [X_1]_反 = 01001$$

$$X_2 = -1001，则 [X_2]_反 = 10110$$

【例 2-4-11】定点小数。

$$X_1 = +0.1001，则 [X_1]_反 = 01001$$

$$X_2 = -0.1001，则 [X_2]_原 = 10110$$

注意：带符号位的负数在运算上也会出现问题，如[例 2-4-12]。

【例 2-4-12】反码表示在加减运算中的问题

$(1)_{10}-(1)_{10}=(1)_{10}+(-1)_{10}=(0)_{10}$ 可以转化为$(00000001)_反+(11111110)_反=(11111111)_反=(-0)$，则结果是-0，也就是 0，但这样反码中就出现了两个 0：$+0(00000000)_反$ 与 $-0(11111111)_反$。

（3）补码。正数的补码与原码一样；负数的补码是对其原码（除符号位外）按各位取反，并在末位补加 1 而得到的。

【例 2-4-13】定点整数。

$$X_1 = +1001，则 [X_1]_补 = 01001$$

$X_2 = -1001$，则 $[X_2]_补 = 10111$

【例 2-4-14】定点小数。

$X_1 = +0.1001$，则 $[X_1]_补 = 01001$

$X_2 = -0.1001$，则 $[X_2]_补 = 10111$

上面反码的问题出现在（+0）和（-0）上，在现实计算中零是不区分正负的。因此计算机中引入了补码概念。负数的补码就是对反码加 1，而正数不变。因此正数的原码、反码和补码都是一样的。在 8 位补码中，采用-128 代替-0，所以 8 位补码的表示范围为（-128～0～127）共 256 个。需要注意的是：8 位补码中的-128 没有相对应的原码和反码。

【例 2-4-15】补码表示，在加减运算中未出现问题。

$(1)_{10} - (1)_{10} = (1)_{10} + (-1)_{10} = (0)_{10}$

$(00000001)_补 + (11111111)_补 = (00000000)_补 = (0)$

$(1)_{10} - (2)_{10} = (1)_{10} + (-2)_{10} = (-1)_{10}$

$(00000001)_补 + (11111110)_补 = (11111111)_补 = (-1)$

可以看到，这两个结果都是正确的。

（4）移码。又叫增码，是符号位取反的补码，一般用做浮点数的阶码表示，因此只用于整数。目的是保证浮点数的机器零为全零。移码和补码仅仅是符号位相反，如[例 2-4-16]所示。

【例 2-4-16】

$X = +1001$，则 $[X]_补 = 01001$，移码 $[X]_移 = 11001$

$X = -1001$，则 $[X]_补 = 10111$，移码 $[X]_移 = 00111$

2. 浮点数

定点数的表示范围有限，而采用浮点数可以表示更大的范围。浮点数就是小数点不固定的数。如十进制 268 可以表示成 $10^3 \times 0.268$、$10^2 \times 2.68$ 等形式。二进制 101 可以表示成 1.01×2^2、0.101×2^3 等形式。

浮点数的数学表示为：$N = 2^E \times F$，其中 E 是阶码（指数），F 是尾数。

浮点数的表示格式如下：

阶符	阶码	数符	尾数

- 阶符：指数符号。
- 阶码：就是指数，决定数值表示范围；形式为定点整数，常用移码表示。
- 数符：尾数符号。
- 尾数：纯小数，决定数值的精度；形式为定点纯小数，常用补码、原码表示。

当阶符占 1 位，阶码用移码表示占 R-1 位；数符占 1 位，尾数用补码表示占 M-1 位，则该浮点数表示的范围为：

$$[-1 \times 2^{(2^{R-1}-1)}, (1-2^{-(M-1)}) \times 2^{(2^{R-1}-1)}]$$

为了让浮点数的表示范围尽可能大并且表示效率尽可能高，因此需要对尾数进行规格化。规格化就是规定 0.5≤尾数绝对值≤1。

补码表示的尾数，正数规格化表示为：0.1***...*；

负数规格化表示为：1.0***...*；其中，*代表 0 或 1。

4.3　数据的非数值表示

计算机非数值数据包含文本数据、图形和图像、音频、视频和动画等。

1．字符编码

字符包括字母、数字、通用符号等。常用的编码有美国国家标准信息交换码（American Standard Code for Information Interchange，ASCII）。ASCII 码用来表示英文大小写字母、数字 0～9、标点符号以及特殊控制字符。ASCII 码分为标准 ASCII 码与扩展 ASCII 码。标准 ASCII 码是 7 位编码，存储时占 8 位，最高位是 0，可以表示 128 个字符。扩展 ASCII 码是 8 位编码，刚好 1 个字节，最高位可以为 0 和 1，可以表示 256 个字符。

2．汉字编码

对汉字进行输入编码，这样可以直接用键盘输入汉字。常见的汉字编码有拼音码、五笔字型码、GB2312-80、Big-5、utf8 等。

3．多媒体编码

常见的音频编码有：WAV、MIDI、PCM、MP3、RA 等。

常见的视频编码有：MPEG、H.26X 系列等。

常见的图形、图像编码有：BMP、TIFF、GIF 等。

4.4　逻辑代数运算

逻辑代数有与、或、非三种基本逻辑运算。它是按一定的逻辑关系进行运算的代数，是用来分析和设计数字电路的数学工具。

1．"与"运算

与运算符号是"●"，或者"∧"；运算的法则是：0●0=0，1●0=0，0●1=0，1●1=1。

2．"或"运算

或运算符号是"＋"，或者"∨"；运算的法则是：0+0=0，1+0=1，0+1=1，1+1=1。

3．"非"运算

非运算符号是"$\overline{A}$"，运算的法则是：$\overline{0}=1, \overline{1}=0$。

第 5 学时　计算机硬件知识

本学时考点知识结构图如图 2-5-1 所示。

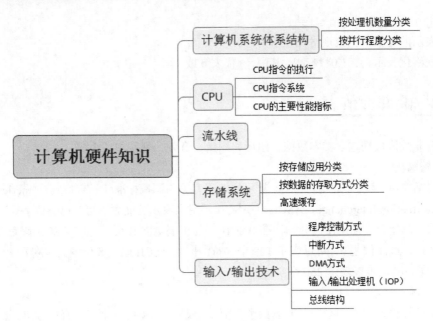

图 2-5-1　知识结构图

5.1　计算机系统体系结构

计算机体系结构是指那些对程序员可见的系统属性，还包括设计思想与体系结构。计算机体系结构有两种分类方式：

1.　按处理机数量分类

（1）单处理系统：利用一个处理单元与外设连接起来，实现计算、存储、输入输出、通信等功能。

（2）并行处理与多处理系统：连接两个以上的处理机，协调通信。

（3）分布式处理系统：多个松耦合的多计算机系统。

2.　按并行程度分类

（1）Flynn 分类法：根据指令流、数据流的多少进行分类。具体为单指令流单数据流（SISD）、单指令流多数据流（SIMD）、多指令流多单数据流（MISD）、多指令流单多数据流（MIMD）。

（2）冯泽云分类法：以计算机系统在单位时间内所能够处理的最大二进制位数分类。它将系统分为字串位串（字宽=1，位宽=1）、字并位串（字宽>1，位宽=1）、字串位并（字宽=1，位宽>1）、字并位并（字宽>1，位宽>1）四种。

（3）Handle 分类法：基于硬件并行程度的计算方法。具体分为：处理机级、每个处理机中的算术逻辑单元级、每个算术逻辑单元中的门电路。

5.2　CPU

计算机硬件系统遵循冯·诺依曼所设计的体系结构，即由运算器、控制器、存储器、输入设备和输出设备五大部件组成，具体如图 2-5-2 所示。

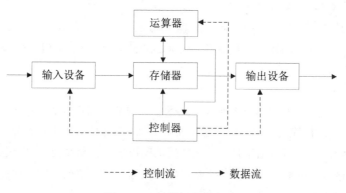

图 2-5-2　计算机硬件组成

中央处理单元（Central Processing Unit，CPU）也称为微处理器（Microprocessor）。CPU 是计算机中最核心的部件，**主要由运算器、控制器、寄存器组和内部总线**等构成。

控制器由程序计数器 PC、指令寄存器 IR、地址寄存器 AR、数据寄存器 DR、指令译码器等组成。控制器控制 CPU 的工作，确保程序的正确执行，并且能够处理异常事件。功能上包括指令控制、时序控制、总线控制和中断控制等。

（1）程序计数器 PC：用于**指出下条指令**在主存中的存放地址，CPU 根据 PC 的内容去主存处取得指令。由于程序中的指令是按顺序执行的，所以 PC 必须有自动增加的功能，也就是指向下一条指令的地址。

（2）指令寄存器 IR：用于保存当前正在执行的这条指令的代码，所以指令寄存器的位数取决于指令字长。

（3）地址寄存器 AR：用于存放 CPU 当前访问的内存单元地址。

（4）数据寄存器 DR：用于暂存从内存储器中读出或写入的指令或数据。

（5）指令译码器：用于对获取的指令进行译码，产生该指令操作所需要的一系列微操作信号，以控制计算机各部件完成该指令。

运算器由**算术逻辑单元 ALU、通用寄存器、数据暂存器**等组成，程序状态字寄存器接收从控制器送来的命令并执行相应的动作，主要负责对数据的加工和处理，完成各种算术和逻辑运算。

（1）算术逻辑单元 ALU：用于进行各种算术逻辑运算（如与、或、非等）、算术运算（如加、减、乘、除等）。

（2）通用寄存器：用来存放操作数、中间结果和各种地址信息的一系列存储单元。常见通用寄存器如下：

● 数据寄存器

常见的数据寄存器有：累加寄存器（Accumulator Register，AX），算术运算的主要寄存器；基址寄存器（Base Register，BX）；计数寄存器（Count Register，CX）串操作、循环控制的计数器；数据寄存器（Data Register，DX）。

● 地址指针寄存器

常见的地址指针寄存器有：源变址寄存器（Source Index Register，SI）；目的变址寄存器（Destination Index Register，DI）；堆栈寄存器（Stack Pointer Register，SP）；基址指针寄存器（Base Pointer Register，BP）。

● 累加寄存器（AC）

又称为累加器，当运算器的逻辑单元执行算术运算或者逻辑运算时，为 ALU 提供一个工作区，暂存运算结果。例如，执行减法时，被减数暂时放入 AC，然后取出内存存储的减数，同 AC 内容相减，并将结果存入 AC。运算结果是放入 AC 的，所以运算器至少要有一个 AC。

（3）数据暂存器：用来暂存从主存储器读出的数据，这个数据不能存放在通用寄存器中，否则会破坏其原有的内容。

（4）程序状态字寄存器（PSW）：用于保留与算术逻辑运算指令或测试指令的结果对应的各种状态信息。移位器在 ALU 输出端用暂存器来存放运算结果，具有对运算结果进行移位运算的功能。

1. CPU 指令的执行

计算机中的一条指令就是机器语言的一个语句，由一组二进制代码来表示。一条指令由两部分构成：操作码（操作数）和地址码，如图 2-5-3 所示。

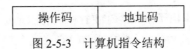

图 2-5-3　计算机指令结构

其中：

（1）操作码用于说明指令的操作性质及功能；指令系统中定义操作码的方式可以分为定长编码和变长编码两种：

● 定长编码：每个操作码的长度相等。

● 变长编码：根据使用频度选择不同长度的编码。

指令系统中用来确定如何提供操作码或提供操作码地址的方式称为寻址方式和编址方式。操作数可以采用以下几种寻址方式：

● 立即寻址：直接给出操作码。

● 直接寻址：直接给出操作码地址或所在寄存器号（寄存器寻址）。

● 间接寻址：给出的是指向操作码地址的地址，称之为间接寻址。**寄存器间接寻址**将操作数的地址放在寄存器中，操作码放在内存中。

● 变址寻址：给出的地址，需与特定的地址值相加，得到操作码地址，称之为变址寻址。

（2）地址码用于说明操作码的地址。

一条指令必须有一个操作码，但有可能包含几个地址码。CPU 为了执行任何给定的指令，必须用指令译码器对操作码进行测试，以便识别所要求的操作。指令寄存器中操作码字段的输出就是指令译码器的输入。操作码经过译码后，即可向操作控制器发出具体操作的对应信号。

2．CPU 指令系统

CPU 根据所使用的指令集可以分为 CISC 指令集和 RISC 指令集两种。

（1）复杂指令集（Complex Instruction Set Computer，CISC）处理器中，不仅程序的各条指令是顺序串行执行的，而且每条指令中的各个操作也是顺序串行执行的。顺序执行的优势是控制简单，但计算机各部分的利用率低，执行速度相对较慢。为了能兼容以前开发的各类应用程序，现在还在继续使用这种结构。

（2）精简指令集（Reduced Instruction Set Computer，RISC）技术是在 CISC 指令系统基础上发展起来的，实际上 CPU 执行程序时，各种指令的使用频率非常悬殊，使用频率最高的指令往往是一些非常简单的指令。因此 RISC 型 CPU 不仅精简了指令系统，而且采用了超标量和超流水线结构，大大增强了并行处理能力。RISC 的特点是指令格式统一、种类比较少、寻址方式简单，因此处理速度大大提高。但是 RISC 与 CISC 在软件和硬件上都不兼容，当前中高档服务器中普遍采用 RISC 指令系统的 CPU 和 UNIX 操作系统。

这两种不同指令系统的主要区别在于以下几个方面：

1）指令系统的指令数目。通常 CISC 的 CPU 指令系统的指令数目要比同样功能的 RISC 的 CPU 指令数目多得多。

2）编程的便利性。CISC 系统的编程相对要容易一些，因为其可用的指令多，编程方式灵活。而 RISC 指令较少，要实现与 RISC 相同功能的程序代码一般编程量更大，源程序更长。

3）寻址方式。RISC 使用尽可能少的寻址方式以简化实现逻辑，提高效率；CISC 则使用较丰富的寻址方式来为用户编程提供灵活性。

4）指令长度。RISC 指令格式非常规整，绝大部分使用等长的指令，而 CISC 则使用可变长的指令。

5）控制器复杂性。正是因为 RISC 指令格式整齐划一，指令在执行时间和效率上相对一致，因此控制器可以设计得比较简单。

3．CPU 的主要性能指标

（1）主频。主频也叫时钟频率，单位是 MHz（或 GHz），用来表示 CPU 的运算和处理数据的速度。主频仅仅是 CPU 性能的一个方面，不能代表 CPU 的整体运算能力，但人们还是习惯于用主频来衡量 CPU 的运算速度。

（2）位和字长。

位：计算机中采用二进制代码来表示数据，代码只有 0 和 1 两种。无论是 0 还是 1，在 CPU 中都是 1 "位"。

字长：CPU 在单位时间内能一次处理的二进制数的位数称为字长。通常能一次处理 16bit 数据的 CPU 就叫 16 位的 CPU。字长越长，计算机数据运算精度越高。

（3）缓存。缓存是位于 CPU 与内存之间的高速存储器，通常其容量比内存小，但速度却比内存快，甚至接近 CPU 的工作速度。缓存主要是为了解决 CPU 运行速度与内存读写速度之间不匹配的问题。缓存容量的大小是 CPU 性能的重要指标之一。缓存的结构和大小对 CPU 速度的影响非常大。

通常 CPU 有三级缓存：一级缓存、二级缓存和三级缓存。

一级缓存（L1 Cache）是 CPU 的第一层高速缓存，分为数据缓存和指令缓存。受制于 CPU 的面积，L1 通常很小。

二级缓存（L2 Cache）是 CPU 的第二层高速缓存，按芯片所处的位置分为内部和外部两种。内部的芯片二级缓存运行速度与主频接近，而外部芯片的二级缓存运行速度则只有主频的 50%左右。L2 高速缓存容量也会影响 CPU 的性能，理论上芯片的容量是越大越好，但实际上会综合考虑成本与性能等各种因素，CPU 的 L2 高速缓存一般是 2～4MB。

三级缓存（L3 Cache）的作用是进一步降低内存延迟，提升大数据量计算时处理器的性能。因此在数值计算领域的服务器 CPU 上增加 L3 缓存可以在性能方面获得显著的效果。

5.3　流水线

指令的方式可以有顺序、重叠、流水方式。

（1）顺序方式：各机器指令之间顺序串行执行，执行完一条指令才能取下一条指令。这种方式控制简单，但是利用率低。

（2）重叠方式：执行第 N 条指令的时候，可以开始执行第 $N+1$ 条指令。这种方式处理速度有所提高，不太复杂；但容易出现冲突。重叠方式如图 2-5-4 所示。任何时候，分析指令和执行指令，可以有相邻两条指令在执行。

图 2-5-4　一次重叠出来

（3）流水方式：流水方式是扩展的"重叠"，重叠把指令分为两个子过程，而流水可以分为多个过程。

流水线（Pipeline）是一种将指令分解为多个小步骤，并让几条不同指令的各个操作步骤重叠，从而实现几条指令并行处理以加速程序运行速度的技术。因为计算机中的一个指令可以分解成多个小步骤，如取指令、译码、执行等。在 CPU 内部，取指令、译码和执行都是由不同的部件来完成的。因此在理想的运行状态下，尽管单条指令的执行时间没有减少，但是由多个不同部件同时工作，同一时间执行指令的不同步骤，从而使总执行时间极大地减少，甚至可以少至这个过程中最慢的那个步骤的处理时间。如果各个步骤的处理时间相同，则指令分解成多少个步骤，处理速度就能提高到标准执行速度的多少倍。

　　一般来说，一条指令的开始到下一条指令的最晚开始时间称为计算机流水线周期。所以执行的总时间主要取决于**流水操作步骤中最长时间的那个操作**。

5.4　存储系统

　　存储器就是存储数据的设备。主存储器由存储体、寻址系统、存储器数据寄存器、读写系统及控制线路等组成。存储器的主要功能是存储程序和各种数据，并能在计算机运行过程中高速、自动地完成程序或数据的存取。

　　存储系统中，常见定义如下：

　　（1）位（bite）：存放一个二进制数位的存储单元，是存储器最小的存储单位。

　　（2）字节（byte，简称 B）：计量存储容量的计量单位，1 字节=8 位。

　　（3）字：由若干个字节构成，字的位数叫做字长，不同型号机器有不同的字长。字是计算机进行数据处理和运算的单位。

　　（4）字编址：对存储单元按字编址。

　　（5）字节编址：对存储单元按字节编址。

　　（6）寻址：由地址寻找数据，从对应地址的存储单元中访存数据。

　　存储层次是计算机体系结构下的存储系统层次结构，如图 2-5-5 所示。存储系统层次结构中，每一层相对于下一层都拥有更高速、更低延迟、价格更贵。

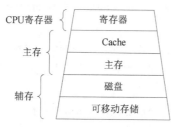

图 2-5-5　存储系统的层次结构

1. 按存储应用分类
存储器按存储应用分类如图 2-5-6 所示。

2. 按数据的存取方式分类
存储器按照数据的存取方式可以分为以下几类。

　　（1）随机存取存储器（Random Access Memory，RAM）。随机存取是指 CPU 可以对存储器中的数据随机存取，与信息所处的物理位置无关。RAM 具有读写方便、灵活的特点，但断电后信息全部丢失，因此常用于主存和高速缓存中。主存储使用的是 RAM，是一种随机存储器。

$$
主存储器\begin{cases}
随机存储器\ RAM \\
只读存储器\begin{cases}
MROM（厂商一次性写入）\\
PROM（可编程ROM）\\
EPROM（可擦除可编程）\\
EEPROM（用电可擦除可编程）
\end{cases}\\
快擦型存储器\ Flash\ Memory \\
辅存（磁盘、磁带、光盘）\\
Cache（高速缓存）
\end{cases}
$$

图 2-5-6　存储应用分类

RAM 又可分为 DRAM 和 SRAM 两种。其中 DRAM 的信息会随时间的延长而逐渐消失，因此需要定时对其刷新来维持信息不丢失；SRAM 在不断电的情况下，信息能够一直保持而不丢失，也不需要周期性刷新。系统主存主要由 DRAM 组成。

（2）只读存储器（Read Only Memory，ROM）。ROM 也是随机存取方式的存储器，但 ROM 中的信息是固定在存储器内的，只可读出，不能修改，其读取的速度通常比 RAM 要慢一些。

除了 ROM 之外，只读存储器还有以下几种：

● 可编程 ROM（Programmable Read-Only Memory，PROM），只能写入一次，写后不能修改。

● 可擦除 PROM（Erasable Programmable Read-Only Memory，EPROM）：紫外线照射 15～20 分钟可擦去所有信息，可写入多次。

● 电可擦除 EEPROM（Electrically Erasable Programmable Read-Only Memory，EEPROM）：可写入，但速度慢。

（3）顺序存取存储器（Sequential Access Memory，SAM）。SAM 只能按某种顺序存取，存取时间的长短与信息在存储体上的物理位置相关，所以只能用平均存取时间作为存取速度的指标。磁带机就是 SAM 的一种。

（4）直接存取存储器（Direct Access Memory，DAM）。DAM 采用直接存取方式对信息进行存取，当需要存取信息时，直接指向整个存储器中的某个范围（如某个磁道）；然后在这个范围内顺序检索，找到目的地后再进行读写操作。DAM 的存取时间与信息所在的物理位置有关，相对 SAM 来说，DAM 的存取时间更短。

（5）相联存储器（Content Addressable Memory，CAM）。CAM 是一种基于数据内容进行访问的存储设备。当写入数据时，CAM 能够自动选择一个未使用的空单元进行存储；当读出数据时，并不直接使用存储单元的地址，而是使用该数据或该数据的一部分内容来检索地址。CAM 能同时对所有存储单元中的数据进行比较，并标记符合条件的数据以供读取。因为比较是并行进行的，所以 CAM 的速度非常快。

3. 高速缓存

高速缓冲存储器（Cache）技术就是利用程序访问的局部性原理，把程序中正在使用的部分（活跃块）存放在一个小容量的高速 Cache 中，使 CPU 的访存操作大多针对 Cache 进行，从而解决高速 CPU 和低速主存之间速度不匹配的问题，使程序的执行速度大大提高。

局部性原理就是 CPU 在一段较短的时间内，对连续地址的一段很小的主存空间频繁地进行访问，而对此范围以外的地址的访问甚少。

Cache 读操作：CPU 发出读请求，产生访问主存地址，如果 Cache **命中**（数据在 Cache 中），则通过地址映射将主存地址转换为 Cache 地址，访问 Cache。如果 Cache 命中失败，且 Cache 未满，则将把数据装入 Cache，同时把数据直接送给 CPU。如果 Cache 命中失败，且 Cache 已满，则用替换策略替换旧数据并送回内存，再装入新数据。主存地址与 Cache 地址之间的转换工作由**硬件完成**。

5.5　输入/输出技术

输入/输出设备（I/O 设备）：计算机系统中是除了处理机和主存储器以及人之外的部分。输入/输出系统包括负责输入输出的设备、接口、软件等。

对于工作速度、工作方式和工作性质不同的外围设备，输入/输出系统有程序控制、中断、DMA、IOP 等工作方式。

1. 程序控制方式

程序控制方式下，I/O 完全在 CPU 控制下完成。这种方式实现简单，但是降低了 CPU 效率，处理器与外设实现并行困难。

2. 中断方式

为解决程序控制方式 CPU 效率较低的问题，I/O 控制引入了"中断"机制。这种方式下，CPU 无需定期查询输入/输出系统状态，转而处理其他事务。当 I/O 系统完成后，发出中断通知 CPU，CPU 保存正在执行的程序现场（可用**程序计数器 PC**，记住执行情况），然后转入 I/O 中断服务程序完成数据交换。

中断响应时间为收到中断请求，停止正在执行的指令，保存执行程序现场的时间。

3. DMA（Direct Memory Access，DMA）方式

中断方式下，外设每到一个数据，就会中断通知 CPU。如果数据比较频繁，则 CPU 会被中断频繁打断。因此，引入了 DMA 机制。

直接内存存取方式，该方式主要用来连接高速外围设备（磁盘存储器，磁带存储器等）。

DMA 方式下，外设先将一块数据放入内存（无需 CPU 干涉，由 DMA 完成），然后产生一次中断，操作系统直接将内存中的这块数据调拨给对应的任务。这样减少了频繁的外设中断开销，也

减少了读取外设 I/O 的时间。

4. 输入/输出处理机（IOP）

程序控制、中断、DMA 方式适合外设较少的计算机系统中，而输入/输出处理机（IOP）又称 I/O 通道机，可以处理更多、更大规模的外设。

输入/输出处理机（IOP）的数据方式有三种：

（1）选择传送：连接多台快速 I/O，但一次只能使用一台。

（2）字节多路：连接多台慢速 I/O 设备，交叉方式传递数据。

（3）数据多路通道：综合选择传送、字节多路的优点。

5. 总线结构

总线（Bus）是计算机各种功能部件之间传送信息的公共通信干线。

依据计算机所传输信息种类，总线可以分为数据总线、地址总线和控制总线。

（1）数据总线（Data Bus，DB）：双向传输数据。DB 宽度决定每次 CPU 和计算机其他设备的交换位数。

（2）地址总线（Address Bus，AB）：只单向传送 CPU 发出的地址信息，指明与 CPU 交换信息的内存单元。AB 宽度决定 CPU 的最大寻址能力。

例如：若计算机中地址总线的宽度为 24 位，则最多允许直接访问主存储器 2^{24} 的物理空间。

（3）控制总线（Control Bus，CB）：传送控制信号、时序信号和状态信息等。每一根线功能确定，传输信息方向固定，所以 CB 每一根线单向传输信息，整体是双向传递信息。

总线的常用单位如下：

（1）总线频率：总线实际工作频率，也就是一秒钟传输数据的次数；总线工作速度的一个重要参数，工作频率越高，速度越快。

（2）总线带宽：总线数据传输的速度。总线带宽公式为：

$$总线带宽 = 总线宽度 × 总线频率$$

（3）总线宽度：总线一次传输的二进制位的位数。

（4）总线周期：指 CPU 从存储器或 I/O 端口存取一字节所需的时间。

【例 2-5-1】总线宽度为 32bit，时钟频率为 200MHz，若总线上每 5 个时钟周期传送一个 32bit 的字，则该总线的带宽为____MB/s。

试题分析：

总线上每 5 个时钟周期传送一个 32bit 的字，则总线频率为时钟频率的 1/5；总线频率 =200MHz/5=40MHz。

根据题意，总线带宽=总线宽度×总线频率=（32bit/8bit）×40=160MB/s。

（1）内部总线。在 CPU 内部，寄存器之间和算术逻辑部件 ALU 与控制部件之间传输数据所用的总线。又称为片内总线（芯片内部的总线）。

常见的内部总线有 I^2C、SPI、SCI 总线。

（2）系统总线。系统总线连接计算机各功能部件而构成一个完整的计算机系统，又称内总线、板级总线。系统总线是计算机各插件板与系统板之间的总线，用于插件板一级的互联。

常见的系统总线见表 2-5-1。

表 2-5-1　常见的系统总线

总线名	特性
ISA	又称 AT 总线，早期工业总线标准
EISA	32 位数据总线，8MHz。速率可达 32MB/s。在 ISA 总线的基础上使用双层插座，在原来 ISA 总线的 98 条信号线上又增加了 98 条信号线
PCI	32/64 位数据总线，33/66MHz。速率可达 133Mb/s，64 位 PCI 可达 266Mb/s 可同时支持多组外围设备
PCI-Express	每台设备各自均有专用连接，无需请求整个总线带宽。双向、全双工，支持热插拔。PCI Express 有 X1、X4、X8、X16 模式，其中 X1 速率为 250Mb/s，X16 速率=16×X1 速率

（3）外部总线。外部总线是计算机和外部设备之间的总线。常见的外部总线见表 2-5-2。

表 2-5-2　常见的外部总线

总线名	特性
RS-232-C	串行物理接口标准。采用非归零码，25 条信号线，一般用于短距离（15m 以内）的通信
IEEE-488	并行总线接口标准。按位并行、字节串行双向异步方式传输信号，连接方式为总线方式。总线最多连接 15 台设备。最大传输距离 20 米，最大传输速度为 1Mb/s
USB	串行总线，支持热插拔。有 4 条信号线，两条传送数据，另两条传送+5V、500mA 的电源。USB1.0 速率可达 12Mb/s，USB2.0 速率可达 480Mb/s，USB3.0 速率可达 5Gb/s
IEEE-1394	串行接口，支持热插拔，支持同步和异步数据传输。速度可达 400Mb/s、800Mb/s、1600Mb/s 甚至 3.2Gb/s，也是使用雏菊链式连接，每个端口可支持 63 个设备
SATA	Serial ATA 缩写，主要用于主板和大量存储设备（如硬盘及光盘驱动器）之间的数据传输。可对传输指令、数据进行检查纠错，提高了数据传输的可靠性

第 6 学时　计算机软件知识

本学时考点知识结构图如图 2-6-1 所示。

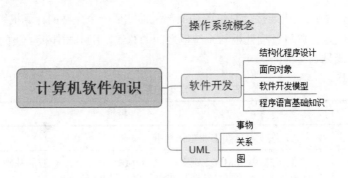

图 2-6-1　知识结构图

6.1　操作系统概念

操作系统（Operating System，OS）是用户与计算机硬件之间的桥梁，用户通过操作系统管理和使用计算机的硬件来完成各种运算和任务。

目前流行的操作系统有 Windows、UNIX 和 Linux 三类，最常见的是 Windows 系统。现在流行的 Windows 服务器的版本是由 Windows NT 发展而来的。

UNIX 系统具有多用户分时、多任务处理特点，以及良好的安全性和强大的网络功能，成为了互联网的主流服务器操作系统。

Linux 是在 UNIX 的基础之上发展而来的一种完全免费的操作系统，其程序源代码完全向用户免费公开，因此也得到广泛的应用。

操作系统的特征是：并发性、共享性、虚拟性、不确定性。

操作系统的功能分为五部分，具体见表 2-6-1。

表 2-6-1　操作系统的功能

功能	说明
处理机管理	又称为进程管理，管理处理器执行时间，包含进程的控制、同步、调度、通信
文件管理	管理存储空间，文件读写、管理目录、存取权控制
存储管理	管理主存储器空间。包含存储空间的分配与回收、地址映射和变换、存储保护、主存扩展
设备管理	管理硬件设备，包含分配、启动、回收 I/O 设备
作业管理	作业（指程序、数据、作业控制语言）控制、作业提交、作业调度

操作系统可以分为批处理、分时、实时、网络、分布式、微机、嵌入式操作系统。

6.2　软件开发

1．结构化程序设计

结构化程序设计是以模块功能和详细处理过程设计为主的一种传统的程序设计思想，通常采用自顶向下、逐步求精的方式进行。在结构化程序设计中，任何程序都可以由**顺序、选择、循环**三种基本结构构成。结构化程序往往采用模块化设计的思想来实现，其基本思路是：任何复杂问题都是由若干相对简单的问题构成的。从这个角度来看，模块化是把程序要解决的总目标分解为若干个相对简单的小目标来处理，甚至可以再进一步分解为具体的任务项来实现。每一个小目标就称为一个模块。由于模块相互独立，因此在模块化的程序设计中，应尽量做到模块之间的高内聚低耦合。也就是说，功能的实现尽可能在模块内部完成，以降低模块之间的联系，减少彼此之间的相互影响。

2．面向对象

首先要掌握一些基本的术语。对象是系统中用来描述客观事物的一个实体，它是构成系统的一个基本单位。面向对象的软件系统是由对象组成的，复杂的对象由比较简单的对象组合而成；类是对象的抽象定义，是一组具有相同数据结构和相同操作的对象的集合，类的定义包括一组数据属性和在数据上的一组合法操作。也就是说，**类是对象的抽象，对象是类的具体实例**。

封装是对象的一个重要原则。它有两层含义：第一，对象是其全部属性和全部服务紧密结合而成的一个不可分割的整体；第二，对象是一个不透明的黑盒子，表示对象状态的数据和实现操作的代码都被封装在黑盒子里面。使用一个对象的时候，只需知道它向外界提供的接口形式，无须知道它的数据结构细节和实现操作的算法。

继承是使用已存在的定义作为基础建立新的定义。

多态中最常用的一种情况就是，类中具有相似功能的不同函数是用同一个名称来实现的，从而可以使用相同的调用方式来调用这些具有不同功能的同名函数。

接口：操作的规范说明，说明操作应该做什么。

消息和方法：对象之间进行通信使用消息来实现。类中操作的实现过程叫做方法。

软件复用：用已有软件构造新的软件，以缩减软件开发和维护的费用，称为软件复用。

抽象：针对特定实例抽取共同特征的过程。

3．软件开发模型

软件开发模型（Software Development Model）是指软件开发的全部过程、活动和任务的结构框架。其主要过程包括需求、设计、编码、测试及维护阶段等环节。软件开发模型使开发人员能清晰、直观地表达软件开发的全过程，明确了解要完成的主要活动和任务。对于不同的软件，通常会采用不同的开发方法和不同的程序设计语言，并运用不同的管理方法和手段。现在软件开发过程中，常用的软件开发模型可以概括成以下六类：

（1）瀑布模型。瀑布模型是最早出现的软件开发模型，它将软件生命周期分为制定计划、需求分析、软件设计、程序编写、软件测试和运行维护六个基本活动，并且规定了它们自上而下、相互衔接的固定次序，如同瀑布流水，逐级落下，因此形象地称为瀑布模型。

在瀑布模型中，软件开发的各项活动严格按照线性方式组织，当前活动依据上一项活动的工作成果完成所需的工作内容。当前活动的工作成果需要进行验证，若验证通过，则该成果作为下一项活动的输入继续进行下一项活动；否则返回修改。尤其要注意瀑布模型强调文档的作用，并在每个阶段都进行仔细验证。由于这种模型的线性过程太过理想化，已不适合现代的软件开发模式。

（2）快速原型模型。快速原型模型首先建立一个快速原型，以实现客户与系统的交互，用户通过对原型进行评价，进一步细化软件的开发需求，从而开发出令客户满意的软件产品。因此快速原型法可以克服瀑布模型的缺点，减少由于软件需求不明确带来的风险。因此快速原型的关键在于尽可能快速地建造出软件原型，并能迅速修改原型以反映客户的需求。

（3）增量模型。增量模型又称演化模型，增量模型认为软件开发是通过一系列增量构件来设计、实现、集成和测试的，每一个构件由多种相互作用的模块构成。增量模型在各个阶段并不交付一个完整的产品，而仅交付满足客户需求子集的一个可运行产品即可。整个产品被分解成若干个构件，开发人员逐个构件地交付产品以便适应需求的变化，用户可以不断地看到新开发的软件，从而降低风险。但是需求的变化会使软件过程的控制失去整体性。

（4）螺旋模型。结合了瀑布模型和快速原型模型的特点，尤其强调了风险分析，特别适合于大型复杂的系统。螺旋模型沿着螺线进行若干次迭代以实现系统的开发，是由风险驱动的，强调可选方案和约束条件，从而支持软件的重用，因此尤其注重软件质量。

（5）喷泉模型。喷泉模型也称为面向对象的生存期模型，相对传统的结构化生存期而言，其增量和迭代更多。生存期的各个阶段可以相互重叠和多次反复，而且在项目的整个生存期中还可以嵌入子生存期。就像喷泉水喷上去又可以落下来，可以落在中间，也可以落在最底部一样。

（6）混合模型。混合模型也称为过程开发模型或元模型（Meta-Model），把几种不同模型组合成一种混合模型，它允许一个项目沿着最有效的路径发展，这就是过程开发模型。

在实际的软件开发模型的选择上，通常开发企业为了确保开发，都是使用由几种不同的开发方法组成的混合模型。

4. 程序语言基础知识

程序语言可以分为两大类：解释型和翻译型。

（1）**解释型**：程序语言编写的源程序，然后直接解释执行；代表语言有 Java、C#、BASIC。

（2）**翻译型**：将用一种程序语言编写的源程序直接翻译成为另一种语言（目标语言程序），这两种程序在逻辑上等价。根据源语言不同，翻译型可分为**汇编**和**编译**两种：

● **汇编**：源语言是汇编语言，目标语言是机器语言。

● **编译**：源语言是高级语言，目标语言是低级语言（包括汇编和机器语言）。

一个应用软件的各个功能模块可采用不同的编程语言来分别编写，分别编译并产生**目标程序**，再经过**链接**后形成在计算机上运行的可执行程序。

5. 软件测试

软件测试是软件开发过程中的一个重要环节，其主要目的是检验软件是否符合需求，尽可能多地发现软件中潜在的错误并加以改正。高效的测试是用较少的测试用例发现尽可能多的错误。

测试的对象不仅有程序部分，还有整个软件开发过程中各个阶段产生的文档，如需求规格说明、概要设计文档等。

6. 数据库

数据库是长期存储在计算机内有组织的大量可共享的数据集合。数据库技术是管理数据的技术，是系统的核心和基础。

模式是数据库中全体数据的逻辑结构和特征的描述，模式只描述型不涉及值。模式的具体值称为**实例**。在数据库管理系统中，将数据按**外模式、模式、内模式**三层结构来抽象。

模型是对现实世界的模拟和抽象。**数据模型**用于表示、抽象、处理现实世界中的数据和信息。例如：学生信息抽象为学生（学号、姓名、性别、出生年月、入校年月、专业编号），这是一种数据模式。数据模型三要素：静态特征（数据结构）、动态特征（数据操作）和完整性约束条件。

6.3　UML

统一建模语言（Unified Modeling Language，UML）是一个通用的可视化建模语言。

1. 事物

事物（Things）：是 UML 最基本的构成元素（结构、行为、分组、注释）。UML 中将各种事物构造块归纳成了以下四类。

（1）结构事物：静态部分，描述概念或物理元素。主要结构事物见表 2-6-2。

表 2-6-2　主要结构事物

事物名	定义	图形
类	是对一组具有相同属性、相同操作、相同关系和相同语义的对象的抽象	图形 位置 颜色 Draw()
对象	类的一个实例	图形A: 图形
接口	服务通告，分为供给接口（能提供什么服务）和需求接口（需要什么服务）	供给接口 需求接口
用例	某类用户的一次连贯的操作，用以完成某个特定的目的	用例1
协作	协作就是一个"用例"的实现	
构件	构件是系统设计的一个模块化部分，它隐藏了内部的实现，对外提供了一组外部接口	构件名称

（2）行为事物：动态部分，是一种跨越时间、空间的行为。

（3）分组事物：大量类的分组。UML 中，包（Package）可以用来分组。包图形如图 2-6-2 所示。

（4）注释事物：图形如图 2-6-3 所示。

图 2-6-2　包　　　　　　　　　　　　　图 2-6-3　注释

2．关系

关系（Relationships）：任何事物都不应该是独立存在的，总存在一定的关系，UML 的关系（例如依赖、关联、泛化、实现等）把事物紧密联系在一起。UML 关系就是用来描述事物之间的关系。常见的 UML 关系见表 2-6-3。

表 2-6-3　常见的 UML 关系

名称	子集	举例	图形
关联	关联	两个类之间存在某种语义上的联系。例如：一个人为一家公司工作，人和公司有某种关联	
	聚合	整体与部分的关系。例如：狼与狼群的关系	
	组合	"整体"离开"部分"将无法独立存在的关系。例如：车轮与车的关系	
泛化		一般事物与该事物中特殊种类之间的关系。例如：猫科与老虎的继承关系	
实现		规定接口和实现接口的类或组件之间的关系	
依赖		例如：人依赖食物	

3．图

图（Diagrams）：是事物和关系的可视化表示。UML 中事物和关系构成了 UML 的图。在 UML 2.0 中总共定义了 13 种图。图 2-6-4 从使用的角度将 UML 的 13 种图分为结构图（又称静态模型）和行为图（又称动态模型）两大类。

（1）类图：描述类、类的特性以及类之间的关系。具体类图如图 2-6-5 所示，该图描述了一个电子商务系统的一部分，表示客户、订单等类及其关系。

（2）对象图：对象是类的实例，而对象图描述一个时间点上系统中各个对象的快照。对象图和类图看起来是十分相近的，实际上，除了在表示类的矩形中添加一些"对象"特有的属性，其他元素的含义是基本一致的。具体对象图如图 2-6-6 所示。

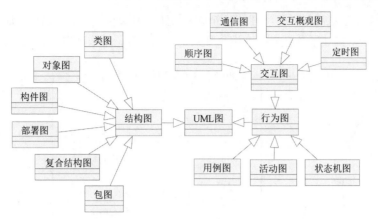

图 2-6-4　UML 图形分类

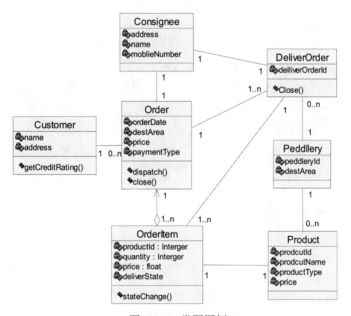

图 2-6-5　类图图例

（3）包图：对语义联系紧密的事物进行分组。在 UML 中，包是用一个带标签的文件夹符号来表示的，可以只标明包名，也可以标明包中的内容。具体如图 2-6-7 所示，本图表示一订单系统的局部模型。

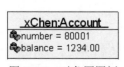

图 2-6-6　对象图图例

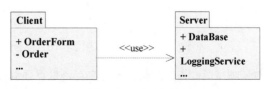

图 2-6-7　包图图例

（4）用例图：描述用例、参与者及其关系。具体如图 2-6-8 所示，该图描述一张小卡片公司的围棋馆管理系统，描述了预订座位、排队等候、安排座位、结账（现金、银行卡支付）等功能。

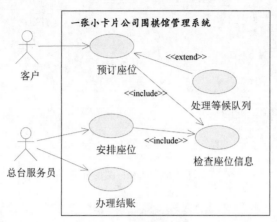

图 2-6-8　用例图图例

（5）构件图：描述构件的结构与连接。通俗地说，构件是一个模块化元素，隐藏了内部的实现，对外提供一组外部接口。具体如图 2-6-9 所示，该图是简单图书馆管理系统的构件局部。

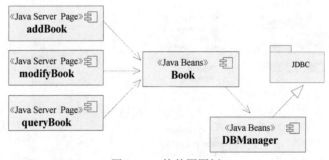

图 2-6-9　构件图图例

（6）复合结构图：显示结构化类的内部结构。具体如图 2-6-10 所示，该图描述了船的内部构造，包含螺旋桨和发动机。螺旋桨和发动机之间通过传动轴连接。

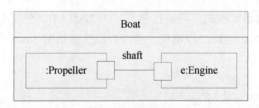

图 2-6-10　复合结构图图例

（7）顺序图：描述对象之间的交互，重点强调顺序。具体如图 2-6-11 所示，该图将一个订单分拆到多个送货单。

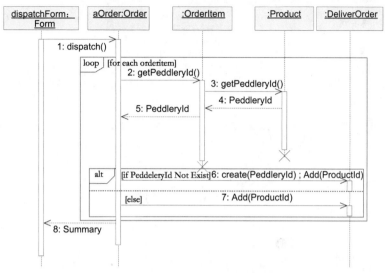

图 2-6-11　顺序图图例

（8）通信图：描述对象之间的交互，重点在于连接。通信图和顺序图语义相通，关注点不同，可相互转换。具体如图 2-6-12 所示，该图仍然是将一个订单分拆到多个送货单。

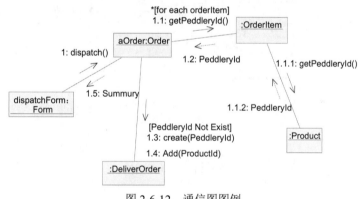

图 2-6-12　通信图图例

（9）定时图：描述对象之间的交互，重点在于给出消息经过不同对象的具体时间。

（10）交互概观图：属于一种顺序图与活动图的混合。

（11）部署图：描述在各个结点上的部署。具体如图 2-6-13 所示，该图描述了某 IC 卡系统的部署图。

（12）活动图：描述过程行为与并行行为。如图 2-6-14 所示，该图描述了网站上用户下单的过程。

（13）状态机图：描述对象状态的转移。具体如图 2-6-15 所示，该图描述考试系统中各过程状态的迁移。

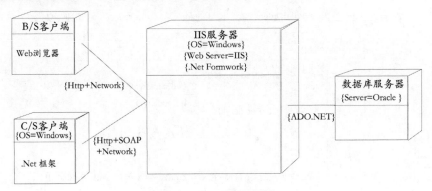

图 2-6-13 部署图图例

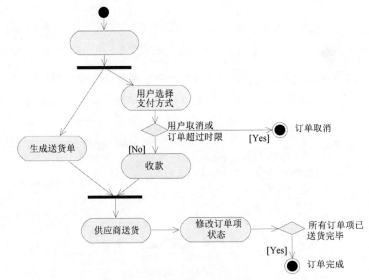

图 2-6-14 活动图图例

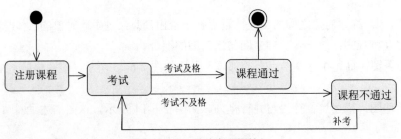

图 2-6-15 状态机图图例

第 7 学时　知识产权

本学时考点知识结构图如图 2-7-1 所示。

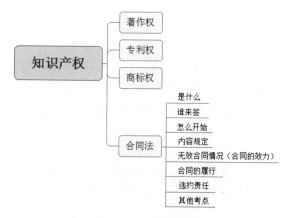

图 2-7-1　知识结构图

根据我国《民法通则》的规定，知识产权是指公民、法人、非法人单位对自己的创造性智力成果和其他科技成果依法享有的民事权。知识产权由人身权利和财产权利两部分构成，也称之为精神权利和经济权利。知识产权权利人，又称知识产权所有人，是指合法占有商标注册权、专利权、著作权和与著作权等所有权利的所有人。

知识产权可分为两大类：第一类是创造性成果权利，包括专利权、集成电路权、版权（著作权）、软件著作权等；第二类是识别性标记权，包括商标权、商号权（厂商名称权）、其他与制止不正当竞争有关的识别性标记权利（如产地名称等）。

我国知识产权相关法律、法规如下。

（1）知识产权法律，如《著作权法》、《专利法》、《商标法》。

（2）知识产权行政法规。其主要有著作权法实施条例、计算机软件保护条例、专利法实施细则、商标法实施条例、知识产权海关保护条例、植物新品种保护条例、集成电路布图设计保护条例等。

7.1　著作权

《中华人民共和国著作权法》以保护著作权人的权利为宗旨。著作权法及实施条例的客体是指受保护的作品。这里的作品是指文学、艺术和自然科学、社会科学、工程技术领域内具有独创性并能以某种有形形式复制的智力成果，其中包括以下 9 种类型：

（1）文字作品：包括小说、诗词、散文、论文等以文字形式表现的作品。

（2）口述作品：指即兴的演说、授课、法庭辩论等以口头语言形式表现的作品。

（3）音乐、戏剧、曲艺、舞蹈、杂技作品。

（4）美术、摄影作品。

（5）电影、电视、录像作品。

（6）工程设计、产品设计图纸及其说明。

（7）地图、示意图等图形作品。

（8）计算机软件。

（9）法律、行政法规规定的其他作品。

为完成单位工作任务所创作的作品称为**职务作品**。如果该职务作品是利用单位的物质技术条件进行创作，并由单位承担责任的，或者有合同约定，其著作权属于单位，作者将仅享有署名权。其他职务作品的著作权仍由作者享有，单位有权在业务范围内优先使用。并且在两年内未经单位同意，作者不能许可其他人、单位使用该作品。

著作权法及实施条例的主体是指著作权关系人，通常包括著作权人和受让者两种。

（1）**著作权人**，又称为**原始著作权人**，是根据创作的事实进行确定的创作者、开发者。

（2）**受让者**，又称为**后继著作权人**，是指没有参与创作，通过著作权转移活动成为享有著作权的人。

著作权法在认定著作权人时，是根据创作的事实进行的，而创作就是指直接产生文学、艺术和科学作品的智力活动。而为他人创作进行组织、提供咨询意见、物质条件或者进行其他辅助工作不属于创作的范围，不被确认为著作权人。

如果在创作的过程中有多人参与，那么该作品的著作权将由合作的作者共同享有。合作的作品是可以分割使用的，作者对各自创作的部分可以单独享有著作权，但不能在侵犯合作作品整体著作权的情况下行使。

如果遇到作者不明的情况，作品原件的所有人可以行使除署名权以外的著作权，直到作者身份明确。

另外值得注意的是，如果作品是委托创作的，著作权的归属应通过委托人和受托人之间的合同来确定。如果没有明确的约定，或者没有签订相关合同，则著作权仍属于受托人。

根据著作权法及实施条例规定，著作权人对作品享有以下几种权利：

（1）**发表权**：即决定作品是否公之于众的权利。

（2）**署名权**：即表明作者身份、在作品上署名的权利。

（3）**修改权**：即修改或者授权他人修改作品的权利。

（4）**保护作品完整权**：即保护作品不受歪曲、篡改的权利。

（5）**复制权**：即以印刷、复印、拓印、录音、录像、翻录、翻拍等方式将作品制作一份或者多份的权利。

（6）**发行权**：即以出售或者赠与方式向公众提供作品的原件或者复制件的权利。

（7）**出租权**：即有偿许可他人临时使用电影作品和以类似摄制电影的方法创作的作品、计算机软件的权利，计算机软件不是出租的主要标的的除外。

（8）**展览权**：即公开陈列美术作品、摄影作品的原件或者复制件的权利。

（9）**表演权**：即公开表演作品，以及用各种手段公开播送作品的表演的权利。

（10）**放映权**：即通过放映机、幻灯机等技术设备公开再现美术、摄影、电影和以类似摄制电影的方法创作的作品等的权利。

（11）**广播权**：即以无线方式公开广播或者传播作品，以有线传播或者转播的方式向公众传播广播的作品，以及通过扩音器或者其他传送符号、声音、图像的类似工具向公众传播广播的作品的权利。

（12）**信息网络传播权**：即以有线或者无线方式向公众提供作品，使公众可以在其个人选定的时间和地点获得作品的权利。

（13）**摄制权**：即以摄制电影或者以类似摄制电影的方法将作品固定在载体上的权利。

（14）**改编权**：即改变作品，创作出具有独创性的新作品的权利。

（15）**翻译权**：即将作品从一种语言文字转换成另一种语言文字的权利。

（16）**汇编权**：即将作品或者作品的片段通过选择或者编排，汇集成新作品的权利。

（17）应当由著作权人享有的其他权利。

著作权人可以许可他人行使前款第（5）项至第（17）项规定的权利，并依照约定或者本法有关规定获得报酬。

著作权人可以全部或者部分转让本条第一款第（5）项至第（17）项规定的权利，并依照约定或者本法有关规定获得报酬。

根据著作权法的相关规定，著作权的保护是有一定期限的。

（1）著作权属于公民。**署名权、修改权、保护作品完整权的保护期没有任何限制，永远属于保护范围。而发表权、使用权和获得报酬权的保护期为作者终生及其死亡后的 50 年（第 50 年的 12 月 31 日）。**作者死亡后，著作权依照继承法进行转移。

（2）著作权属于单位。**发表权、使用权和获得报酬权的保护期为 50 年（首次发表后的第 50 年的 12 月 31 日），对 50 年内未发表的，不予保护。**但单位变更、终止后，其著作权由承受其权利义务的单位享有。

7.2　专利权

专利权的主体（即专利权人）是指有权提出专利申请并取得专利权的人，包括以下几种人：

（1）**发明人或设计人**。他们是直接参加发明创造活动的人。应当是自然人，不能是单位或者集体等。如果是多人共同做出的，应当将所有人的名字都写上。在完成发明创造的过程中，只负责组织工作的人、为物质技术条件的利用提供方便的人或者从事其他辅助工作的人，不应当被认为是发明人或者设计人。发明人可以就非职务发明创造申请专利，申请被批准后该发明人为专利权人。

（2）**发明人的单位**。职务发明创造申请专利的权利属于单位，申请被批准后该单位为专利权人。

（3）**合法受让人**。合法受让人指以转让、继承方式取得专利权的人，包括合作开发中的合作方、委托开发中的委托方等。

（4）外国人。具备以下四个条件中任何一项的外国人，便可在我国申请专利：①其所属国为《保护工业产权巴黎公约》成员国；②其所属国与我国有专利保护的双边协议；③其所属国对我国国民的专利申请予以保护；④该外国人在中国有经常居所或者营业场所。

专利权人拥有如下权利：

（1）**独占实施权**。发明或实用新型专利权被授予后，任何单位或个人未经专利权人许可，都不得实施其专利。

（2）**转让权**。转让是指专利权人将其专利权转移给他人所有。专利权转让的方式有出卖、赠与、投资入股等。

（3）**实施许可权**。实施许可是指专利权人许可他人实施专利并收取专利使用费。

（4）专利权人的义务。专利权人的主要义务是缴纳专利年费。

（5）专利权的期限。**发明专利权的期限为 20 年，使用新型专利权、外观设计专利权的期限为 10 年**，均自申请日起计算。此处的申请日，是指向国务院专利行政主管部门提出专利申请之日。

7.3　商标权

商标是指能够将不同的经营者所提供的商品或者服务区别开来，并可为视觉所感知的标记。商标权的内容有**使用权、禁止权、许可权和转让权**。使用权，是指注册商标所有人在核定使用的商品上使用核准注册的商标的权利。商标的使用方式主要是直接使用于商品、商品包装、商品容器，也可以是间接地将商标使用于商品交易文书、商品广告宣传、展览及其他业务活动中。

禁止权指商标所有人禁止任何第三方未经其许可在相同或类似商品上使用与其注册商标相同或近似的商标的权利。禁止权的效力范围大于使用权的效力范围，不仅包括核准注册的商标、核定使用的商品，还扩张到与注册商标相近似的商标和与核定商品相类似的商品。

许可权是注册商标所有人许可他人使用其注册商标的权利。商标使用许可关系中，许可人应当提供合法的、被许可使用的注册商标，监督被许可人使用其注册商标的商品质量。被许可人应在合同约定的范围内使用被许可商标，保证被许可使用商标的商品质量，以及在生产的商品或包装上应标明自己的名称和商品产地。

转让权是指注册商标所有人将其注册商标转移给他人所有的权利。转让注册商标除了由双方当事人签订合同之外，转让人和受让人应共同向商标局提出申请，经商标局核准并予以公告。未经核准登记的，转让合同不具有法律效力。

注册商标的有效期为 10 年，但商标所有人需要继续使用该商标并维持专用权的，可以通过续展注册延长商标权的保护期限。续展注册应当在有效期满前 6 个月内办理；在此期间未能提出申请的，有 6 个月的宽展期。宽展期仍未提出申请的，注销其注册商标。每次续展注册的有效期为 10 年，自该商标上一届有效期满的次日起计算。续展注册没有次数的限制。

7.4　合同法

合同法相关的重要考点如下。

1. 是什么

第二条　本法所称合同是平等主体的自然人、法人、其他组织之间设立、变更、终止民事权利义务关系的协议。婚姻、收养、监护等有关身份关系的协议，适用其他法律的规定。

2. 谁来签

第九条　当事人订立合同，应当具有相应的民事权利能力和民事行为能力。

第四十三条　当事人在订立合同过程中知悉的商业秘密，无论合同是否成立，不得泄露或者不正当地使用。泄露或者不正当地使用该商业秘密给对方造成损失的，应当承担损害赔偿责任。

3. 怎么开始

第十四条　**要约**是希望和他人订立合同的意思表示，该意思表示应当符合下列规定：

（一）内容具体确定；

（二）表明经受要约人承诺，要约人要受到要约的约束。

第十五条　**要约邀请**是希望他人向自己发出要约的意思表示。寄送的价目表、拍卖公告、招标公告、招股说明书、商业广告等为要约邀请。

第二十一条　**承诺**是受要约人同意要约的意思表示。

第二十五条　**承诺生效**时合同成立。

4. 内容规定

第十条　当事人订立合同，有书面形式、口头形式和其他形式。法律、行政法规规定采用书面形式的，应当采用书面形式。当事人约定采用书面形式的，应当采用书面形式。

第十一条　书面形式是指合同书、信件和数据电文（包括电报、电传、传真、电子数据交换和电子邮件）等可以有形地表现所载内容的形式。

第十二条　合同的内容由当事人约定，一般包括以下条款：

（一）当事人的名称或者姓名和住所；

（二）标的；

（三）数量；

（四）质量；

（五）价款或者报酬；

（六）履行期限、地点和方式；

（七）违约责任；

（八）解决争议的方法。

当事人可以参照各类合同的示范文本订立合同。

5. 无效合同情况（合同的效力）

第四十六条 当事人对合同的效力可以约定附期限。附生效期限的合同，自期限届至时生效。附终止期限的合同，自期限届满时失效。

第五十二条 有下列情形之一的，合同无效：

（一）一方以欺诈、胁迫的手段订立合同，损害国家利益；

（二）恶意串通，损害国家、集体或者第三人利益；

（三）以合法形式掩盖非法目的；

（四）损害社会公共利益；

（五）违反法律、行政法规的强制性规定。

6. 合同的履行

第六十一条 合同生效后，当事人就质量、价款或者报酬、履行地点等内容没有约定或者约定不明确的，可以协议补充；不能达成补充协议的，按照合同有关条款或者交易习惯确定。

第六十二条 当事人就有关合同内容约定不明确，依照本法第六十一条的规定仍不能确定的，适用下列规定：

（一）质量要求不明确的，按照国家标准、行业标准履行；没有国家标准、行业标准的，按照通常标准或者符合合同目的的特定标准履行。

（二）价款或者报酬不明确的，按照订立合同时履行地的市场价格履行；依法应当执行政府定价或者政府指导价的，按照规定履行。

（三）履行地点不明确，给付货币的，在接受货币一方所在地履行；交付不动产的，在不动产所在地履行；其他标的，在履行义务一方所在地履行。

（四）履行期限不明确的，债务人可以随时履行，债权人也可以随时要求履行，但应当给对方必要的准备时间。

（五）履行方式不明确的，按照有利于实现合同目的的方式履行。

（六）履行费用的负担不明确的，由履行义务一方负担。

第六十八条 应当先履行债务的当事人，有确切证据证明对方有下列情形之一的，可以中止履行：

（一）经营状况严重恶化；

（二）转移财产、抽逃资金，以逃避债务；

（三）丧失商业信誉；

（四）有丧失或者可能丧失履行债务能力的其他情形。

当事人没有确切证据中止履行的，应当承担违约责任。

7. 违约责任

第一百零七条 当事人一方不履行合同义务或者履行合同义务不符合约定的，应当承担**继续履行、采取补救措施或者赔偿损失**等违约责任。

第一百一十五条 当事人可以依照《中华人民共和国担保法》约定一方向对方给付定金作为债权的担保。债务人履行债务后，定金应当抵作价款或者收回。给付定金的一方不履行约定的债务的，

无权要求返还定金；收受定金的一方不履行约定的债务的，应当双倍返还定金。

8．其他考点

第一百三十条　买卖合同是出卖人转移标的物的所有权于买受人，买受人支付价款的合同。

第一百七十六条　供用电合同是供电人向用电人供电，用电人支付电费的合同。

第一百八十五条　赠与合同是赠与人将自己的财产无偿给予受赠人，受赠人表示接受赠与的合同。

第一百九十六条　借款合同是借款人向贷款人借款，到期返还借款并支付利息的合同。

第二百一十二条　租赁合同是出租人将租赁物交付承租人使用、收益，承租人支付租金的合同。

第二百三十七条　融资租赁合同是出租人根据承租人对出卖人、租赁物的选择，向出卖人购买租赁物，提供给承租人使用，承租人支付租金的合同。

第二百五十一条　承揽合同是承揽人按照定作人的要求完成工作，交付工作成果，定作人给付报酬的合同。承揽包括加工、定作、修理、复制、测试、检验等工作。

第二百六十九条　建设工程合同是承包人进行工程建设，发包人支付价款的合同。建设工程合同包括工程勘察、设计、施工合同。

第二百八十八条　运输合同是承运人将旅客或者货物从起运地点运输到约定地点，旅客、托运人或者收货人支付票款或者运输费用的合同。

第二百九十三条　客运合同自承运人向旅客交付客票时成立,但当事人另有约定或者另有交易习惯的除外。

第三百二十四条　技术合同的内容由当事人约定，一般包括以下条款：

（一）项目名称；

（二）标的的内容、范围和要求；

（三）履行的计划、进度、期限、地点、地域和方式；

（四）技术情报和资料的保密；

（五）风险责任的承担；

（六）技术成果的归属和收益的分成办法；

（七）验收标准和方法；

（八）价款、报酬或者使用费及其支付方式；

（九）违约金或者损失赔偿的计算方法；

（十）解决争议的方法；

（十一）名词和术语的解释。

第三百三十九条　委托开发完成的发明创造，除当事人另有约定的以外，申请专利的权利属于研究开发人。研究开发人取得专利权的，委托人可以免费实施该专利。研究开发人转让专利申请权的，委托人享有以同等条件优先受让的权利。

第三百四十条　合作开发完成的发明创造，除当事人另有约定的以外，申请专利的权利属于合作开发的当事人共有。当事人一方转让其共有的专利申请权的，其他各方享有以同等条件优先受让的权利。合作开发的当事人一方声明放弃其共有的专利申请权的，可以由另一方单独申请或者由其他各方共同申请。申请人取得专利权的，放弃专利申请权的一方可以免费实施该专利。合作开发的当事人一方不同意申请专利的，另一方或者其他各方不得申请专利。

第三百四十二条 技术转让合同包括专利权转让、专利申请权转让、技术秘密转让、专利实施许可合同。技术转让合同应当采用书面形式。

第三百五十六条 技术咨询合同包括就特定技术项目提供可行性论证、技术预测、专题技术调查、分析评价报告等合同。技术服务合同是指当事人一方以技术知识为另一方解决特定技术问题所订立的合同，不包括建设工程合同和承揽合同。

第 8 学时　信息化知识

本学时考点知识结构图如图 2-8-1 所示。

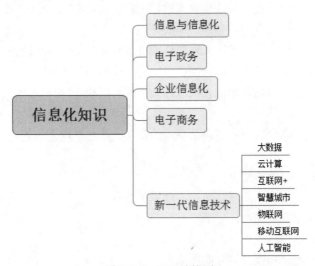

图 2-8-1　知识结构图

8.1　信息与信息化

（1）信息的定义。诺伯特·维纳（Norbert Wiener）给出的定义是："信息就是信息，既不是物质也不是能量。"克劳德·香农（Claude Elwood Shanno）给出的定义是："信息就是不确定性的减少。"

客观事物中都蕴涵着信息。一般来说信息是抽象的、数据是具体的；但数据和信息是多种形式的，从数据中可以提取信息。

信息的传输模型如图 2-8-2 所示。

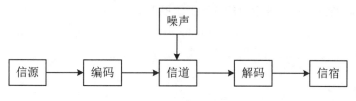

图 2-8-2　信息传输模型

1）信源：信息的来源。

2）编码：把信息变换成讯息的过程，这是按一定的符号、信号规则进行的。

3）信道：信息传递的通道，是将信号进行传输、存储和处理的媒介。

4）噪声：信息传递中的干扰，将对信息的发送与接受产生影响，使两者的信息意义发生改变。

5）解码：信息编码的相反过程，把讯息还原为信息的过程。

6）信宿：信息的接受者。

（2）信息化的定义。业内还没有严格的统一的定义，但常见的有以下三种：①信息化就是**计算机**、**通信和网络技术**的现代化；②信息化就是从物质生产占主导地位的社会向**信息产业**占主导地位的社会转变的发展过程；③信息化就是从工业社会向**信息社会**演进的过程。

8.2　电子政务

电子政务实质上是对现有的政府形态的一种改造,即利用信息技术和其他相关技术来构造更适合信息时代的政府的组织结构和运行方式。

电子政务有以下几种表现形态：

（1）政府对政府（Government to Government，G2G）。政府与政府之间的互动包括中央和地方政府组成部门之间的互动；政府的各个部门之间的互动；政府与公务员和其他政府工作人员之间的互动。

（2）政府对企业（Government to Business，G2B）。政府面向企业的活动主要包括政府向企（事）业单位发布的各种方针。

（3）政府对居民（Government to Citizen，G2C）。政府对居民的活动实际上是政府面向居民所提供的服务。

（4）企业对政府（Business to Government，B2G）。企业面向政府的活动包括企业应向政府缴纳的各种税款、按政府要求应该填报的各种统计信息和报表、参加政府各项工程的竞投标、向政府供应各种商品和服务，以及就政府如何创造良好的投资和经营环境、如何帮助企业发展等提出企业的意见和希望、反映企业在经营活动中遇到的困难、提出可供政府采纳的建议、向政府申请可能提供的援助等。

（5）居民对政府（Citizen to Government，C2G）。居民对政府的活动除了包括个人应向政府缴纳的各种税款和费用，按政府要求应该填报的各种信息和表格，以及缴纳各种罚款外，更重要的是开辟居民参政、议政的渠道，使政府的各项工作得以不断改进和完善。

（6）政府对政府雇员（Government to Employee，G2E）。政府机构利用 Intranet 建立起有效的行政办公和员工管理体系，以提高政府工作效率和公务员管理水平。

8.3　企业信息化

企业信息化一定要建立在**企业战略规划**的基础之上，以企业战略规划为基础建立的**企业管理模式**是建立企业战略数据模型的依据。企业信息化就是**技术**和**业务**的融合。这个"融合"并不是简单地利用信息系统对手工的作业流程进行自动化，而是需要从**企业战略层面**、**业务运作层面**、**管理运作层面**这三个层面来实现。

企业信息化是指企业以**业务流程**的优化和重构为基础，在一定的深度和广度上利用**计算机技术**、**网络技术**和**数据库技术**，控制和集成化管理企业生产经营活动中的各种信息，实现企业内外部信息的共享和有效利用，以提高企业的经济效益和市场竞争力，这将涉及对**企业管理理念**的创新、**管理流程**的优化、管理团队的重组和管理手段的革新。

8.4　电子商务

电子商务是指买卖双方利用现代开放的**因特网**，按照一定的标准所进行的各类商业活动。主要包括**网上购物、企业之间的网上交易**和**在线电子支付**等新型的商业运营模式。

电子商务的表现形式主要有如下三种：①企业对消费者（Business to Customer，B2C）；②企业对企业（Business to Business，B2B）；③消费者对消费者（Customer to Customer，C2C）。

8.5　新一代信息技术

新一代信息技术产业是随着人们日趋重视信息在经济领域的应用以及信息技术的突破，在以往微电子产业、通信产业、计算机网络技术和软件产业的基础上发展而来的，一方面具有传统信息产业应有的特征，另一方面又具有时代赋予的新特点。

《国务院关于加快培育和发展战略性新兴产业的决定》（国发〔2010〕32 号）中列出了七大国家战略性新兴产业体系，其中包括"新一代信息技术产业"。关于发展"新一代信息技术产业"的主要内容是，"加快建设宽带、泛在、融合、安全的信息网络基础设施，推动新一代移动通信、下一代互联网核心设备和智能终端的研发及产业化，加快推进三网融合，促进物联网、云计算的研发和示范应用。着力发展集成电路、新型显示、高端软件、高端服务器等核心基础产业。提升软件服务、网络增值服务等信息服务能力，加快重要基础设施智能化改造。大力发展数字虚拟等技术，促进文化创意产业发展"。

大数据、云计算、互联网+、智慧城市等属于新一代信息技术。

1. 大数据

大数据（Big Data）：指无法在一定的时间范围内用常规软件工具进行捕捉、管理和处理的数据集合，是需要新处理模式才能具有更强的决策力、洞察发现力和流程优化能力的海量、高增长率和多样化的信息资产。

大数据的 5V 特点（IBM 提出）：Volume（大量）、Velocity（高速）、Variety（多样）、Value（低价值密度）、Veracity（真实性）。

大数据关键技术有：

- 大数据存储管理技术：谷歌文件系统 GFS、Apache 开发的分布式文件系统 Hadoop、非关系型数据库 NoSQL（谷歌的 BigTable、Apache Hadoop 项目的 HBase）。
- 大数据并行计算技术与平台：谷歌的 MapReduce、Apache Hadoop Map/Reduce 大数据计算软件平台。
- 大数据分析技术：对海量的结构化、半结构化数据进行高效的深度分析；对非结构化数据进行分析，将海量语音、图像、视频数据转为机器可识别的、有明确语义的信息。主要技术有人工神经网络、机器学习、人工智能系统。

2. 云计算

云计算通过建立网络服务器集群，将大量通过网络连接的软件和硬件资源进行统一管理和调度，构成一个计算资源池，从而使用户能够根据所需从中获得诸如在线软件服务、硬件租借、数据存储、计算分析等各种不同类型的服务，并按资源使用量进行付费。

云计算服务提供的资源层次可以分为 IaaS、PaaS、SaaS：

（1）基础设施即服务（Infrastructure as a Service，IaaS）：通过 Internet 从完善的计算机基础设施获得服务。

（2）平台即服务（Platform as a Service，PaaS）：把服务器平台作为一种服务提供的商业模式。

（3）软件即服务（Software as a Service，SaaS）：通过 Internet 提供软件的模式，厂商将应用软件统一部署在自己的服务器上，客户可以根据自己的实际需求，通过互联网向厂商定购所需的应用软件服务，按定购的服务多少和时间长短向厂商支付费用，并通过互联网获得厂商提供的服务。

3. 互联网+

"互联网+"是互联网思维的进一步实践成果，推动经济形态不断地发生演变，从而带动社会经济实体的生命力，为改革、创新、发展提供广阔的网络平台。通俗地说，"互联网+"就是"互联网+各个传统行业"，但这并不是简单的两者相加，而是利用信息通信技术以及互联网平台，让互联网与传统行业进行深度融合，创造新的发展生态。

4. 智慧城市

智慧城市就是运用信息和通信技术手段感测、分析、整合城市运行核心系统的各项关键信息，从而对包括民生、环保、公共安全、实现城市服务、工商业活动在内的各种需求做出智能响应。智慧城市是以互联网、物联网、电信网、广电网、无线宽带网等网络组合为基础，以智慧技术高度集成、智慧产业高端发展、智慧服务高效便民为主要特征的城市发展新模式。

5. 物联网

物联网（Internet of Things），顾名思义就是"物物相联的互联网"。以互联网为基础，将数字化、智能化的物体接入其中，实现自组织互联，是互联网的延伸与扩展；通过嵌入物体上的各种数字化标识、感应设备，如 RFID 标签、传感器、响应器等，使物体具有可识别、可感知、交互和响应的能力，并通过与 Internet 的集成实现物物相联，构成一个协同的网络信息系统。

物联网的发展离不开物流行业支持，而物流成为物联网最现实的应用之一。物流信息技术是指运用于物流各个环节中的信息技术。根据物流的功能及特点，物流信息技术包括条码技术、RFID技术、EDI 技术、GPS 技术和 GIS 技术。

6. 移动互联网

移动互联网就是将移动通信和互联网二者结合起来，成为一体。是指互联网的技术、平台、商业模式和应用与移动通信技术结合并实践的活动的总称。

移动互联网技术有：

（1）SOA（面向服务的体系结构）：SOA 是一个组件模型，是一种粗粒度、低耦合的服务架构，服务之间通过简单、精确定义结构进行通信，不涉及底层编程接口和通信模型。

（2）Web 2.0：Web 2.0 是相对于 Web 1.0 的新的时代。指的是一个利用 Web 平台，由用户主导而生成的内容互联网产品模式，为了区别传统的由网站雇员主导生成的内容而定义为第二代互联网，Web 2.0 是一个新的时代。

在 Web 2.0 模式下，可以不受时间和地域的限制分享、发布各种观点；在 Web 2.0 模式下，聚集的是对某个或者某些问题感兴趣的群体；平台对于用户来说是开放的，而且用户因为兴趣而保持比较高的忠诚度，他们会积极地参与其中。

（3）HTML 5：互联网核心语言、超文本标记语言（HTML）的第五次重大修改。HTML 5 的设计目的是为了在移动设备上支持多媒体。

（4）Android：一种基于 Linux 的自由及开放源代码的操作系统，主要使用于移动设备，如智能手机和平板电脑，由 Google 公司和开放手机联盟领导及开发。

（5）iOS：由苹果公司开发的移动操作系统。

7. 人工智能

人工智能（Artificial Intelligence，AI）是研究、开发用于模拟、延伸和扩展人的智能的理论、方法、技术及应用系统的一门新的技术科学。人工智能是一门研究计算机模拟人的思维过程和智能行为（如学习、推理、思考、规划等）的学科。AI 不仅是基于大数据的系统，更是具有学习能力的系统。

典型的人工智能应用有人脸识别、语音识别、机器翻译、智能决策等。

第 9 学时　多媒体

本学时考点知识结构图如图 2-9-1 所示。

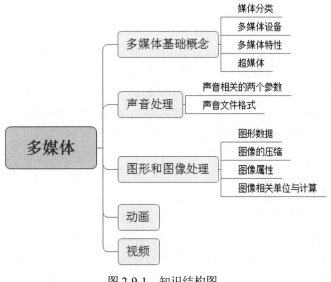

图 2-9-1　知识结构图

9.1　多媒体基础概念

多媒体首先是多种媒体（如图形、图像、动画、声音、文字、动态视频）的综合，然后是处理这些信息的程序和过程，即多媒体技术。多媒体技术是处理文字、图像、动画、声音和影像等的综合技术，包括各种媒体的处理和信息压缩技术、多媒体计算机系统技术、多媒体数据库技术以及多媒体人机界面技术等。

1. 媒体分类

国际电话与电报咨询委员会（Consultative Committee on International Telephone and Telegraph，CCITT），将"媒体"（Media）分为五类：

（1）感觉媒体（Perception Medium）：直接作用于人的感觉器官，使人产生直接感觉的媒体，如：引起视觉反应的文本、图形和图像、引起听觉反应的声音等。

（2）表示媒体（Representation Medium）：为加工、处理和传输感觉媒体而人工创造的一类媒体。如：文本编码、图像编码和声音编码等。

（3）存储媒体（Storage Medium）：存储表示媒体的物理介质。如硬盘、U 盘、光盘、手册及播放设备等。

（4）传输媒体（Transmission Medium）：传输表示媒体的物理介质，如电缆、光缆、无线等。

（5）表现媒体（Presentation Medium）：进行信息输入和输出的媒体。输入媒体如：键盘、鼠标、话筒、扫描仪、摄像头、摄像机等；输出媒体如显示器、音箱、打印机等。

2．多媒体设备

多媒体计算机是一种能处理文字、声音、图形、图像等多种媒体的计算机。使多种媒体建立逻辑连接，进而集成为一个具有交互性能的系统，称为多媒体计算机系统。

多媒体计算机系统由四部分构成：多媒体硬件平台（包括计算机硬件、多种媒体的输入输出设备和装置）；多媒体操作系统；图形用户接口（GUI）；支持多媒体开发的工具软件。

常见的多媒体设备有：声卡、显卡、DVD/VCD、各类存储、显示器、扫描仪、打印机、摄像头、各类传感器、数码相机和数码摄像机、投影仪、触摸屏等。

3．多媒体特性

多媒体具有多样性、集成性、交互性、实时性、便利性等特性。

4．超媒体

"超媒体"是超级媒体的缩写，是一种采用非线性网状结构对块状多媒体信息（包括文本、图像、视频等）进行组织和管理的技术。超媒体是纯技术的 hypermedia 超级媒体连接，还是传统媒体的超级网络化；是一种集搜索、电子邮件、即时通信和博客等于一体的带有媒体色彩的超级网络利器，还是一种新的商业战略与思维。

9.2 声音处理

声音就是物体振动而产生的声波。声音是一种可以通过介质（空气、液体、固体等）传播并能被人或动物听觉器官所感知的波。

1．声音相关的两个参数

（1）幅度：声波的振幅，单位为分贝（dB）。

（2）频率：每秒变化的次数，单位为 Hz。**人能听到的频率范围为 20Hz～20kHz**。

声音数字化的过程就是模拟信号转换为数字信号的过程，具体过程仍然遵循采样、量化、编码三个过程。

- 采样：对模拟信号进行周期性扫描，把时间上连续的信号变成时间上离散的信号。采样必须遵循奈奎斯特采样定理，才能保证无失真地恢复原模拟信号。

【例 2-9-1】模拟电话信号通过 PCM 编码成数字信号。语音最大频率小于 4kHz（**约为 3.4kHz**），根据采样定理，采样频率要大于 2 倍语音最大频率，即 8kHz（采样周期=125μs），这样就可以无失真地恢复语音信号。

- 量化：利用抽样值将其幅度离散，用先规定的一组电平值把抽样值用最接近的电平值来代替。规定的电平值通常用二进制表示。

【例 2-9-2】语音系统采用 128 级（7 位）量化，采用 8kHz 的采样频率，那么有效数据速率为 56kb/s，又由于在传输时，每 7bit 需要添加 1bit 的信令位，因此语音信道数据速率为 64kb/s。

- 编码：用一组二进制码组来表示每一个有固定电平的量化值。然而实际上量化是在编码过程中同时完成的，故编码过程也称为模/数变换，记作 A/D。

2．声音文件格式

常见的数字声音格式如下。

- WAVE（.WAV）：录音时用的标准 Windows 文件格式。
- Audio（.au）：Sun 公司推出的一种压缩数字声音格式，常用于互联网。
- AIFF（.aif）：苹果公司开发的 Mac OS 中的音频文件格式。
- MP3（.mp3）：MPEG 音频层，分为三层，分别对应*.mp1、*.mp2、*.mp3，其中 MP3 音频文件的压缩是一种有损压缩。
- RealAudio（.ra）：这种格式合适互联网传输。可随网络带宽的不同而改变声音的质量。
- MIDI（.mid）：MIDI 允许数字合成器和其他设备交换数据。

9.3　图形和图像处理

颜色是创建图像的基础。颜色的要素如下：

- 色调：指颜色的外观，是视觉器官对颜色的感觉。色调用红、橙、黄、绿、青等来描述。
- 饱和度：颜色的纯洁性，用于区别颜色明暗程度。当一种颜色掺入其他光越多时，饱和度越低。
- 亮度：颜色明暗程度。色彩光辐射的功率越高，亮度越高。

RGB 色彩模式：一种颜色标准，是通过对红、绿、蓝三个颜色通道的变化以及它们相互之间的叠加来得到各式各样的颜色的，RGB 即是代表红、绿、蓝三个通道的颜色。

1．图形数据

计算机的图有两种表现形式，分为称为图形和图像。

（1）图形：矢量表示图，用数学公式描述图的所有直线、圆、圆弧等。编辑矢量图的软件有 AutoCAD。常见的图形格式有：PCX（.pcx）、BMP、TIF、GIF、WMF 等。

（2）图像：用像素点描述的图。可以利用绘图软件（例如画板、Photoshop 等）创建图像，利用数字转换设备（例如扫描仪、数字摄像机等）采集图像。常见的图像格式有：JPEG、MPEG。

2．图像的压缩

常见的图像压缩方式分为无损压缩和有损压缩。

（1）无损压缩：压缩前和压缩后数据完全一致。常见的无损压缩编码有哈夫曼编码、算术编码、无损预测编码技术（无损 DPCM）、词典编码技术（LZ97、LZSS）。

（2）有损压缩：压缩前和压缩后数据不一致。常见的有损压缩编码有 JPEG。JPEG 的两种压缩算法有离散余弦变换（Discrete Cosine Transform，DCT）的有损压缩算法和以 DPCM 为基础的无损压缩算法。

3．图像属性

图像的属性有分辨率、像素深度、图像深度、真彩色、伪彩色等。

（1）分辨率。分辨率又可以分为显示分辨率与图像分辨率。

- 显示分辨率：屏幕图像的精密度，指显示器所能显示的最大像素数。1024*768 表示显示屏横向 1024 个像素点，纵向 768 个像素点。垂直分辨率表示显示器在纵向（列）上具有的像素点数目指标；水平分辨率表示显示器在横向（行）上具有的像素点数目指标。
- 图像分辨率：单位英寸所包含的像素点数。

（2）像素深度与图像深度。颜色深度是表达图像中单个像素的颜色或灰度所占的位数。如果颜色深度为 8 位，则可以表示 2^8=256 种不同颜色或灰度等级。

RGB 5:5:5 表示一个像素时，共用 2 个字节（16 位）表示。其中，R、G、B 各占五位，剩下一位作为属性位。这里，像素深度为 16 位，图像深度为 15 位。

（3）真彩色与伪彩色。适当选取三种基色[例如红（Red）、绿（Green）、蓝（Blue）]，将三种基色按照不同的比例合成，就会生成不同的颜色。黑白系列颜色称为无彩色，黑白系列之外的其他颜色称为有彩色。

1）真彩色（True Color）是指图像中的每个像素值都由 R、G、B 三个基色分量构成，每个基色分量直接决定基色的强度，所产生的色彩称为真彩色。例如用 RGB 的彩色图像，分量均用五位表示，可以表示 2^{15} 种颜色，每个像素的颜色就由其中的数值来确定，这样得到的彩色是真实的原图彩色。

2）伪彩色（Pseudo Color）的图像每个像素值实际上是一个索引值，根据索引值查找色彩查找表（Color Look Up Table，CLUT），可查找出 R、G、B 的实际强度值。这种用查表产生的色彩称为伪彩色。

4．图像相关单位与计算

（1）每英寸点数（Dot Per Inch，DPI）。

DPI 表示分辨率，属于打印机的常用单位，是指每英寸长度上的点数。DPI 公式为：

$$像素=英寸×DPI \tag{2-9-1}$$

例如：一张 8×10 英寸、300DPI 的图片。图像像素宽度=8 英寸×300DPI，图像像素高度=10 英寸×300DPI，图片像素=(8×300)×(10×300)。

（2）每英寸像素数（Pixel Per Inch，PPI）。

PPI 是图像分辨率所使用的单位，表示图像中每英寸所表达的像素数。PPI 公式为：

$$PPI = \frac{\sqrt{宽^2+高^2}}{对角线长}，宽×高为屏幕分辨率。 \tag{2-9-2}$$

例如：HVGA 屏的像素为 320×480，对角线一般是 3.5 寸。因此该屏的 PPI $= \frac{\sqrt{320^2+480^2}}{3.5} = 164$。

（3）图像数据量计算公式。

$$图像数据量（B）=图像总像素×像素深度/8 \tag{2-9-3}$$

9.4　动画

动画是通过把人物的表情、动作、变化等分解后画成许多动作瞬间的画幅，再用摄影机连续拍摄成一系列画面，给视觉造成连续变化的图画。它的基本原理是视觉暂留原理，人的眼睛看到一幅画或一个物体后，在 0.34 秒内不会消失。利用这一原理，在一幅画还没有消失前播放下一幅画，就会给人造成一种流畅的视觉变化效果。

按视觉效果，动画可以分为二维动画、三维动画。制作动画的工具有：动画桌、动画纸、摄影台、逐格摄影机、制作软件（MAYA、3D Studio Max、Flash、Photoshop）。

9.5　视频

视频是活动的、连续的动态图像序列。常见的视频文件格式有 Flic（.fli）、AVI、Quick Time（.mov）、MPEG（.mp4、.mpg、.mpeg、.dat）、Real Video（.rm、.rmvb）。

视频压缩方式有帧内压缩和帧间压缩两种。

（1）帧内压缩：不考虑相邻帧的冗余信息，对单独的数据帧进行压缩。这种方式压缩率不高。

（2）帧间压缩：考虑相邻帧的冗余信息，即相邻帧是有很大的关联的。这种方式压缩率较高。

常见的压缩标准有 H.261（用于可视电话、远程会议）；MPEG-1（用于 VCD）；MPEG-2（用于 DVD、HDTV）；MPEG-4（用于虚拟现实、交互式视频）。

第3天
动手操作，案例配置

第1学时　Windows 知识

本学时考点知识结构图如图 3-1-1 所示。

图 3-1-1　知识结构图

1.1　Windows 基本操作

1. 资源管理器

Windows 中的基本文件管理操作是通过文件资源管理器进行的，它是系统提供的一个基本资源管理工具。可以用于管理系统中的所有资源，使用一种树形的文件系统结构，使用户能直观地处理系统中的文件和文件夹。

文件资源管理器的组成如图 3-1-2 所示。

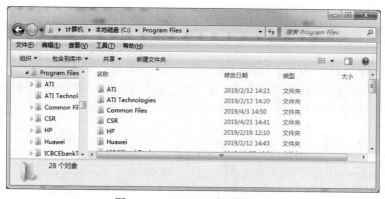

图 3-1-2　Windows 资源管理器

文件资源管理器分为左窗口，右窗口两个区域。新版本还支持预览区域。

（1）左窗口。左窗口主要显示各驱动器和各种文件夹列表，通常选中（单击文件夹）的文件夹被称为当前文件夹，此时其图标呈打开状态。

（2）右窗口。右窗口显示当前文件夹所包含的全部文件和子文件夹。在右窗口区域的显示方式可以通过单击显示方式改变，典型的显示方式有：大图标、小图标、列表、详细资料或缩略图。

资源管理器中的基本操作：

（1）创建文件夹。确定新建文件夹位置后，通过鼠标单击选取为当前文件夹，然后选择文件菜单或右击，在弹出菜单中选择"新建"，进一步选择"文件夹"。

（2）移动与复制文件或文件夹。通过用剪贴板移动与复制，移动操作是先选定对象，右击鼠标，选择"剪切"，定位到目标位置之后，再次右击鼠标，弹出菜单中选择"粘贴"。复制操作是先选定对象，右击鼠标，选择"复制"，定位到目标位置之后，再次右击鼠标，弹出菜单中选择"粘贴"。

考试中可能涉及选定对象的各种方法，不仅仅在资源管理器中可以用到，在其他应用软件中通常也适用，如 Word 和 Excel 中。

- 连续选择：先单击第一个对象，再按住 Shift 键不放单击最后一个对象或拖动鼠标框选。
- 间隔选择：按住 Ctrl 键不放逐一单击。

- 选定全部：通常按 Ctrl+A 快捷键或者选编辑菜单中的全选。
- 取消选定：在空白区单击则取消所有选定；若取消某个选定，可按住 Ctrl 键不放单击要取消的对象。

2. 回收站

所谓的回收站是硬盘上的一块特定存储区，主要用于存放被删除的文件或者文件夹，用户可以进一步删除或者还原。

- 永久删除：删除所有文件。右击回收站，在弹出的菜单中选"清空回收站"或打开回收站后选择"清空回收站"。

删除选定文件：选定后按 shift+del

- 恢复删除：打开回收站，选定需要还原的对象，右击后在弹出菜单中选择"还原"。

3. 文件属性

在 Windows 系统中，可以通过设置文件或者文件夹的属性实现某些访问控制，基本设置方法是在资源管理器中找到需要设置的文件或者文件夹，右击该对象，在弹出的菜单中选择"属性"，然后在属性区域的"只读"属性进行勾选即可，如图 3-1-3 所示。

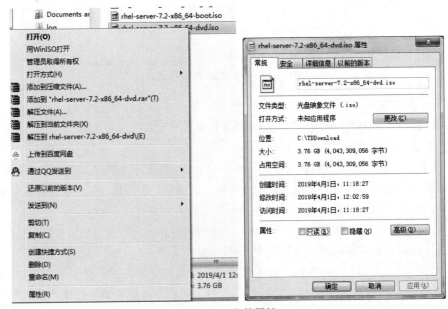

图 3-1-3　文件属性

通常为了控制用户对文件的修改，可以将文件设置为只读属性，这种安全管理也就是常说的文件级安全管理。

4. 对话框

在 Windows 系统中，各种展示信息的基础都是窗口，除了资源管理器这种常见的窗口之外，还有一种特殊的窗口就是对话框，该窗口大小通常是不能改变的，用于与用户交互信息，由于窗口的大小受限制，为了在有限的区域内显示足够的信息，通常通过多选项卡的方式展示。

如图 3-1-4 所示的对话框中，一共有四个选项卡，其中选定的选项卡"常规"被称为当前选项卡。属性中的"只读"前面的选择框被称为复选框，是一种可以与其他项同时选定的选择框。如果是圆形的选择框，则被称为"单选框"，表示在同一组中只能被选定其中的一个。

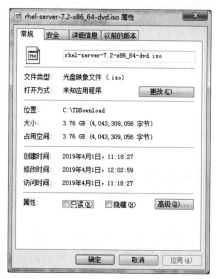

图 3-1-4　对话框

5. 动态链接库

在 Windows 系统中，微软通过动态链接库的方式实现了共享函数库的功能。这些库函数的扩展名是".dll"".ocx"（主要是 ActiveX）或者".drv"。动态链接库的方式可以降低应用程序对磁盘和内存空间的需求。在传统的非共享库模式中，代码可以简单地附加到调用的程序上。若系统中有两个或多个程序同时调用同一个子程序，就会出现多个程序段代码的情况，增加对系统资源的需求。而通过动态链接库的方式，不管几个程序在调用这段代码，在内存中都只有一个实例，节省系统资源。

1.2　用户与组

1. 用户账号

在 Windows Server 2008 中，系统安装完之后会自动创建一些默认用户账号，常用的是 Administrator、Guest 及其他一些基本的账号。为了便于管理，系统管理员可以通过对不同的用户账号和组账号设置不同的权限，从而大大提高系统的访问安全性和管理的效率。

（1）Administrator 账户。Administrator 账号是服务器上 Administrators 组的成员，具有对服务器的完全控制权限，可以根据需要向其他用户分配权限，因此这个账户具有最高用户权限。不可以将 Administrator 账户从 Administrators 组中删除，但可以重命名或禁用该账号。若此计算机加入到域中，则域中 domain admins 组的成员会自动加入到本机的 Administrators 组中。因此域中 domain admins 组的成员也具备本机 Administrators 的权限。

（2）Guest 账号。Guest 账号是 Guests 组的成员，一般是在这台计算机上没有实际账号的人使用。如果已禁用但还未删除某个用户的账号，那么该用户也可以使用 Guest 账号，具有非常低的默认用户权限。Guest 账号默认是禁用的，可以手动启用。

2．组账号

组账号是具有相同权限的用户账号的集合。组账号可以对组内的所有用户赋予相同的权利和权限。在安装运行 Windows Server 2008 操作系统时会自动创建一些内置的组，即默认本地组。具体的默认本地组如下：

（1）Administrators 组。Administrators 组的成员对服务器有完全控制权限，可以为用户指派用户权利和访问控制权限。

（2）Power Users 组。Power Users 组的成员可以创建本地组，并在已创建的本地组中添加或删除用户，还可以在 Power Users 组、Users 组和 Guests 组中添加或删除用户，因此具有有限的管理权限。

（3）Users 组。Users 组的成员可以运行应用程序，但是不能修改操作系统的设置。

（4）Guests 组。Guests 组的成员拥有一个在登录时创建的临时配置文件，注销时将删除该配置文件。"来宾账号"（默认为禁用）也是 Guests 组的默认成员，但是"来宾账号"的限制更多。

（5）Backup Operators 组。该组成员不管是否具有访问该计算机文件的权限，都可以运行系统的备份工具，对这些文件和文件夹进行备份和还原。

（6）IIS-users 组。这是 Internet 信息服务使用的内置组。

1.3 文件系统与分区管理

1．文件管理

Windows 的文件系统采用树型目录结构。在树型目录结构中，根结点就是文件系统的根目录，所有的文件作为叶子结点，其他所有目录均作为树型结构上的结点。任何数据文件都可以找到唯一一条从根目录到自己的通路，从树根开始，将全部目录名与文件名用"/"连接起来构成该文件的绝对路径名，且每个文件的路径名都是唯一的，因此可以解决文件重名问题。但是在多级的文件系统中使用绝对路径比较麻烦，通常使用相对路径名。当系统访问当前目录下的文件时，就可以使用相对路径名以减少访问目录的次数，提高效率。

系统中常见的目录结构有三种：一级目录结构、二级目录结构和多级目录结构。

（1）一级目录的整个目录组织呈线型结构，整个系统中只建立一张目录表，系统为每个文件分配一个目录项表示即可。虽然一级目录结构简单，但是查找速度过慢，且不允许出现重名，因此较少使用。

（2）二级目录结构是由主文件目录（Master File Directory，MFD）和用户目录（User File Directory，UFD）组成的层次结构，可以有效地将多个用户隔离开，但是不便于多用户共享文件。

（3）多级目录结构，允许不同用户的文件可以具有相同的文件名，因此适合共享。

2．Windows 分区文件系统

Windows 系列操作系统中主要有以下几种最常用的文件系统：FAT16、FAT32、NTFS。其中 FAT16 和 FAT32 均是文件配置表（File Allocation Table，FAT）方式的文件系统。

（1）FAT16。FAT16 是使用较久的一种文件系统，其主要问题是大容量磁盘利用率低。因为在 Windows 中，磁盘文件的分配以簇为单位，而且一个簇只分配给一个文件使用，因此不管多么小的文件也要占用一个簇，剩余的簇空间就浪费了。

（2）FAT32。由于分区表容量的限制，FAT16 分区被淘汰，微软在 Windows 95 及以后的版本中推出了一种新分区格式 FAT32，采用 32 位的文件分配表，突破了 FAT16 分区 2GB 容量的限制。它的每个簇都固定为 4KB，与 FAT16 相比，大大提高了磁盘的利用率。但是 FAT32 不能保持向下兼容。

（3）NTFS。最早的 Windows NT 操作系统推出了新的 NTFS 文件系统，使文件系统的安全性和稳定性大大提高，成为了 Windows 系统中的主要文件系统。Windows 的很多服务和特性都依赖于 NTFS 文件系统，如活动目录就必须安装在 NTFS 中。NTFS 文件系统的主要优势是能通过 NTFS 许可权限保护网络资源。

在 Windows Server 2008 下，网络资源的本地安全性就是通过 NTFS 许可权限实现的，它可以为每个文件或文件夹单独分配一个许可，从而提高访问的安全性。另一个显著特点是使用 NTFS 对单个文件和文件夹进行压缩，从而提高磁盘的利用率。

1.4 IP 配置网络命令

1．ipconfig

ipconfig 是 Windows 网络中最常使用的命令，用于显示计算机中网络适配器的 IP 地址、子网掩码及默认网关等信息。这仅是 ipconfig 不带参数的用法，在网络管理员考试中主要考查的是带参数用法的题，尤其是下面讨论到的基本参数，必须熟练掌握。

命令基本格式：

ipconfig [/all | /renew [*adapter*] | /release [*adapter*] | /flushdns | /displaydns | /registerdns |]

具体参数解释见表 3-1-1。

表 3-1-1 ipconfig 基本参数表

参数	参数作用	备注
/all	显示所有网络适配器的完整 TCP/IP 配置信息	尤其是查看 MAC 地址信息，DNS 服务器等配置

续表

参数	参数作用	备注
/release adapter	释放全部（或指定）适配器的、由 DHCP 分配的动态 IP 地址，仅用于 DHCP 环境	DHCP 环境中的释放 IP 地址
/renew adapter	为全部（或指定）适配器重新分配 IP 地址。常与 release 结合使用	DHCP 环境中的续借 IP 地址
/flushdns	清除本机的 DNS 解析缓存	
/registerdns	刷新所有 DHCP 的租期和重注册 DNS 名	DHCP 环境中的注册 DNS
/displaydns	显示本机的 DNS 解析缓存	

在 Windows 中可以选择"开始"→"运行"命令并输入 CMD，进入 Windows 的命令解释器，然后输入各种 Windows 提供的命令；也可以执行"开始"→"运行"命令，直接输入相关命令。在实际应用中，为了完成一项工作往往会连续输入多个命令，最好直接进入命令解释器界面。

常见的命令显示效果如图 3-1-5 所示。

```
Ethernet adapter 无线网络连接:

        Connection-specific DNS Suffix . . :
        Description . . . . . . . . . . . : Intel(R) Wireless WiFi Link
4965AG
        Physical Address. . . . . . . . . : 00-1F-3B-CD-29-DD
        Dhcp Enabled. . . . . . . . . . . : Yes
        Autoconfiguration Enabled . . . . : Yes
        IP Address. . . . . . . . . . . . : 192.168.0.235
        Subnet Mask . . . . . . . . . . . : 255.255.255.0
        Default Gateway . . . . . . . . . : 192.168.0.1
        DHCP Server . . . . . . . . . . . : 192.168.0.1
        DNS Servers . . . . . . . . . . . : 202.103.96.112
                                            211.136.17.108
        Lease Obtained. . . . . . . . . . : 20xx年10月6日 10:59:50
        Lease Expires . . . . . . . . . . : 20xx年10月6日 11:29:50
```

图 3-1-5　ipconfig/all 显示效果图

从此命令中不仅可以知道本机的 IP 地址、子网掩码和默认网关，还可以看到系统提供的 DHCP 服务器地址和 DNS 服务器地址。从图中最后两项还可以看到 DHCP 服务器设置的租期是半个小时。

2. tracert

tracert 是 Windows 网络中 Trace Route 功能的缩写。基本工作原理是：通过向目标发送不同 IP 生存时间（TTL）值的 ICMP ECHO 报文，在路径上的每个路由器转发数据包之前，将数据包上的 TTL 减 1。当数据包上的 TTL 减为 0 时，路由器返回给发送方一个超时信息。

在 tracert 工作时，先发送 TTL 为 1 的回应报文，并在随后的每次发送过程中将 TTL 增加 1，直到目标响应或 TTL 达到最大值为止，通过检查中间路由器超时信息确定路由。

以下命令是网络管理员在实际中最常使用的检查数据包路由路径的命令，其基本格式如下：

tracert [**-d**] [**-h** *maximumhops*] [**-w** *timeout*] [**-R**] [**-S** *srcAddr*] [**-4**][**-6**] *targetname*

其中各参数的含义如下：

● -d：禁止 tracert 将中间路由器的 IP 地址解析为名称，这样可加速显示 tracert 的结果。

- -h maximumhops：指定搜索目标的路径中存在结点数的最大数（默认为 30 个结点）。
- -w timeout：指定等待"ICMP 已超时"或"回显答复"消息的时间。如果超时的时间内未收到消息，则显示一个星号（*）（默认的超时时间为 4000 毫秒）。
- -4：指定 IPv4 协议。
- -6：指定 IPv6 协议。
- targetname：指定目标，可以是 IP 地址或计算机名。

【例 3-1-1】tracert 应用实例。为了提高其回显的速度，可以使用-d 选项，tracert 不会对每个 IP 地址都查询 DNS。命令显示如下：

```
C：\Documents and Settings\Administrator>tracert   -d   61.187.55.33
Tracing route to 61.187.55.33 over a maximum of 30 hops
    1     <1 ms      <1 ms      <1 ms    172.28.27.254
    2      1 ms      <1 ms      <1 ms    10.0.1.1
    3      3 ms       3 ms       3 ms    61.187.55.33
Trace complete.
```

从命令返回的结果可以看到，数据包必须通过两个路由器 172.28.27.254 和 10.0.1.1 才能到达目标计算机 61.187.55.33，同时也可以知道本计算机的默认网关是 172.28.27.254。另外，若是内部的网络地址使用了地址转换，则地址转换之后的地址范围一般就是 61.187.55.33 同一网络的地址。

如果要查找从本地出发、经过三个跳步到达名为 www.hunau.net 的目标主机的路径，则其命名显示如下：

```
C：\Documents and Settings\Administrator>tracert -h 3 www.hunau.net
Tracing route to www.hunau.net [61.187.55.40]
over a maximum of 3 hops:
    1      3 ms       4 ms       4 ms    10.1.0.1
    2     16 ms      39 ms       3 ms    222.240.45.188
    3      5 ms       4 ms       4 ms    61.187.55.40
Trace complete.
```

3. pathping

要跟踪路径并为路径中的每个路由器和链路提供网络延迟和数据包丢失等相关信息，此时应该使用 pathping 命令。其工作原理类似于 tracert，并且会在一段指定的时间内定期将 ping 命令发送到所有路由器，并根据每个路由器的返回数值生成统计结果。命令行下返回的结果有两部分内容，第一部分显示到达目的地经过了哪些路由；第二部分显示路径中源和目标之间的中间结点处的滞后和网络丢失的信息。pathping 在一段时间内将多个回应请求消息发送到源和目标之间的路由器，然后根据各个路由器返回的数据包计算结果。因为 pathping 显示在任何特定路由器或链接处的数据包的丢失程度，因此用户可据此确定存在故障的路由器或子网。

命令基本格式：

pathping[**-g**_host-list_] [**-h** _maximum_hops_] [**-I** _address_] [**-n**] [**-p** _period_] [**-q** _num_queries_] [**-w** _timeout_] [**-4**] [**-6**] _target_name_

其中各参数的含义如下：

- -g host-list：与主机列表一起的松散源路由。
- -h maximum_hops：指定搜索目标路径中的结点最大数（默认值为 30 个结点）。

- -i address：使用指定的源地址。
- -n：禁止将中间路由器的 IP 地址解析为名字，可以提高 pathping 显示速度。
- -w timeout：指定等待每个应答的时间（单位为毫秒，默认值为 3000 毫秒）。
- -4：强制使用 IPv4。
- -6：强制使用 IPv6。
- targetname：指定目的端，它既可以是 IP 地址，也可以是计算机名。

pathping 参数要区分大小写。实际使用中要注意：为了避免网络拥塞，影响正在运行的网络业务，应以足够慢的速度发送 ping 信号。

【例 3-1-2】pathping 应用实例。

```
C：\Documents and Settings\Administrator>pathping 61.187.55.33
Tracing route to 61.187.55.33 over a maximum of 30 hops
  0   1be2f61eecdb4fc [172.28.27.249]
  1   172.28.27.254
  2   10.0.1.1
  3     *        *        *
Computing statistics for 75 seconds...
Source to Here   This Node/Link      Hop      RTT    Lost/Sent = Pct        Lost/Sent = Pct Address
0        1be2f61eecdb4fc   [172.28.27.249]            0/ 100 =  0%    |
1        0ms      0/ 100 =  0%    0/ 100 =  0%   172.28.27.254       0/ 100 =  0%    |
2        0ms      0/ 100 =  0%    0/ 100 =  0%   10.0.1.1            100/ 100 =100%  |
3        ---      100/ 100 =100%  0/ 100 =  0%   1be2f61eecdb4fc [0.0.0.0]
Trace complete.
```

若带有-n 参数，则上例中的 "0   1be2f61eecdb4fc [172.28.27.249]" 位置不会解析 172.28.27.249 对应的机器名，也可以提高命令回显的速度。当运行 pathping 时，将首先显示路径信息。此路径与 tracert 命令所显示的路径相同。接着，将显示约 75 秒的繁忙消息，这个时间随着中间结点数的变化而变化。在此期间，命令会从先前列出的所有路由器及其链接之间收集信息，结束时将显示测试结果。

在[例 3-1-2]中，This Node/Link、Lost/Sent = Pct 和 Lost/Sent = Pct Address 列显示出 172.28.27.254 与 10.0.1.1 之间的链接丢失了 0%的数据包。在 Lost/Sent = Pct Address 列中显示的链接丢失速率表明造成路径上转发数据包丢失的链路拥挤状态；路由器所显示的丢失速率表明这些路由器已经超载。

4. ARP

在以太网中规定，同一局域网中的一台计算机要与另一台计算机进行直接通信，必须知道目标计算机的 MAC 地址。而在 TCP/IP 协议中，网络层和传输层只考虑目标计算机的 IP 地址。因此在以太网中使用 TCP/IP 协议时，必须能根据目的计算机的 IP 地址获得对应的 MAC 地址，这就是 ARP 协议。另一种情况是，当发送计算机和目的计算机不在同一个局域网中时，必须经过路由器才可以通信。因此，发送计算机通过 ARP 协议获得的就不是目的计算机的 MAC 地址，而是作为网关路由器接口的 MAC 地址。所有发送给目的计算机的帧都将先发给该路由器，然后通过它发给目标计算机，这就是 ARP 代理（ARP Proxy）。

由于 ARP 在工作过程中无法响应数据的来源、进行真实性验证，导致很多基于 ARP 的攻击出现，解决的基本方法是绑定 IP 和 MAC，或者使用专门的 ARP 防护软件。具体做法就是由管理员在网内把客户计算机和网关用静态命令对 IP 和 MAC 绑定。

命令基本格式：

（1）**ARP -s** inet_addr　eth_addr　[if_addr]

（2）**ARP -d** inet_addr [if_addr]

（3）**ARP -a** [inet_addr] [**-N** if_addr]

参数说明：

-s：静态指定 IP 地址与 MAC 地址的对应关系。

-d：删除指定的 IP 与 MAC 的对应关系。

-a：显示所有的 IP 地址与 MAC 地址的对应，使用-g 的参数与-a 是一样的，尤其要注意一下这个参数。

【例 3-1-3】arp 应用示例。

在主机上设置命令"arp -s 172.28.27.249　AA-BB-AA-BB-AA-BB"后，通过执行 arp -a 可以看到相关提示：

Internet Address	Physical Address	Type
172.28.27.249	AA-BB-AA-BB-AA-BB	static

而在 arp 默认的动态解析情况下看到的是：

Internet Address Physical	Address	Type
172.28.27.249	AA-BB-AA-BB-AA-BB	dynamic

这种方式对于计算机数量比较大的网络而言是非常不便的，因为每次重启之后均要重新设置，因此网络中通常使用防护软件来自动设置。

5. route

route 命令主要用于手动配置静态路由并显示路由信息表。

基本命令格式：

route [**-f**] [**-p**] *command* [*destination*] [**mask** *netmask*] [*gateway*] [**metric** metric] [**if interface**]

参数说明：

（1）-f：清除所有不是主路由（子网掩码为 255.255.255.255 的路由）、环回网络路由（目标为 127.0.0.0 的路由）或多播路由（目标为 224.0.0.0，子网掩码为 240.0.0.0 的路由）的条目路由表。如果它与命令 Add、Change 或 Delete 等结合使用，路由表会在运行命令之前清除。

（2）-p：与 add 命令共同使用时，指定路由被添加到注册表并在启动 TCP/IP 协议的时候初始化 IP 路由表。默认情况下，启动 TCP/IP 协议时不会保存添加的路由，与 Print 命令一起使用时，则显示永久路由列表。

（3）command：该选项下可用以下几个命令：

1）print：用于显示路由表中的当前项目，由于用 IP 地址配置了网卡，因此所有这些项目都是自动添加的。

【例 3-1-4】 route print 应用示例。

```
C:\ route print    172.*
显示 IP 路由表中以 172.开始的所有路由。
```

2）add：用于向系统当前的路由表中添加一条新的路由表条目。

【例 3-1-5】 route add 应用示例。

```
C:\ route add 210.43.230.33 mask 255.255.255.224 202.103.123.7 metric 5
设定一个到目的网络 210.43.230.33 的路由，中间要经过五个路由器网段，首先要经过本地网络上的一个路由器，其
IP 为 202.103.123.7，子网掩码为 255.255.255.224。
```

3）delete：从当前路由表中删除指定的路由表条目。

【例 3-1-6】 route delete 应用示例。

```
C:\ route delete 10.41.0.0 mask 255.255.0.0
删除到目标子网 10.41.0.0，掩码为 255.255.0.0 的路由
C:\ route delete 10.*
删除所有的以 10.起始的目标子网的 IP 路由表
```

4）change：修改当前路由表中已经存在的一个路由条目，但不能改变数据的目的地。

【例 3-1-7】 route change 应用示例。

```
C:\ route change 210.43.230.33 mask 255.255.255.224 202.103.123.250 metric 3
命令将数据的路由改到另一个路由器，它采用一条包含三个网段的更近的路径。
```

（4）destination：指定路由的网络目标地址。目标地址对于计算机路由是 IP 地址，对于默认路由是 0.0.0.0。

（5）mask netmask：指定与网络目标地址的子网掩码。子网掩码对于 IP 网络地址可以是一个适当的子网掩码，对于计算机路由是 255.255.255.255，对于默认路由是 0.0.0.0。如果将其忽略，则使用子网掩码 255.255.255.255。

（6）gateway：指定超过由网络目标和子网掩码定义的可达到的地址集的前一个或下一个结点 IP 地址。对于本地连接的子网路由，网关地址是分配给连子网接口的 IP 地址。

（7）metric：为路由指定所需结点数的整数值（范围是 1~9999），用来在路由表里的多个路由中选择与转发包中的目标地址最为匹配的路由。所选的路由具有最少的结点数。

（8）if interface：指定目标可以到达的接口索引。

6. netstat

netstat 是一个监控 TCP/IP 网络的工具，它可以显示路由表、实际的网络连接、每一个网络接口设备的状态信息，以及与 IP、TCP、UDP 和 ICMP 等协议相关的统计数据。一般用于检验本机各端口的网络连接情况。

若计算机接收到的数据报导致出现出错数据或故障，TCP/IP 可以容许这些类型的错误，并能够自动重发数据报。

netstat 基本命令格式：

netstat [-a] [-e] [-n] [-o] [-p *proto*] [-r] [-s] [-v] [interval]

-a：显示所有连接和监听端口。

-e：用于显示关于以太网的统计数据。它列出的项目包括传送的数据报的总字节数、错误数、

删除数、数据报的数量和广播的数量。这些统计数据既有发送的数据报数量，也有接收的数据报数量。此选项可以与 -s 选项组合使用。

-n：以数字形式显示地址和端口号。

-o：显示与每个连接相关的所属进程 ID。

-r：显示路由表，与 route print 显示效果一样。

-s：显示按协议统计信息。默认显示 IP、IPv6、ICMP、ICMPv6、TCP、TCPv6、UDP 和 UDPv6 的统计信息。

【例 3-1-8】netstat 示例 1。

以数字方式显示系统所有的连接和端口，显示结果如下：

```
C:\Documents and Settings\Administrator>netstat -an
Active Connections
  Proto   Local Address          Foreign Address           State
  TCP     0.0.0.0: 135           0.0.0.0: 0                LISTENING
  TCP     0.0.0.0: 445           0.0.0.0: 0                LISTENING
  TCP     127.0.0.1: 1028        127.0.0.1: 1029           ESTABLISHED
  TCP     127.0.0.1：1029        127.0.0.1: 1028           ESTABLISHED
```

【例 3-1-9】netstat 示例 2。

显示以太网统计信息，显示结果如下：

```
C:\Documents and Settings\Administrator>netstat -e
Interface Statistics
                              Received            Sent
Bytes                        243559830         37675026
Unicast packets                360118            341200
Non-unicast packets          178339252           39836
Discards                          0                 0
Errors                            0                75
Unknown protocols              33074
```

【例 3-1-10】netstat 示例 3。

显示系统的路由表，功能同 route print，显示结果如下：

```
C:\Documents and Settings\Administrator>netstat -r
Route Table
===============================================================================
Interface List
0x1 ......................... MS TCP Loopback interface
0x20006 ...00 19 21 d3 3b 05 ...... Realtek RTL8139 Family PCI Fast Ethernet NIC

Active Routes:
Network Destination        Netmask          Gateway        Interface  Metric
        0.0.0.0          0.0.0.0      172.28.27.254   172.28.27.249    20
      127.0.0.0        255.0.0.0        127.0.0.1        127.0.0.1     1
     172.28.27.0    255.255.255.0    172.28.27.249   172.28.27.249    20
   172.28.27.249  255.255.255.255      127.0.0.1        127.0.0.1     20
  172.28.255.255  255.255.255.255   172.28.27.249   172.28.27.249    20
      224.0.0.0        240.0.0.0    172.28.27.249   172.28.27.249    20
```

| 255.255.255.255 | 255.255.255.255 | 172.28.27.249 | 172.28.27.249 | 1 |

Default Gateway:　　　172.28.27.254

Persistent Routes:
　None

7. nslookup

nslookup（name server lookup）是一个用于查询 Internet 域名信息或诊断 DNS 服务器问题的工具。Windows 下的 nslookup 命令格式比较丰富，可以直接使用带参数的形式，也可以使用交互式命令设置参数。

（1）非交互式查询。

简单查询时可以使用非交互式查询，基本命令格式：

nslookup [- *option*] [{*name*| [-*server*]}]

参数说明：

-option：在非交互式中可以使用选项直接指定要查询的参数，具体如下：

- -timeout=x：指明系统查询的超时时间，如"-timeout=10"表示超时时间是 10 秒。
- -retry=x：指明系统查询失败时重试的次数。
- -querytype=x：指明查询的资源记录的类型，x 可以是 A、PTR、MX、NS 等。

【例 3-1-11】nslookup 应用示例。

```
C: >nslookup  -querytype=mx  hunau.net
Server:  ns1.hn.chinamobile.com
Address:  211.142.210.98
Non-authoritative answer:
hunau.net              MX preference = 5, mail exchanger = mail.hunau.net
hunau.net              nameserver = ns.timeson.com.cn
hunau.net              nameserver = db.timeson.com.cn
mail.hunau.net         internet address = 61.187.55.38
db.timeson.com.cn      internet address = 202.103.64.139
ns.timeson.com.cn      internet address = 202.103.64.138
```

由此可以看出，本机的默认 DNS 服务器是 211.142.210.98。查询 hunau.net 的 mx 记录可以知道，邮件服务器的名字是 mail.hunau.net，其优先级是 5。hunau.net 注册的名字服务器是 ns.timeson.com.cn 和 db.timeson.com.cn，这两台 DNS 服务器的 IP 地址分别是 202.103.64.139 和 202.103.64.138。

（2）交互式查询。

使用交互式时，命令基本格式：**nslookup**。

直接使用 nslookup 命令且不带任何参数，即进入 nslookup 的交互式模式查询界面。可以使用的交互命令如下：

- NAME：显示域名为 NAME 的域的相关信息。
- server NAME：设置查询的默认服务器为 NAME 所指定的服务器。
- exit：退出 nslookup。
- set option：设置 nslookup 的选项，nslookup 有很多选项，用于查找 DNS 服务器上相关的设置信息。下面对这些选项进行讲解。

➤ all：显示当前服务器或主机的所有选项。

➤ domain=NAME：设置默认的域名为 NAME。

➤ root=NAME：设置根服务器的 NAME。

➤ retry=X：设置重试次数为 X。

➤ timeout=X：设置超时时间为 X 秒。

➤ type=X：设置查询的类型，可以是 A、ANY、CNAME、MX、NS、PTR、SOA、SRV 等。

➤ querytype=X：与 type 命令的设置一样。

【例 3-1-12】查询 hunau.net 域名信息，此时查询 PC 的 DNS 服务器是 211.142.210.98。

```
C:>nslookup
Default Server:  ns1.hn.chinamobile.com
Address:   211.142.210.98
#当前的 DNS 服务器，可用 server 命令改变。设置查询条件为所有类型记录（A、MX 等）查询域名
> set querytype=ns
> hunau.net
#交互式命令，先输入查询的类型，再输入要查询的域名
Non-authoritative answer:
#非权威回答，出现此提示表明该域名的注册主 DNS 非提交查询的 DNS 服务器
hunau.net        nameserver = db.timeson.com.cn
hunau.net        nameserver = ns.timeson.com.cn
#查询域名的名字服务器
> set querytype=soa
> hunau.net
Server:   ns1.hn.chinamobile.com
Address:   211.142.210.98
Non-authoritative answer:
hunau.net   #返回 hunau.net 的信息
primary name server = ns.timeson.com.cn
#主要名字服务器
responsible mail addr = admin. hunau.net
#联系人邮件地址 admin@hunau.net
serial = 2001082925
#区域传递序号，又叫文件版本，当发生区域复制时，该域用来指示区域信息的更新情况
refresh = 3600（1 hour）
#重刷新时间，当区域复制发生时，指定区域复制的更新时间间隔
retry = 900   (15 mins)
#重试时间，区域复制失败时，重新尝试的时间
expire = 1209600   （14 days）
#有效时间，区域复制在有效时间内不能完成，则终止更新
default TTL =43200   （12 hours）
#TTL 设置
hunau.net        nameserver = ns.timeson.com.cn
hunau.net        nameserver = db.timeson.com.cn
db.timeson.com.cn        internet address = 202.103.64.139
ns.timeson.com.cn        internet address = 202.103.64.138
#域名注册的 DNS 服务器
```

关于 DNS 服务器，网络管理员考试中需要注意以下情况：任何合法有效的域名都必须有至少一个主名字服务器。当主 DNS 服务器失效时，才会使用辅助名字服务器。

DNS 中的记录类型有很多，分别起到不同的作用，常见的有 A、MX、CNAME、SOA 和 PTR 等。一个有效的 DNS 服务器必须在注册机构注册，这样才可以进行区域复制。所谓区域复制，就是把自己的记录定期同步到其他服务器上。当 DNS 接收到非法 DNS 发送的区域复制信息后，会将信息丢弃。

第 2 学时　Windows 配置

本学时考点知识结构图如图 3-2-1 所示。

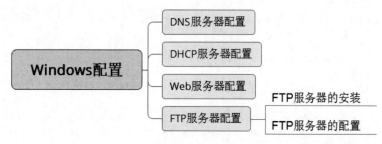

图 3-2-1　知识结构图

Windows 服务器配置是网络管理员考试中的一个重要知识点，主要集中在下午的案例题，每年必定有一道 Windows 服务器配置的试题，分值为 15～20 分。这个知识点主要掌握 Windows 服务器配置界面中的一些常规选项或者参数的意义。考试中也会考到与这个应用协议相关的原理和工作的过程。需要掌握的典型应用有：DNS、DHCP、WEB、FTP。E-mail 部分注意一些基本概念即可。

2.1　DNS 服务器配置

DNS 服务器是 Internet 中最基础的服务，所有基于域名的 Internet 服务都必然使用到 DNS 服务，Windows Server 2008 中内置了 DNS 服务器，可以实现各种 DNS 功能。本节主要以 DNS 服务器的配置为例详细讲解。在 Windows 中，DNS 服务器的安装过程比较简单，与 IIS、DHCP 等安装过程是类似的，在服务器管理器界面添加角色即可。下面先了解 DNS 服务器的基本安装配置。

安装 DNS 服务器，如图 3-2-2 所示，执行"开始"→"管理工具"→"服务器管理器"命令，启动服务器管理器界面。"选择服务器角色"界面如图 3-2-3 所示，此界面是 Windows Server 2008 添加各种服务器角色的管理界面。接下来以 DNS 服务器为例进行讲解。为了获得更好的学习体验，大家在准备复习的时候，建议使用虚拟机安装对应的操作系统版本，进行模拟练习。目前软考中使用的 Windows 服务器版本为 Windows Server 2008 R2。

图 3-2-2　启动服务器管理器界面

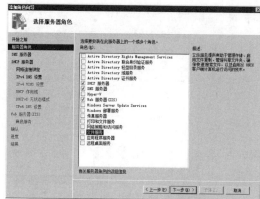

图 3-2-3　选择服务器角色界面

在添加服务器角色的界面中，先单击左边列表中的"角色"，再单击右边红框内的"添加角色"启动添加角色向导。单击"下一步"按钮，进入选择服务器角色界面。可以一次安装多个角色，即可以同时选择 DHCP 服务器、DNS 服务器、Web 服务器（IIS）等。注意其中的文件服务并不是 FTP 服务器，FTP 服务器是集成于 Web 服务器（IIS）的一个服务组件，因此安装 FTP 服务器时，只要安装 Web 服务器（IIS）即可。为了便于讲解，以下内容还是按照每次添加一个服务器角色进行。单击"下一步"按钮，进入安装进度界面，如图 3-2-4 所示。等待一段时间，安装完成后的界面如图 3-2-5 所示。

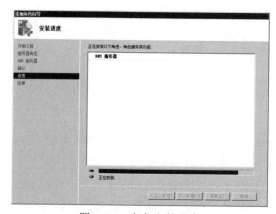

图 3-2-4　角色安装进度

图 3-2-5　角色安装结果

单击"关闭"按钮之后，进入服务器管理器界面，如图 3-2-6 所示。单击图中红框内的"转到 DNS 服务器"，进入 DNS 服务器的管理。

在图 3-2-7 的 DNS 服务管理器中，单击左边的列表，找到"正向查找区域"，右击"正向查找区域"选项，在弹出的快捷菜单中选择"新建区域"选项，弹出如图 3-2-8 所示的对话框。此时系统会启动新建区域向导程序。

图 3-2-6　服务器管理器界面

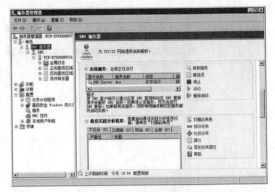

图 3-2-7　DNS 服务器管理器界面

在图 3-2-9 的向导欢迎界面中单击"下一步"按钮，进入区域类型选择界面，如图 3-2-10 所示。DNS 服务器中通常创建主要区域，若是为了确保 DNS 系统的可靠性，可以再在另外一台 DNS 服务器上创建辅助区域，以实现容错；若是简单地提供域名查询，则可以建立存根区域。

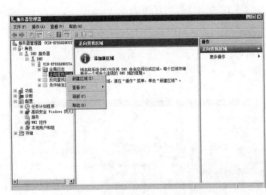

图 3-2-8　新建区域

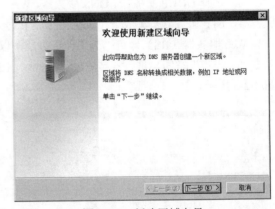

图 3-2-9　新建区域向导

本例中的服务器由于没有配置活动目录，所以会出现"在活动目录中存储区域"选项不可选。若要使这个选项可选，需要安装活动目录，不可选也不影响这里的 DNS 配置。这里使用默认选项即可。在如图 3-2-10 所示的界面中单击"下一步"按钮，出现区域名称设定的界面，如图 3-2-11 所示，直接输入该区域的名称即可。单击"下一步"按钮，出现动态更新选择界面，如图 3-2-12 所示。由于很多系统获得的是动态 IP 地址，因此服务器的域名必须能动态解析到新的 IP 地址，此时就要用到动态更新。根据需要选择动态更新后，单击"下一步"按钮，DNS 的区域创建完成。

这里要注意动态更新界面中的"允许非安全和安全动态更新"及"不允许动态更新"对应的文字解释。

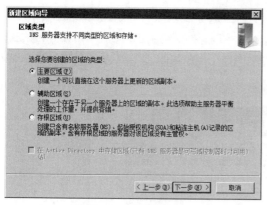

图 3-2-10 区域类型

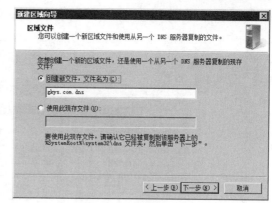

图 3-2-11 新建区域文件

在图 3-2-13 中单击"完成"按钮，返回 DNS 服务管理器，可以看到新的区域已经创建完毕，如图 3-2-14 所示。

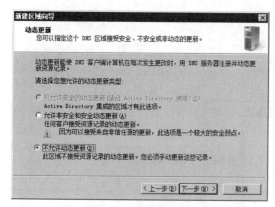

图 3-2-12 动态更新

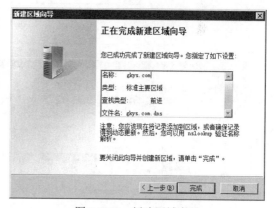

图 3-2-13 新建区域向导

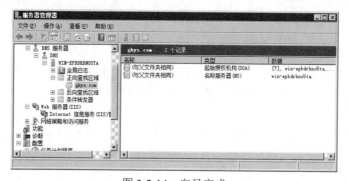

图 3-2-14 向导完成

创建好区域之后，实际上是在系统盘的 windows\system32\dns 文件夹中创建了 gkys.com.dns

文件,如图 3-2-15 所示。接下来,只要在区域内新建主机即可实现域名解析。在如图 3-2-16 所示的界面中,在左侧窗格中右击新建的区域 "gkys.com",在右侧窗格的空白处右击,在弹出的快捷菜单中选择 "新建主机" 选项,弹出 "新建主机" 对话框。按照如图 3-2-17 所示的对话框中输入新建主机的参数即可。

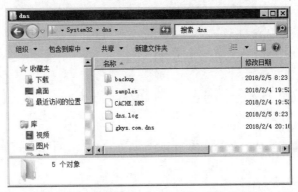

图 3-2-15　创建域之后的 DNS 服务器管理器

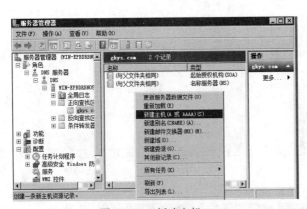

图 3-2-16　新建主机

图 3-2-17　"新建主机" 对话框

若系统已经创建了该主机 IP 地址对应的反向区域,则可以选中 "创建相关的指针(PTR)记录" 复选框,再单击 "添加主机" 按钮,即可添加新主机的正向解析和反向解析,如图 3-2-18 所示。若反向解析区域没有创建,则不能创建反向的 PTR 记录且会报错,但正向的可以正常创建。主机记录可以创建多条,为了便于管理主机名字,DNS 运行为每个主机创建一个别名。在 "新建主机" 快捷菜单选中 "新建别名" 选项即可创建别名记录,如图 3-2-19 所示。在做 DNS 负载均衡时,可以给几台要分担负载的服务器取一个相同的别名。

要实现 DNS 的高级功能,可以在 DNS 管理器中右击区域名,在弹出的快捷菜单中选择 "属性" 选项。再选择 "高级" 选项卡,可以对 DNS 服务器的高级功能进行设置,如图 3-2-20 所示。这里要特别注意网络管理员考试中常考的 "禁用递归" "启用循环" "启用网络掩码排序" "保护缓存防止污染"等几个选项的意义。

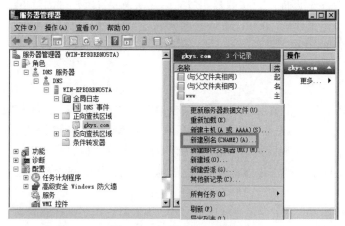

图 3-2-18　新建主机别名

图 3-2-19　新建别名对话框

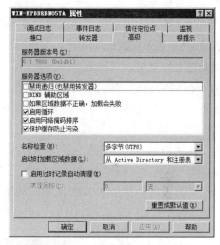

图 3-2-20　DNS 服务器高级属性

　　禁用递归：如果勾选该复选项，就关闭了 DNS 服务器的递归，同时"转发器"选项卡也将失去作用，DNS 服务器就只能工作在迭代查询的模式。也就是只能响应查询请求，而不能代为查询，默认为启用此项。

　　启用循环：英文版中称为 Round Robin，默认情况下是启用的。通常在服务器中有多个 IP 地址对应同一个主机记录且访问量非常大，需要进行负载分担处理时，启用该复选项。当在 gkys.com 域中创建 www 主机时，同时对应了多个 IP 地址，如 192.168.0.100、192.168.0.101、192.168.0.102，启用循环后，第一个客户请求解析 www.gkys.com 时，返回的地址是 192.168.0.100；第二个客户请求解析 www.gkys.com 时，返回的地址是 192.168.0.101；第三个请求返回的地址是 192.168.0.102；第四个请求返回的地址还是 192.168.0.100，依此类推。

启用网络掩码排序：针对客户端请求的解析，当存在多个匹配记录时，系统会自动根据这些记录与客户端 IP 的网络掩码匹配度，按照最相似的原则，来应答客户端的解析请求。

假设 DNS 服务器上配置的 gkys.com 域名的 A 记录解析如下所示：

www IN A 192.168.0.100

202.103.96.33

61.187.55.15

当一个用户试图解析这个 A 记录时，如果内网 IP 为 192.168.0.222，系统收到这个解析请求，就会把这个 IP 和列表中的记录进行掩码接近度匹配，第一条记录与请求客户的 IP 很接近，于是就会把 192.168.0.100 作为结果返回给客户端，这就是 DNS 的网络掩码排序功能。此功能是对客户实行的本地子网优先级匹配原则，这样将最接近客户端 IP 的记录返回给对方，可以加快客户端的访问速度和效率。

该复选项也是默认开启的。这里还要强调一点，当同时启用了循环和网络掩码排序时，掩码排序优先级高于循环，循环仅作为一种后备方式而存在。如果来访者 IP 都无法匹配，则会采用循环方式来答复来访者。

保护缓存防止污染：当本地 DNS 服务器解析无法解析某一地址（如www.gkys.com），它会向上一层的 DNS 服务器发起查询，从而获得一个参考回复，但反馈的结果可能是 test.com 域的记录，这并不是想要的结果。如果启用该复选项，DNS 服务器不会缓存 test.com 域的相关记录，而只缓存 gkys.com 域的记录，目的是防止来自非法计算机冒充其他服务器发出的错误应答而产生的干扰。

注意：这里的网络 ID 必须是域名对应的 IP 地址的部分。

DNS 服务器也可以实现反向域名解析，这里与之前的 Windows Server 版本有所区别。需要参照创建正向解析的方式，先在反向查找区域上右击，在弹出的快捷菜单中选择"新建区域"命令，如图 3-2-21 所示。单击"新建区域"后，启动一个新建区域向导，与正向查找区域类似，需要先创建一个主要区域，如图 3-2-22 所示。接下来根据需要选择"IPv4 反向查找区域"或"IPv6 反向查找区域"，这里我们选择"IPv4 反向查找区域"，如图 3-2-23 所示。

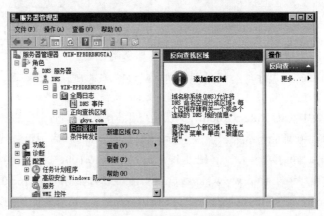

图 3-2-21　新建反向查找区域

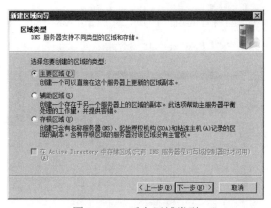

图 3-2-22   反向区域类型

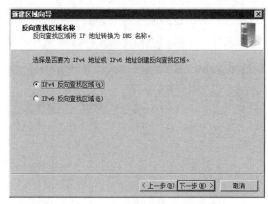

图 3-2-23   反向查找区域名称

按照向导提示输入 IP 地址信息即可。创建完成之后的效果如图 3-2-24 和图 3-2-25 所示。

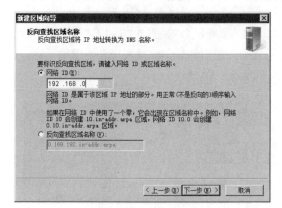

图 3-2-24   反向区域网络标识

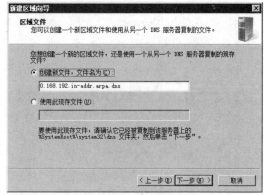

图 3-2-25   区域文件

在接下来的"动态更新"对话框中选择"不允许动态更新"单选项，如图 3-2-26 所示。注意图中关于动态更新的说明信息。在图 3-2-27 的向导完成界面，单击"完成"按钮即可。

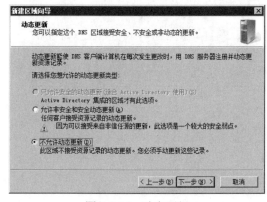

图 3-2-26   动态更新

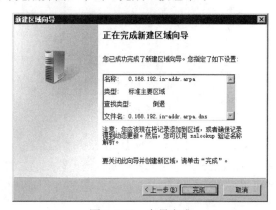

图 3-2-27   向导完成

完成之后，返回服务器管理器界面，可以看到刚才创建好的反向区域，如图 3-2-28 所示。同时系统文件夹中增加了相应的反向区域文件，如图 3-2-29 所示。

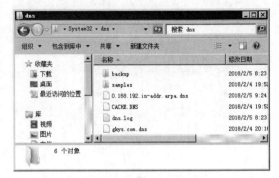

图 3-2-28　反向区域创建完成　　　　　　　图 3-2-29　反向区域文件

DNS 服务器的其他特性都可以在域名的属性中选择，如要让 DNS 服务器在指定的网卡上接受用户请求，则可以在如图 3-2-30 所示的"接口"选项卡中设定地址。若要实现转发器的功能，则可以在如图 3-2-31 所示的"转发器"选项卡中输入转发器的 IP 地址。

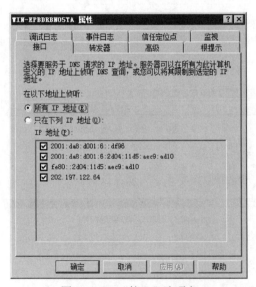
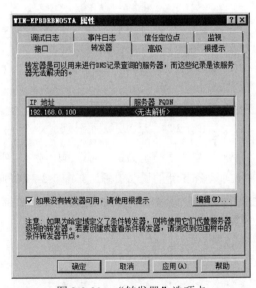

图 3-2-30　"接口"选项卡　　　　　　　图 3-2-31　"转发器"选项卡

至此，Windows 中的 DNS 服务器配置完毕。如要在客户端测试 DNS 服务器是否正常，可以使用 nslookup 命令，或者将测试用的客户的 TCP/IP 属性中 DNS 服务器配置为本服务器的地址，即可进行测试，检查www.gkys.com 的 IP地址解析是否正常。

2.2　DHCP 服务器配置

　　DHCP 服务器的安装过程与 DNS 服务器的安装类似,在服务器管理器中选择 DHCP 服务器后,单击"下一步"按钮,出现如图 3-2-32 所示的对话框（本图是在虚拟机中截取,与后续配置的 IP 地址不在同一网段,实际应用中,此接口地址应该配置成 192.168.0.254）。单击"下一步"按钮,可以配置服务器的 DNS 信息,如图 3-2-33 所示。

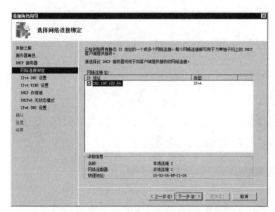

图 3-2-32　选择 DHCP 服务器网络连接

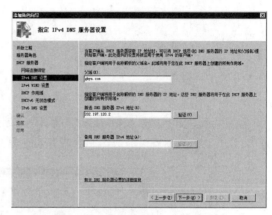

图 3-2-33　DHCP 服务器域名配置

　　继续单击"下一步"按钮,出现"添加或编辑 DHCP 作用域"对话框,如图 3-2-34 所示。单击"添加"按钮,出现图 3-2-35 所示的"添加作用域"对话框,其中作用域中的 IP 地址与管理员设置的子网地址一致即可,考试中要特别注意默认的租约时间是有线网络 8 天;无线网络 8 小时,datacenter 版为 6 小时。

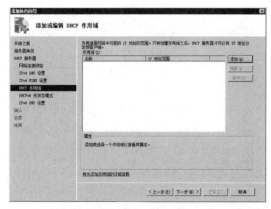

图 3-2-34　作用域

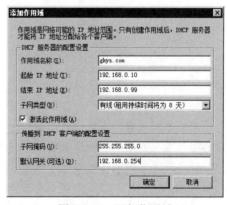

图 3-2-35　添加作用域

　　继续单击"下一步"按钮,出现"配置 DHCPv6 无状态模式"和"指定 IPv6 DNS 服务器设置"

对话框,如图 3-2-36 和图 3-2-37 所示,在此不再赘述。

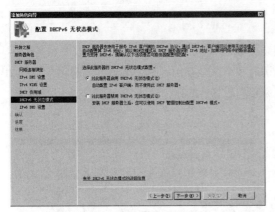 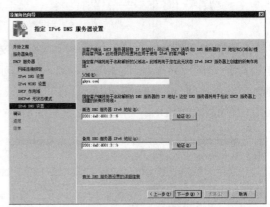

图 3-2-36   DHCPv6 模式   图 3-2-37   IPv6 域名设置

继续单击"下一步"按钮,进入"确认安装选择"对话框,如图 3-2-38 所示。单击"安装"按钮,DHCP 服务器安装完成,回到服务器管理器界面,如图 3-2-39 所示。

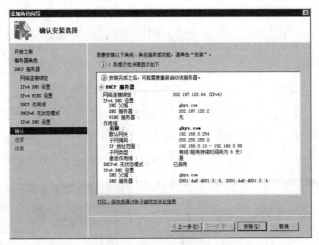

图 3-2-38   安装确认

安装完之后,可以直接在图 3-2-39 所示的界面单击"转到 DHCP 服务器"选项,进入 DHCP 服务器管理器界面;也可以执行"开始"→"管理工具"→DHCP 命令启动 DHCP 服务器管理器,在管理器中单击左窗格中的计算机名,单击 IPv4,可以看到 IPv4 中配置的 DHCP 作用域,如图 3-2-40 所示,此时向导中创建的作用域已经激活。DHCP 主要用于为客户机分配 IP 地址和子网掩码等最基本的信息,但是作为在实际 IP 网络中使用的计算机,还必须有相关的 IP 设置,如默认网关地址、DNS 服务器地址等。同时由于考试中经常考到 DHCP 服务器与无线网络中的 AC 配置的结合,因此要注意 DHCP 的配置选项,如图 3-2-41 所示。

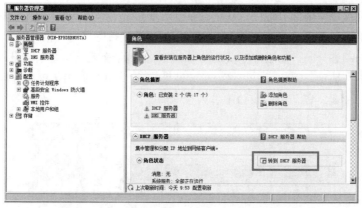

图 3-2-39　安装完 DHCP 服务器的服务器管理器

图 3-2-40　DHCP 服务器管理器　　　　　　　　图 3-2-41　配置选项

这些设置可以通过 DHCP 服务器配置，并且分配给各个客户机。要配置不同的 DHCP 选项，可以从如图 3-2-42 所示的对话框中进行。

图 3-2-42　DHCP 配置选项

如果要排除地址池中的部分地址，则单击右侧选项栏中的"更多"选项，如图 3-2-43 所示。单击"新建排除范围"选项，出现如图 3-2-44 所示的"添加排除"对话框，用于在 IP 地址范围设定部分地址不参与动态分配。如通常可以设置一个较大的地址范围，但是某些服务器或路由器的接口地址必须使用静态地址，因此可以将这一部分地址排除。例中的 DHCP 服务器添加排除地址范围之后，可以在如图 3-2-45 所示的窗口中看到整体情况。

图 3-2-43　新建排除范围

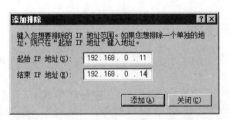

图 3-2-44　"添加排除"对话框

图 3-2-45　DHCP 地址池界面

若要给网络中的部分主机保留固定的分配地址，可以在 DHCP 服务器的管理器界面中"保留"选项中进行配置，如图 3-2-46 所示。配置参数如图 3-2-47 所示。这个地址保留功能在网络管理员考试中也经常考到，大家要特别注意。

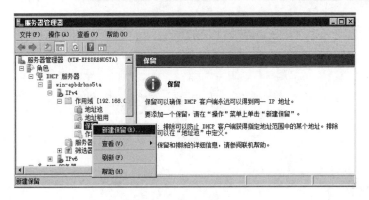

图 3-2-46　保留地址

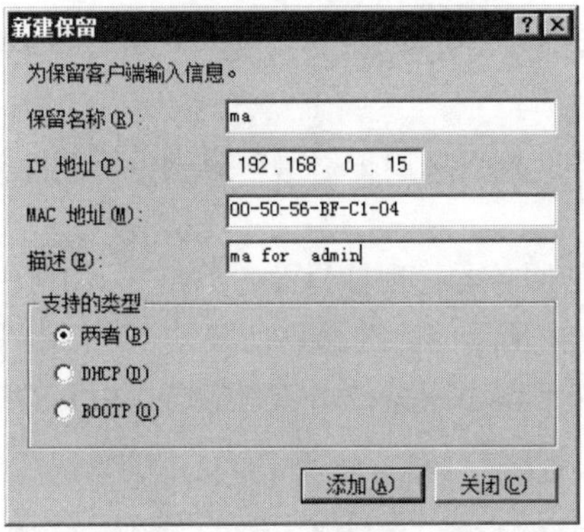

图 3-2-47　新建保留地址

在新版的 DHCP 服务器中，提升了对不同 MAC 地址通过 DHCP 获取 IP 地址的控制能力，通过 DHCP 服务器提供的筛选器实现。若允许某个 MAC 地址获得 IP 地址，则在如图 3-2-48 所示的对话框中单击"允许"→"新建筛选器"命令，进入如图 3-2-49 所示的对话框。注意这个 MAC 地址中的"*"号可以代表任意符号，只要前面的部分相同即可匹配。"拒绝"筛选器的操作与此类似，不再赘述。IPv6 的 DHCP 服务器配置过程与此类似，这里也不再讨论。

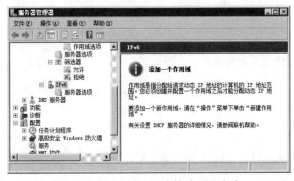

图 3-2-48　选择"新建筛选器"命令

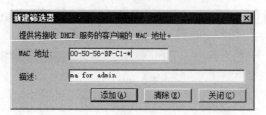

图 3-2-49 "新建筛选器"对话框

2.3 Web 服务器配置

Web 服务是 Internet/Intranet 中最为常见的服务，在 Windows Server 2008 中集成的 IIS 包含了 Web 服务器、FTP 服务器及虚拟的 SMTP 服务器等，网络管理员考试主要的考点是 Windows 的 Web 服务器和 FTP 服务器。

下面就 Windows Server 2008 上 Web 服务器的配置细节进行阐述，并详细讲解网络管理员考试中可能考到的内容。

要安装 Web 服务器，同样从服务器管理器界面中单击"添加角色"命令，选择 Web 服务器（IIS），如图 3-2-50 所示。在如图 3-2-51 所示的"选择角色服务"对话框中，根据需要选择合适的组件，如 Web 服务器要进行 ASP.NET 等动态网页技术，则需选择相应的组件。单击"安装"按钮即可完成 Web 服务器的安装。

图 3-2-50 安装 Web 服务器

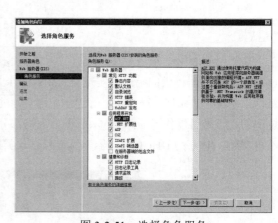

图 3-2-51 选择角色服务

可以直接在服务器管理器界面中单击"转到 Web 服务器（IIS）"选项打开 Web 服务器管理器界面，如图 3-2-52 所示；也可以执行"开始"→"管理工具"→"Internet 信息服务（IIS）管理器"命令打开 Web 服务器管理器界面。

在打开的"Internet 信息服务（IIS）管理器"窗口（图 3-2-53）中单击主机名选项以展开列表，找到其中的网站项，右击后弹出快捷菜单，选择"添加网站"选项可以看到添加网站，在指定的网站上右击，可以看到添加虚拟目录，如图 3-2-53 所示。

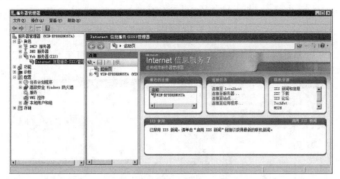

图 3-2-52   IIS 7 管理器界面

图 3-2-53   IIS 配置新建站点

单击"添加网站"命令，弹出"添加网站"对话框，如图 3-2-54 所示。

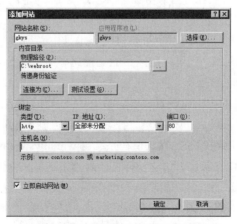

图 3-2-54   "添加网站"对话框

在向导中输入网站的描述，便于在 IIS 管理器中区分，如图 3-2-55 所示。在 IP 地址与端口设置界面中要注意网站 IP 的选择，默认是"全部未分配"，意味着通过 Web 服务器上任何一个 IP 地址都可以访问该网站。在一台 Web 服务器上可以同时创建多个网站，具体有以下三种实现方式：

（1）通过不同的 TCP 端口对应不同的网站。

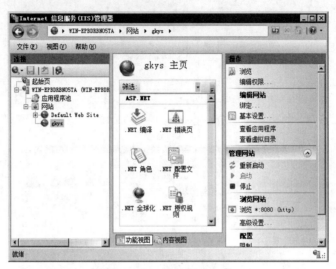

图 3-2-55　网站创建完成

（2）通过不同的 IP 地址对应多个不同的网站，但这种方式需要消耗多个 IP 地址，所以较少使用。

（3）通过不同的主机头区分不同的网站，这些网站可以有相同的端口和 IP 地址。

因此在如图 3-2-56 所示的对话框中，通过不同的 IP 地址、端口和主机头的配置组合，可以在一台服务器上组建多个网站。若是指定某个具体的 IP 地址，则只能在该 IP 地址上访问网站，其他的接口 IP 是不可以访问的；若要在一台服务器上实现通过 IP 地址区分多个不同的网站，则可以在不同的网站配置向导中，将网站分别绑定到不同的接口地址上。默认端口是 80，可以不修改，若服务器的端口改变了，则客户端在访问网站时，URL 地址中必须增加端口号；若要在一台服务器上通过端口区分多个不同的网站，则可以在网站的配置向导中，对不同的网站配置不同的端口。此网站的主机头默认设置为空，若需要设置主机头区分网站，可以在 DNS 上注册多个域名对应同一个 IP 地址，然后在每个网站的主机头设置成对应 DNS 中注册的域名。

在主界面中选定要编辑的网站，如 gkys，在右边单击"基本设置"选项后打开"编辑网站"对话框，如图 3-2-57 所示，物理路径的默认值在系统盘 windows\inetpub\wwwroot 文件夹下。可以通过图 3-2-58 中的 ▦ 按钮打开选择自定义文件夹的对话框，可配置本地磁盘，也可以配置在联网的其他机器上。若要开启网站的匿名访问功能，则在图 3-2-58 中打开身份验证，出现如图 3-2-59 所示的身份验证界面，将其中的"匿名身份验证"修改为"已启用"，则所有用户都可以访问该网站；否则会出现"由于身份验证头无效，您无权查看此页"的提示。

图 3-2-56　"绑定"对话框

图 3-2-57　"编辑网站"对话框

图 3-2-58　设置匿名访问

图 3-2-59　"身份验证"窗口

要在 IIS 中设置网站下目录的访问权限，需要选定网站对应的目录，如图 3-2-60 所示，在右边的选项框中双击 IIS 类中的"处理程序映射"，打开如图 3-2-60 所示的窗口，单击右边的"编辑功能权限"选项，打开"编辑功能权限"对话框，如图 3-2-61 所示。若是静态页面网站，则只要选中"读取"复选框即可；若是网站运行有 ASP 程序，则要选中"脚本"复选框；若是网站还有 CGI 程序或 ISAPI 的动态网站程序，则必须选中"执行"复选框。根据网站是否需要写入数据，确定写入权限。通常不启用"目录浏览"功能，否则客户端可以看到网站的目录结构，造成安全隐患。操作方式如图 3-2-62 所示，确保目录浏览是处于禁用状态。

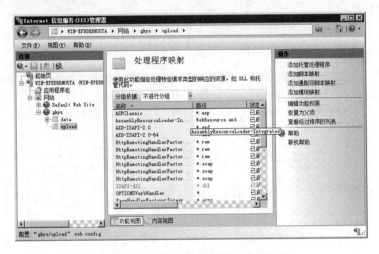

图 3-2-60　网站文件夹的处理程序映射界面

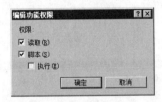

图 3-2-61　"编辑功能权限"对话框

图 3-2-62　处理程序映射界面

至此，网站基本设置完成。若需要进一步设置网站，可以在 IIS 管理器中单击"gkys 网站"选项对应的 IIS 类别下的其他设置选项，每个选项都可以详细设置，如图 3-2-63 所示。这里由于篇幅有限，不再赘述，读者可以自行在虚拟机上练习，加深印象。

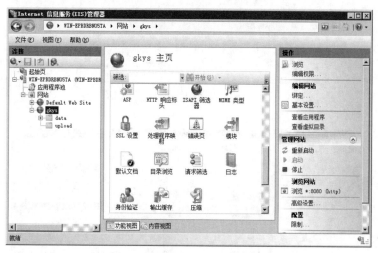

图 3-2-63　网站 IIS 主要配置项

要对网站的可使用带宽和连接数进行限制，可以在图 3-2-64 所示的窗口中，在左边列表框中选中所要设置的网站，再双击选项框中的"限制"选项，打开如图 3-2-65 所示的"编辑网站限制"对话框。

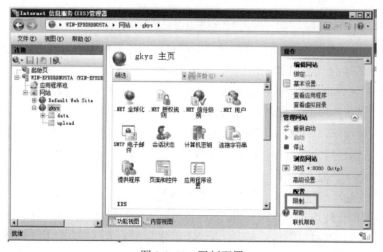

图 3-2-64　限制配置

"文档"功能主要用于指定网站默认文档的名字，在设定默认文档后，用户只要输入域名或 IP 地址，网站会自动寻找默认文档名对应的文档并传给客户端，如图 3-2-66 所示。

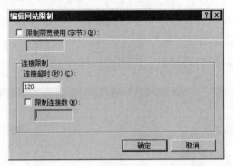

图 3-2-65　"编辑网站限制"对话框

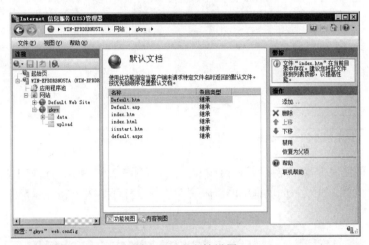

图 3-2-66　文档设置

　　"身份验证"功能主要体现在身份验证和访问控制。在身份验证方式中，通常允许匿名访问 Web 站点，此时 IIS 会自动使用 IUSR 用户作为匿名访问的用户。

　　只有在禁用匿名访问并使用 NTFS 访问控制列表时限制权限，才可以使用验证身份的方式访问网站，IIS 提供了以下几种不同的身份验证方式。

　　（1）匿名身份验证。Windows 不区分访问站点或应用程序的客户端标识。使用匿名身份验证可允许任何用户访问任何公共内容，而不用向客户端浏览器提供用户名和密码质询。默认情况下，匿名身份验证在 IIS 7 中处于启用状态。

　　（2）基本身份验证。使用基本身份验证可以要求用户在访问内容时提供有效的用户名和密码。所有主要的浏览器都支持该身份验证方法，它可以跨防火墙和代理服务器工作。基本身份验证的缺点是它使用弱加密方式在网络中传输密码。若使用基本身份验证，必须禁用匿名身份验证。如果不禁用匿名身份验证，则用户可以匿名方式访问服务器上的所有内容，包括受限制的内容。

　　（3）摘要式身份验证。摘要式身份验证比使用基本身份验证更安全。目前，所有浏览器都支持摘要式身份验证，摘要式身份验证也可以通过代理服务器和防火墙服务器来工作。

同样，要使用摘要式身份验证，也必须先禁用匿名身份验证。

（4）Windows 身份验证。此身份验证使管理员能够在 Windows 域上使用身份验证来对客户端连接进行身份验证。

（5）ASP.NET 模拟。使用 ASP.NET 模拟时，ASP.NET 应用程序以目前正在操作该程序的客户的身份验证作为验证。目的是避免在 ASP.NET 应用程序代码中处理身份验证和授权时可能存在的问题。通过 IIS 验证用户，再将已通过验证的标记传递给 ASP.NET 应用程序。如果无法验证用户，则传递未经身份验证的标记。当前模拟客户的 ASP.NET 应用程序依赖于 NTFS 目录和文件中的设置来允许客户获得访问权限或拒绝其访问。因此，要求服务器文件系统必须为 NTFS。IIS 在默认情况下禁用 ASP.NET 模拟。为了 ASP 的兼容性，用户必须显式启用模拟。

（6）Active Directory (AD) 客户端证书身份验证。使用 Active Directory (AD) 客户端证书身份验证。

2.4　FTP 服务器配置

1. FTP 服务器的安装

因为 FTP 服务器是 IIS 中的另一个服务，因此其安装过程类似于 Web 服务器。同样可以从服务器管理器界面中，通过添加角色的方式选定 FTP 服务器组件进行安装，如图 3-2-67 所示。在图中单击"下一步"按钮，进入确认界面，然后单击"安装"按钮，即可以自动完成 FTP 服务器的安装，如图 3-2-68 所示。

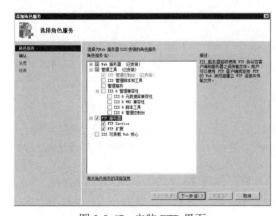 

图 3-2-67　安装 FTP 界面　　　　图 3-2-68　FTP 服务器安装结果

2. FTP 服务器的配置

FTP 服务器的基本配置相对 Web 服务器而言要简单一些。本节先讨论 FTP 服务器的基本配置。首先通过打开 Internet 信息服务（IIS）管理器找到网站页面，如图 3-2-69 所示，在右侧单击 "添加 FTP 站点"选项，启动新建 FTP 向导程序，此过程类似于新建 Web 站点，如图 3-2-70 所示。指定好 FTP 站点的名字后，在物理路径后面的按钮中打开"浏览文件夹"对话框，选择合适的文件夹作为 FTP 服务器的主目录。接下来，按照向导提示，可以看到如图 3-2-71 所示的"绑定和 SSL 设置"对话框，其中若指定 IP 地址，则只能在这个指定的 IP 地址上接受 FTP 客户请求；若是全部未分配，则服务器的所有 IP 地址都可以接受 FTP 请求。端口是默认的 21 号端口。单击"下一步"按钮，弹出如图 3-2-72 所示的"身份验证和授权信息"对话框，选择合适的身份验证方式，单击"下一步"按钮，直到 FTP 服务器基础配置完成。

图 3-2-69　添加 FTP 站点界面

图 3-2-70　FTP 站点信息

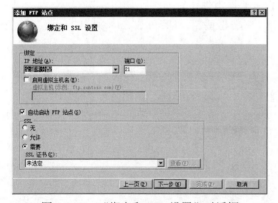

图 3-2-71　"绑定和 SSL 设置"对话框

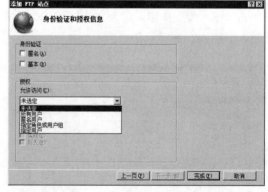

图 3-2-72　"身份验证和授权"对话框

要完成 FTP 的其他设置，则需打开 FTP 站点的首页，如图 3-2-73 所示。在左边列表框中找到新建的 FTP 站点 ftpgkys，双击后即可打开 FTP 站点首页。在此界面中，双击"FTP IPv4 地址和域限制"界面，单击"添加允许条目"选项，即可打开如图 3-2-74 所示的页面，对允许访问的 IP 和域进行设置。同样也可以单击"添加拒绝条目"选项，实现禁止特定 IP 地址和域的访问。

在图 3-2-73 所示的页面中，双击"FTP 防火墙支持"选项，打开如图 3-2-75 所示的界面，此功能主要解决基于 FTP over SSL 或在防火墙未筛选数据包的情况下，接受被动连接时，必须配置 FTP 防火墙支持。

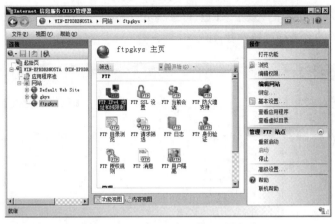

图 3-2-73　FTP 服务器管理器界面

图 3-2-74　FTP IPv4 地址和域限制

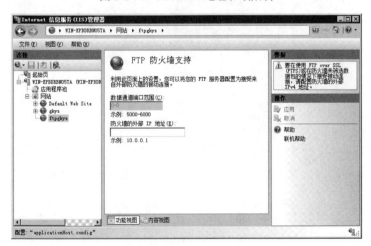

图 3-2-75　防火墙支持

在图 3-2-73 所示的页面中，双击"FTP 目录浏览"选项，打开如图 3-2-76 所示的界面，此功能主要设置目录浏览的列表样式等参数。

图 3-2-76 目录浏览配置

在图 3-2-73 所示的页面中，双击"FTP 授权规则"选项，打开如图 3-2-77 所示的界面。使用"FTP 授权规则"可以管理"允许"或"拒绝"规则的列表，控制对内容的访问。这些规则显示在一个列表中，可以通过改变它们的顺序来对一些用户授予访问权限，同时对另一些用户授予拒绝访问权限。

图 3-2-77 FTP 授权规则

第 3 学时　Linux 知识

本学时考点知识结构图如图 3-3-1 所示。

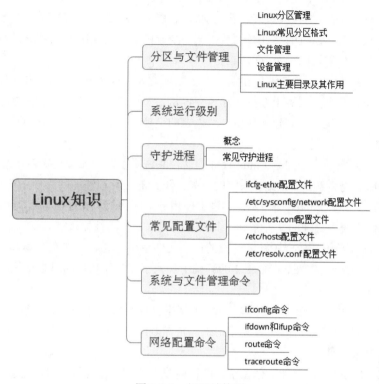

图 3-3-1　知识结构图

3.1　分区与文件管理

　　Linux 系统相关的管理和配置指令是网络管理员考试中一个比较重要的知识点，对于 Linux，大部分考生并不是特别熟悉，因此我们主要掌握 Linux 系统最基本的知识点，包括系统的安装、分区格式、常用系统管理命令和网络配置命令等。

　　在安装 Linux 时，也要像安装 Windows 一样对硬盘进行分区，为了能更好地规划分析，我们必须要对硬盘分区的相关知识有所了解。

　　1．Linux 分区管理

　　为了区分每个硬盘上的分区，系统分配了 1～16 的序列号码，用于表示硬盘上的分区，如第一个 IDE 硬盘的第一个分区就用 hda1 表示，第二个分区就用 hda2 表示。因为 Linux 规定每一个硬盘设备最多能有 4 个主分区（包含扩展分区），任何一个扩展分区都要占用一个主分区号码，也就是在一个硬盘中，主分区和扩展分区一共最多有 4 个。主分区的作用就是使计算机可以启动操作系统的分区，因此每一个操作系统启动的引导程序都应该存放在主分区上。

Linux 的分区不同于其他操作系统分区，一般 Linux 至少需要两个专门的分区 Linux Native 和 Linux Swap。通常在 Linux 中安装 Linux Native 硬盘分区。

● Linux Native 分区是存放系统文件的地方，它能用 EXT2 和 EXT3 等分区类型。对 Windows 用户来说，操作系统的文件必须装在同一个分区里。而 Linux 可以把系统文件分几个区来装，也可以装在同一个分区中。

● Linux Swap 分区的特点是不用指定"载入点"（Mount Point），既然作为交换分区并为其指定大小，它至少要等于系统实际内存容量。一般来说，取值为系统物理内存的 2 倍比较合适。系统也支持创建和使用一个以上的交换分区，最多支持 16 个。

2．Linux 常见分区格式

（1）ext。ext 是第一个专门为 Linux 设计的文件系统类型，叫做扩展文件系统。

（2）ext2。ext2 是为解决 ext 文件系统的缺陷而设计的一种高性能的文件系统，又称为二级扩展文件系统。ext2 是目前 Linux 文件系统类型中使用最多的格式，并且在速度和 CPU 利用率上表现突出，是 Linux 系统中标准的文件系统，其特点是存取文件的性能极好。

（3）ext3。ext3 是由开放资源社区开发的日志文件系统，是 ext2 的升级版本，尽可能地方便用户从 ext2fs 向 ext3fs 迁移。ext3 在 ext2 的基础上加入了记录元数据的日志功能，因此 ext3 是一种日志式文件系统。

（4）ISO 9660。ISO 9660 是一种基于光盘的标准文件系统，允许长文件名。

（5）NFS。Sun 公司推出的网络文件系统，允许多台计算机之间共享同一个文件系统，易于从所有计算机上存取文件。

（6）HPFS。HPFS 是高性能文件系统，能访问较大的硬盘驱动器、提供更多的组织特性并改善文件系统的安全特性，是 Microsoft 的 LAN Manager 中的文件系统，同时也是 IBM 的 LAN Server 和 OS/2 的文件系统。

3．文件管理

每种操作系统都有自己独特的文件系统，用于对本系统的文件进行管理，文件系统包括了文件的组织结构、处理文件的数据结构、操作文件的方法等。Linux 文件系统采用了多级目录的树型层次结构管理文件。

（1）树型结构的最上层是根目录，用"/"表示。

（2）在根目录下是各层目录和文件。在每层目录中可以包含多个文件或下一级目录，每个目录和文件都有由多个字符组成的目录名或文件名。

系统所处的目录称为当前目录。这里的目录是一个驻留在磁盘上的文件，称为目录文件。

4．设备管理

Linux 中只有文件的概念，因此系统中的每一个硬件设备都映射到一个文件。对设备的处理简化为对文件的处理，这类文件称为设备文件，如 Linux 系统对硬盘的处理就是每个 IDE 设备指定一个由 hd 前缀组成的文件，每个 SCSI 设备指定一个由 sd 前缀组成的文件。系统中的第一个 IDE 设备指定为 hda，第二个 SCSI 设备定义为 sdb。

5. Linux 主要目录及其作用

（1）/：根目录。

（2）/boot：包含了操作系统的内核和在启动系统过程中所要用到的文件。

（3）/home：用于存放系统中普通用户的宿主目录，每个用户在该目录下都有一个与用户同名的目录。

（4）/tmp：系统临时目录，很多命令程序在该目录中存放临时使用的文件。

（5）/usr：用于存放大量的系统应用程序及相关文件，如说明文档、库文件等。

（6）/var：系统专用数据和配置文件，即用于存放系统中经常变化的文件，如日志文件、用户邮件等。

（7）/dev：终端和磁盘等设备的各种设备文件，如光盘驱动器、硬盘等。

（8）/etc：用于存放系统中的配置文件，Linux 中的配置文件都是文本文件，可以使用相应的命令查看。

（9）/bin：用于存放系统提供的一些二进制可执行文件。

（10）/sbin：用于存放标准系统管理文件，通常也是可执行的二进制文件。

（11）/mnt：挂载点，所有的外接设备（如 CD-ROM、U 盘等）均要挂载在此目录下才可以访问。

在网络管理员考试中，只需要知道常见的目录及其作用即可。

3.2 系统运行级别

运行级别，简单来说就是操作系统当前正在运行的功能级别。Linux 系统的级别是**从 0 到 6**，每个级别都具有不同的功能。这些级别在/etc/initab 文件中有详细的定义。init 程序也是通过寻找 initab 文件来使相应的运行级别有相应的功能，通常每个级别最先运行的服务是放在/etc/rc.d 目录下的文件，Linux 下共有七个运行级别，分别是：

- 0：系统停机状态，系统默认运行级别不能设置为 0，否则不能正常启动，从而导致机器直接关闭。Linux 系统关机的命令有 shutdown -h、halt 和 init 0。
- 1：单用户工作状态，仅有 root 权限，用于系统维护，不能远程登录，类似 Windows 的安全模式。
- 2：多用户状态，但不支持 NFS，同时也不支持网络功能。
- 3：完整的多用户模式，支持 NFS，登录后可以使用控制台命令行模式。
- 4：系统未使用，该级别一般不用，在一些特殊情况下可以用它来做一些事情。
- 5：X11 控制台，登录后进入图形用户界面 X Window 模式。

- 6：系统正常关闭并重启，默认运行级别不能设为 6，否则不能正常启动。运行 init 6 时，机器会重启。

标准的 Linux 运行级别为 3 或 5。

3.3 守护进程

1. 概念

守护进程也就是通常说的 Daemon 进程，Linux 系统中的后台服务多种多样，每个服务都运行一个对应程序，这些后台服务程序对应的进程就是守护进程。守护进程常常在系统引导时自动启动，在系统关闭时才终止，平时并没有一个程序界面与之对应。系统中可以看到很多如 DHCPD 和 HTTPD 之类的进程，这里的结尾字母 D 就是 Daemon 的意思，表示守护进程。

在早期的 Linux 版本中，有一种称为 inetd 的网络服务管理程序，也叫做"超级服务器"，就是监视一些网络请求的守护进程，它根据网络请求调用相应的服务进程来处理连接请求。inetd.conf 则是 inetd 的配置文件，它告诉 inetd 监听哪些网络端口，为每个端口启动哪个服务。在任何网络环境中使用 Linux 系统，要做的第一件事就是了解服务器到底要提供哪些服务。不需要的服务应该被禁止掉，这样可以提高系统的安全性。用户可以通过打开/etc/inetd.conf 文件，了解 inetd 提供和开放了哪些服务，以根据实际情况进行相应的处理。

而在 7.x 版本中则使用 xinetd（扩展的超级服务器）的概念对 inetd 进行了扩展和替代。xinetd 的默认配置文件是/etc/xinetd.conf，其语法和/etc/inetd.conf 不兼容。

除了 xinetd 这个超级服务器之外，Linux 系统中的每个服务都有一个对应的守护进程。考生必须了解一些基本守护进程。

2. 常见守护进程

Linux 系统的常见守护进程如下：

- dhcpd：动态主机控制协议（Dynamic Host Control Protocol，DHCP）的服务守护进程。
- crond：crond 是 UNIX 下的一个传统程序，该程序周期性地运行用户调度的任务。比起传统的 UNIX 版本，Linux 版本添加了不少属性，而且更安全、配置更简单。类似于 Windows 中的计划任务。
- httpd：Web 服务器 Apache 守护进程，可用来提供 HTML 文件及 CGI 动态内容服务。
- iptables：iptables 防火墙守护进程。
- named：DNS（BIND）服务器守护进程。
- pppoe：ADSL 连接守护进程。
- sendmail：邮件服务器 sendmail 守护进程。
- smb：Samba 文件共享/打印服务守护进程。
- snmpd：简单网络管理守护进程。
- squid：代理服务器 squid 守护进程。

● sshd：SSH 服务器守护进程。Secure Shell Protocol 可以实现安全地远程管理主机。

3.4　常见配置文件

本部分主要讲解 Linux 系统中常见的配置文件及基本作用。

1. ifcfg-ethx 配置文件

用于存放系统 eth 接口的 IP 配置信息，类似于 Windows 中"本地连接"的属性界面能修改的参数。文件位于/etc/sysconfig/networking/ifcfg-ethx 中，x 可以是 0 或 1，代表不同的网卡接口。

具体内容如下：

```
DEVICE=eth0
BOOTPROTO=static
BROADCAST=220.169.45.255
HWADDR=4C:00:10:59:6B:20
IPADDR=220.169.45.188
NETMASK=255.255.255.0
NETWORK=220.169.45.0
ONBOOT=yes
TYPE=Ethernet
GATEWAY=220.169.45.254
```

一般情况下，系统默认读取 etc/sysconfig/network 为默认网关。若不生效，则需要首先检查配置文件内容是否正确；其次检查/etc/sysconfig/networking/devices/ifcfg-eth0 里是否设置了 GATEWAY=，如果设置了，就会以 ifcfg-eth0 中的 GATEWAY 为默认网关，network 中的设置便失效。

2. /etc/sysconfig/network 配置文件

用于存放系统基本的网络信息，如计算机名、默认网关等，与 ifcfg-ethx 配置文件配合使用。实际的 network 文件配置如下：

```
[root@hunau ~]# vi /etc/sysconfig/network
NETWORKING=yes
HOSTNAME=hunau
GATEWAY=220.169.45.254
#配置文件中 networking=yes，表明启用了网络功能
```

3. /etc/host.conf 配置文件

用于保存系统解析主机名或域名的解析顺序。

```
[root@hunau ~]#　Vi host.conf
order hosts，bind
#用于配置本机的名称解析顺序，本例中是先检查本机 hosts 文件中的名字与 IP 的对应关系，找不到再用 DNS 解析
```

4. /etc/hosts 配置文件

用于存放系统中的 IP 地址和主机对应关系的一个表，在网络环境中使用计算机名或域名时，系统首先会去/etc/host.conf 文件中寻找配置，确定解析主机名的顺序。实际的 hosts 文件配置如下：

```
[root@hunau ~]#　Vi　/etc/hosts
# Do not remove the following line，or various programs
```

```
# that require network functionality will fail.
127.0.0.1 hunau.net localhost.localdomain localhost
```
#配置基本的主机名与 IP 地址的对应关系，在访问主机名时，配合 host.conf 的配置可以直接从本文件中获取对应的 IP 地址，也可以到 DNS 服务中去查询

5．/etc/resolv.conf 配置文件

用于存放 DNS 客户端设置文件。

```
[root@hunau ~]# vi /etc/resolv.conf
用于存放 DNS 客户端配置文件
[root@hunau ~]# vi /etc/resolv.conf
nameserver     10.8.9.125
#此文件设置本机的 DNS 服务器是 10.8.9.125
```

以上就是 Linux 系统中与网络管理员考试有关的主要配置文件，因此复习过程中要注意全面了解。

3.5　系统与文件管理命令

常见的 Linux 系统管理命令如下：

（1）ls [list] 命令。

基本命令格式：**ls**　*[OPTION]*　*[FILE]*

这是 Linux 控制台命令中最重要的几个命令之一，其作用相当于 dos 下的 dir，用于查看文件和目录信息的命令。ls 最常用的参数有三个：-a、-l、-F。

- ls -a：Linux 中以 "." 开头的文件被系统视为隐藏文件，仅用 ls 命令是看不到的，而用 ls -a 除了能显示一般文件名外，连隐藏文件也会显示出来。
- ls -b：把文件名中不可输出的字符用反斜杠加字符编号的形式输出。
- ls -c：配合参数-lt，根据 ctime 排序。ctime 文件状态最后更改的时间。
- ls -d：显示目录信息，不显示目录下的文件信息。
- ls -l：可以使用长格式显示文件内容，通常要查看详细的文件信息时，就可以使用 ls -l 这个指令。

【例 3-3-1】ls -l 示例。

```
[root@hunau ~]# ls -l
```

文件属性	文件数	拥有者	所属的 group	文件大小	建档日期	文件名	
drwx------	2	Guest	users	1024	Nov 11 20：08	book	/
brwx--x--x	1	root	root	69040	Nov 19 23：46	test	*
lrwxrwxrwx	1	root	root	4	Nov 3 17：34	zcat->gzip	@
-rwxr-x---	1	root	bin	3853	Aug 10 5：49	javac	*

第一列：表示文件的属性。Linux 的文件分为三个属性：可读（r）、可写（w）、可执行（x）。从上例可以看到，一共有十个位置可以填。第一个位置表示类型，可以是目录或连结文件，可以取值为 d、l、-、b、c。其中 d 表示目录，l 表示连结文件，"-"表示普通文件，b 表示块设备文件，c 表示字符设备文件。剩下的 9 个位置以每 3 个为一组。因为 Linux 是多用户多任务系统，所以一个

文件可能同时被多个用户使用，所以管理员一定要设好每个文件的权限。文件的权限位置排列顺序是：rwx（Owner）r-x（Group）-（Other）。

第二列：表示文件个数。如果是文件，这个数就是 1；如果是目录，则表示该目录中的文件个数。

第三列：表示该文件或目录的拥有者。

第四列：表示所属的组（group）。每一个使用者都可以拥有一个以上的组，但是大部分的使用者应该都只属于一个组。

第五列：表示文件大小。文件大小用 byte 来表示，而空目录一般都是 1024byte。

第六列：表示创建日期。以"月，日，时间"的格式表示。

第七列：表示文件名。

- ls -F：使用这个参数表示在文件的后面多添加表示文件类型的符号，如*表示可执行，/表示目录，@表示连接文件。
- ls -t：以时间排序。

（2）"|"管道命令。

基本命令格式：cmd1 | cmd2 | cmd3

利用 Linux 提供的管道符"|"将两个命令隔开，管道符左边命令的输出就会作为管道符右边命令的输入。连续使用管道意味着第一个命令的输出会作为第二个命令的输入，第二个命令的输出又会作为第三个命令的输入，依此类推。

【例 3-3-2】一个管道示例。

[root@hunau ~]# **rpm** -qa|grep gcc

这条命令使用管道符"|"建立了一个管道。管道将 rpm -qa 命令输出系统中所有安装的 RPM 包作为 grep 命令的输入，从而列出带有 gcc 字符的 RPM 包。

多个管道示例如下：

[root@hunau ~]# cat /etc/passwd | grep /bin/bash | wc -l

这条命令使用了两个管道，利用第一个管道使 cat 命令显示 passwd 文件的内容输出送给 grep 命令，grep 命令找出含有"/bin/bash"的所有行；第二个管道将 grep 的输出送给 wc 命令，wc 命令统计出输入中的行数。这个命令的功能在于找出系统中有多少个用户使用 bash。

（3）chmod 命令。

基本命令格式：**chmod** *modefile*

Linux 中文档的存取权限分为三级：文件拥有者、与拥有者同组的用户、其他用户，不管权限位如何设置，root 用户都具有超级访问权限。利用 chmod 可以精确地控制文档的存取权限。默认情况下，系统将创建的普通文件的权限设置为-rw-r--r--。

Mode：权限设定字串，格式为[ugoa...][[+-=][rwxX]...][,...]，其中 u 表示该文档的拥有者，g 表示与该文档的拥有者同一个组（group）者，o 表示其他的人，a 表示所有的用户。

如图 3-3-2 所示，"+"表示增加权限、"-"表示取消权限、"="表示直接设定权限。"r"表示可读取，"w"表示可写入，"x"表示可执行，"x"表示只有当该文档是个子目录或者已经被设定为可执行。此外，chmod 也可以用数字来表示权限。

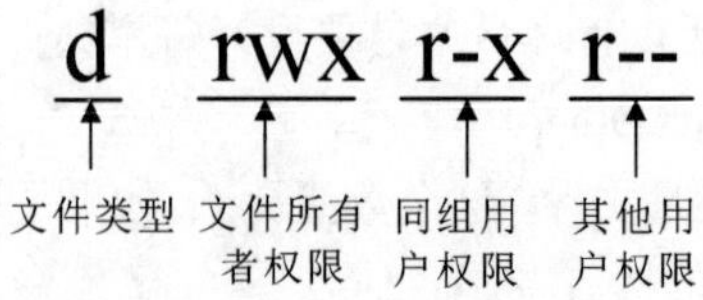

$$d \quad rwx \quad r\text{-}x \quad r\text{-}\text{-}$$

文件类型　文件所有　同组用　其他用
　　　　　者权限　户权限　户权限

图 3-3-2　文件权限位示意图

数字权限基本命令格式：**chmod** *abc　file*

其中，a、b、c 各为一个数字，分别表示 User、Group 及 Other 的权限。其中各个权限对应的数字为 r=4，w=2，x=1。因此对应的权限属性如下：

属性为 rwx，则对应的数字为 4+2+1=7；

属性为 rw-，则对应的数字为 4+2=6；

属性为 r-x，则对应的数字为 4+1=5。

命令示例如下：

chmod a=rwx file 和 chmod 777 file 效果相同
chmod ug=rwx，o=x file 和 chmod 771 file 效果相同

（4）cd 命令。

基本命令格式：**cd**　[change directory]

其作用是改变当前目录。

注意：Linux 的目录对大小写是敏感的。

【例 3-3-3】cd 命令示例。

[root@hunau ~]# cd /
[root@hunau /]#

此命令将当前工作目录切换到"/"目录。

（5）mkdir 和 rmdir 命令。

基本命令格式：

- **mkdir**　[*directory*]
- **rmdir**　[*option*]　[*directory*]

mkdir 命令用来建立新的目录，rmdir 用来删除已建立的目录。其中 rmdir 的参数主要是-p，该参数在删除目录时，会删掉指定目录中的每个目录，包括其中的父目录。如"rmdir -p a/b/c"的作用与"rmdir a/b/c a/b a"的作用类似。

【例 3-3-4】mkdir 和 rmdir 命令示例。

[root@hunau /]# **mkdir** testdir

在当前目录下创建名为 testdir 的目录。

[root@hunau /]# **rmdir** testdir

在当前目录下删除名为 testdir 的目录。

（6）cp 命令。

基本命令格式：**cp-r** 源文件（source）目的文件（target）

主要参数-r 是指连同源文件中的子目录一同拷贝，在复制多级目录时特别有用。

cp -a 命令相当于将整个文件夹目录备份。

cp -f 命令相当于强制复制。

【例 3-3-5】cp 命令示例。

```
[root@hunau etc]# mkdir /backup/etc
[root@hunau etc]# cp -r /etc /backup/etc
```

该命令的作用是将/etc 下的所有文件和目录复制到/backup/etc 下作为备份。

（7）rm 命令。

基本命令格式：**rm** [*option*] *filename*

作用是删除文件，常用的参数有-i、-r、-f。"-i"参数系统会加上提示信息，确认后才能删除；"-r"操作可以连同这个目录下面的子目录都删除，功能和 rmdir 相似；"-f"操作是进行强制删除。

【例 3-3-6】rm 命令示例。

```
[root@hunau etc]## rm -i /backup/etc/etc/mail.rc
rm:    remove regular file `/backup/etc/etc/mail.rc'? n
[root@hunau etc]# rm -f /backup/etc/etc/mail.rc
```

带"-i"参数系统会提示是否删除，而带"-f"参数就直接删除了。

（8）**mv** 命令。

基本命令格式：**mv** [option] source dest

移动目录或文件，可以用于给目录或文件重命名。当使用该命令移动目录时，它会连同该目录下面的子目录一同移动。常用参数"-f"表示强制移动，覆盖之前也不会提示。

【例 3-3-7】mv 命令示例。

```
[root@hunau etc]# mv -f /etc /test
```

将/etc 下的所有文件和目录全部移动到/test 目录下，若/test 中有同名文件则会被直接覆盖。

（9）pwd 命令。

基本命令格式：**pwd**

用于显示用户的当前工作目录。

【例 3-3-8】pwd 命令示例。

```
[root@hunau etc]# pwd
/etc
```

显示目前所在工作目录的绝对路径名称是/etc。

（10）grep 命令。

基本命令格式：**grep** [*option*] *string*

grep 命令用于查找当前文件夹下的所有文件内容，列出包含 string 中指定字符串的行并显示行号。

option 参数主要有：

- -a：作用是将 binary 文件以 text 文件的方式搜寻数据。
- -c：计算找到 string 的次数。
- -I：忽略大小写的不同，即大小写视为相同。

【例 3-3-9】命令示例。

```
[root@hunau ~]# grep -a    '127'
```

在当前目录下的所有文件中查找"127"这个字符串。

（11）kill 命令。

基本命令格式：**kill** *signal PID*

其中 PID 是进程号，可以用 ps 命令查出，signal 是发送给进程的信号，TERM（或数字 9）表示"无条件终止"。

【例 3-3-10】命令示例。

```
[root@hunau ~]# Kill 9 2754
```

表示无条件终止进程号为 2754 的进程。

3.6　网络配置命令

Linux 系统中的网络命令与 Windows 系统中的网络命令有一部分是一致的，因此本小节不做详细讨论。这里主要讨论 Linux 系统与 Windows 系统中不同的网络命令。

1. ifconfig 命令

ifconfig 是一个用来查看、配置、启用或禁用网络接口的工具，这个工具极为常用。类似 Windows 中的 ipconfig 指令，但是其功能更为强大，在 Linux 系统中可以用这个工具来配置网卡的 IP 地址、掩码、广播地址、网关等。

常用的方式有查看网络接口状态和配置网络接口信息两种。

（1）查看网络接口状态。

```
[root@hunau ~]# ifconfig
eth0 Link encap:Ethernet HWaddr 00:00:1F:3B:CD:29:DD
inet addr:172.28.27.200 Bcast:172.28.27.255 Mask:255.255.255.0
inet6 addr: fe80::203:dff:fe21:6C45/64 Scope:Link
UP BROADCAST RUNNING MULTICAST MTU:1500 Metric:1
RX packets:618 errors:0 dropped:0 overruns:0 frame:0
TX packets:676 errors:0 dropped:0 overruns:0 carrier:0
collisions:0 txqueuelen:1000
RX bytes:409232 (409.7 KiB) TX bytes:84286 (84.2 KiB)
Interrupt:5 Base address:0x8c00
lo Link encap:Local Loopback
inet addr:127.0.0.1 Mask:255.0.0.0
inet6 addr: ::1/128 Scope:Host
UP LOOPBACK RUNNING MTU:16436 Metric:1
RX packets:1694 errors:0 dropped:0 overruns:0 frame:0
TX packets:1694 errors:0 dropped:0 overruns:0 carrier:0
collisions:0 txqueuelen:0
RX bytes:3203650 (3.0 MiB) TX bytes:3203650 (3.0 MiB)
```

ifconfig 如果不接任何参数，就会输出当前网络接口的情况。上面命令结果中的具体参数说明：

- eth0：表示第一块网卡，其中 HWaddr 表示网卡的物理地址，可以看到目前这个网卡的物理地址是 00:00:1F:3B:CD:29:DD。

- inet addr：用来表示网卡的 IP 地址，此网卡的 IP 地址是 172.28.27.200，广播地址 Bcast 是

172.28.27.255，掩码地址 Mask 是 255.255.255.0。lo 表示主机的回环地址，一般用来作测试用。

若要查看主机所有网络接口的情况，可以使用下面指令：

```
[root@hunau ~]#ifconfig   -a
```

若要查看某个端口状态，可以使用下面命令：

```
[root@hunau ~]#ifconfig   eth0
```

这就可以查看 eth0 的状态。

（2）配置网络接口信息。

ifconfig 可以用来配置网络接口的 IP 地址、掩码、网关、物理地址等。

ifconfig 的基本命令格式：**ifconfig** if_num IP-addres hw MACaddres **netmask** *mask* **broadcast** *broadcast_ address* [**up/down**]

【例 3-3-11】命令示例。

```
[root@hunau ~]#ifconfig eth0 down
```

ifconfig eth0 down 表示如果 eth0 是激活的，就把它 down 掉。此命令等同于 ifdown eth0。

```
[root@hunau ~]#ifconfig eth0 192.168.1.99 broadcast 192.168.1.255 netmask 255.255.255.0
```

用 ifconfig 来配置 eth0 的 IP 地址、广播地址和网络掩码。

```
[root@hunau ~]#ifconfig eth0 up
```

用 ifconfig eth0 up 来激活 eth0。此命令等同于 ifup eth0。

（3）ifconfig 配置虚拟网络接口。

有时为了满足不同的应用需求，Linux 系统可以允许配置虚拟网络接口，如用不同的 IP 地址运行多个 Web 服务器，就可以用虚拟地址；虚拟网络接口是指为一个网络接口指定多个 IP 地址，虚拟接口的常见形式是 eth0:0,eth0:1,eth0:2,...,eth0:N。

【例 3-3-12】命令示例。

```
[root@hunau ~]#ifconfig eth1:0  172.28.27.199  hw ether     00:19:21:D3:6C:46  netmask  255.255.255.0  broadcast
172.28.27.255 up
```

ifconfig 在网络管理员考试中经常考到，需要认真对待。

2．ifdown 和 ifup 命令

ifdown 和 ifup 命令是 Linux 系统中的两个常用命令，其作用类似于 Windows 中对本地连接的启用和禁用。这两个命令是分别指向/sbin/ifup 和/sbin/ifdown 的符号连接，这是该目录下唯一可以直接调用执行的脚本。这两个符号连接为了一致，所以放在这个目录下，可以用 ls -l 命令看到。

```
[root@hunau network-scripts]# ls -l
lrwxrwxrwx   1 root root     20   7 月 23 22:34 ifdown -> ../../../sbin/ifdown
lrwxrwxrwx   1 root root     18   7 月 23 22:34 ifup -> ../../../sbin/ifup
```

若要关闭 eth0 接口，可以直接使用下面命令：

```
[root@hunau network-scripts]# ifdown eth0
```

此时 eth0 关闭，用 ifconfig 查看不到 eth0 的信息。要开启 eth0，只要将 ifdown 改成 ifup 即可。

3．route 命令

Linux 系统中 route 命令的用法与 Windows 中的用法有一定的区别，因此在学习的过程中要注意区分。

基本命令格式：

#route [-add][-net|-host] targetaddress [-netmask mask] [dev] If
#route [-delete] [-net|-host] targetaddress [gw Gw] [-netmask mask] [dev] If

基本参数说明：

- -add：用于增加路由。
- -delete：用于删除路由。
- -net：表明路由到达的是一个网络，而不是一台主机。
- -host：路由到达的是一台主机，与-net 选项只能选其中的一个使用。
- -netmask mask：指定目标网络的子网掩码。
- gw：指定路由所使用的网关。
- [dev] If：指定路由使用的接口。

【例 3-3-13】命令示例。

```
[root@hunau ~]# route
Kernel IP routing table
Destination     Gateway         Genmask          Flags Metric   Ref  Use Iface
220.169.45.160  *               255.255.255.224  U     0        0    0 eth1
172.28.164.0    *               255.255.255.0    U     0        0    0 eth0
210.43.224.0    172.28.164.254  255.255.224.0    UG    0        0    0 eth0
172.16.0.0      172.28.164.254  255.240.0.0      UG    0        0    0 eth0
default         220.169.45.163  0.0.0.0          UG    0        0    0 eth1
```

直接使用 route 命令且不带任何参数时，则显示系统当前的路由信息。此路由表中各列的意义也是网络管理员考试中常考的知识点，下面对各项进行详细解释。

- Destination：路由表条目中目标网络的范围。如果一个 IP 数据包的目的地址是目标列中的某个网络范围内，这个数据包按照此路由表条目进行路由。
- Gateway：到指定目标网络的数据包必须经过的主机或路由器。通常用星号"*"或是默认网关地址表示；星号表示目标网络就是主机接口所在的网络，因此不需要路由；默认网关将所有去往非本地的流量都发送到一个指定的 IP。
- Flags：是一些单字母的标识位，一共有 9 个，是路由表条目的信息标识。
- U：表明该路由已经启动，是一个有效的路由。
- H：表明该路由的目标是一个主机。
- G：表明该路由到指定目标网络需要使用 Gateway 转发。
- R：表明使用动态路由时，恢复路由的标识。
- D：表明该路由是由服务功能设定的动态路由。
- M：表明该路由已经被修改。
- !：表明该路由将不会被接收。
- Metric：到达指定网络所需的跳数，在 Linux 内核中没有用。
- Ref：表明对这个路由的引用次数，在 Linux 内核中没有用。

- Use：表明这个路由器被路由软件查询的次数，可以粗略估计通向指定网络地址的网络流量。
- Iface：表明到指定网络的数据包应该发往哪个网络接口。

若某服务器到达 172.28.27.0/24 的网络可以通过一个地址为 172.28.3.254 的路由器，则可以通过下列命令实现添加静态路由：

```
[root@hnnau ~]# route add –net 172.28.27.0 netmask 255.255.255.0 gw 172.28.3.254
```

若要添加一条默认路由，则可以使用下面命令：

```
[root@hnnau ~]# route add –net 0.0.0.0    netmask 0.0.0.0 gw 172.28.3.254
```

4．traceroute 命令

此命令的作用与 Windows 中的 tracert 作用类似，用于显示数据包从源主机到达目的主机的中间路径，帮助管理了解数据包的传输路径。

基本命令格式：traceroute [-dFlnrvx][-f<firstTTL>][-g<gw>][-I<ifname>][-m<TTL>][-p<port>] [-s<src IP>][-t <tos>][-w <timeout>][dst ip] [packetsize]

参数说明：

- -d：使用 Socket 层级的排错功能。
- -f<firstTTL>：设置第一个检测数据包的存活数值 TTL 的大小。
- -g <gw>：设置来源路由网关，最多可设置 8 个。
- -I <ifname>：使用指定的网络接口名发送数据包。
- -I：使用 ICMP 回应取代 UDP 资料信息。
- -m <TTL>：设置检测数据包的最大存活数值 TTL 的大小。
- -n：直接使用 IP 地址，而非主机名称。
- -p <port>：设置 UDP 传输协议的通信端口。
- -r：忽略普通的 Routing Table，直接将数据包送到远端主机上。
- -s<src ip>：设置本地主机送出数据包的 IP 地址。
- -t <tos>：设置检测数据包的 TOS 数值。
- -v：详细显示指令的执行过程。
- -w <timeout>：设置等待远端主机回报的时间。
- -x：开启或关闭数据包的正确性检验。

【例 3-3-14】命令示例。

```
[root@hunau~]# traceroute -i eth0 61.187.55.33
traceroute to 61.187.55.33 (61.187.55.33), 30 hops max, 38 byte packets
1    172.28.164.254 (172.28.164.254)   0.739 ms   0.637 ms   0.601 ms
2    10.0.1.1 (10.0.1.1)   1.028 ms   0.979 ms   0.956 ms
3    10.0.0.10 (10.0.0.10)   0.328 ms   0.419 ms   0.260 ms
4    61.187.55.33 (61.187.55.33)   0.321 ms   0.912 ms   0.420 ms
```

其他的一些命令（如 nslookup、ping）与 Windows 命令的用法基本相同，有时网络管理员考试中不涉及具体的系统平台，只要会使用即可，因此不再赘述。

第**4**天
再接再厉，案例实践

第1学时　Web 网站建设

本学时考点知识结构图如图 4-1-1 所示。

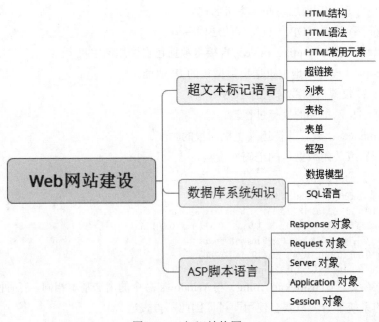

图 4-1-1　知识结构图

1.1　超文本标记语言

超文本标记语言（HyperText Markup Language，HTML）在网络管理员考试中所占的比重比较大，属于必须掌握的重点内容。上午部分通常会考 3～5 个基本标记的选择题，下午部分固定有一个大题，并且会涉及 ASP 与数据库部分的知识。整体上，这一部分所占的分值高达 10 分以上。

HTML 是使用特殊标记来描述网页结构和表现形式的一种语言，由万维网联盟（World Wide Web Consortium，W3C）组织制定。HTML 不是一种编程语言，而是一种标记语言。通过浏览器，可将 HTML 语言解析成为可视的网页。目前最新版本为 HTML5。

HTML 文件名后缀为*.html 或*.htm。HTML 文件是超文本文件，只能存储文本。

1．HTML 结构

HTML 基本结构如下：

```
<HTML>
<HEAD>
  <title></title>
……
</HEAD>
<BODY>
……
</BODY>
</HTML>
```

其中，<HTML></HTML>分别表示文档的开始和结束；<HEAD></HEAD>表示文档头；<BODY></BODY>表示文档体。

2．HTML 语法

（1）双标记。

语法结构：<标记>内容</标记>。

【例 4-1-1】

<HEAD>和</HEAD>；<EM>和</EM>等。

（2）单标记。

语法结构：<标记>。经常使用的单标记是
。

（3）标记属性。

标记属性表示 HTML 标签所拥有的属性。属性总是以名称/值对的形式出现。属性和属性值对大小写不敏感，但 HTML4 版本开始推荐使用小写。

语法结构：<标记　属性1　属性2　属性3　… >。

【例 4-1-2】

<HR Size=1 Align=left Width="25%">；<h1 align="center">；

（4）注释语句。

语法结构：<!-注释文字-->

【例 4-1-3】

<!--本文版权为 攻克要塞所拥有，未经允许，请勿抄摘-->

3. HTML 常用元素

（1）<title>标签。

<title> 标签位于<HEAD>和</HEAD>之间，定义了 HTML 文档的标题。通常体现网页的主题内容，显示在浏览器窗口的标题栏或状态栏上。<title>长度没有限制，通常不超过 64 个字符。

格式：<title>文档标题</title>

（2）标题<hn>。

标题用于呈现文档结构。标题通过 <h1>～<h6> 标签进行定义。

格式：<hn>标题内容</hn>，其中，"n"表示标题的级别，可以为 1 至 6 之间的任意整数。<h1>定义最大的标题。<h6> 定义最小的标题。

【例 4-1-4】

```
<h1>标题 1</h1>
<h2>标题 2</h2>
<h3>标题 3</h3>
<h4>标题 4</h4>
<h5>标题 5</h5>
<h6>标题 6</h6>
```

<hn>有对齐属性 align，默认为左对齐格式。对齐属性见表 4-1-1。

表 4-1-1 对齐属性

标题	作用
align=left	左对齐
align=center	居中
align=right	右对齐

（3）横线<hr>。

窗口画一条水平分割的横线。格式：<hr>。

（4）分行
与禁止分行<nobr>。

分行标签用于插入一个简单的换行符。格式：
。

禁止分行标签用于内容不换行，如果该内容一行显示不完，则超出部分将会裁剪掉。格式：<nobr>不换行内容</nobr>。

（5）分段<p>。

分段标签定义段落。格式：<p></p>。该标签可以具有属性，主要有 align、clear 属性等。具体示例如下：

【例 4-1-5】

```
<H3>
<P Align=left>床前明月光，</P>
<P Align=center>疑是地上霜。</P>
<P Align=right>举头望明月，</P>
<P Align=left>低头思故乡。</P>
</H3>
```

（6）背景设置。

设定窗口的背景图像，格式：<body background="image-URL">。

设定窗口的背景颜色，格式：<body bgcolor=#　text=#　link=#　alink=#　vlink=#>，各属性含义见表 4-1-2。

<p align="center">表 4-1-2　body 属性</p>

属性名	功能	备注
bgcolor	设置背景颜色	HTML4.01 推荐使用 CSS 代替该属性，语法为：<body style="background-color:# ">
text	设置文本颜色	HTML4.01 推荐使用 CSS 代替该属性，CSS 语法（在 <head> 部分）：<style>body{color:#}</style>
link	设置超链颜色	HTML4.01 推荐使用 CSS 代替该属性，CSS 语法（在 <head> 部分）：<style>a:link {color: # }</style>
alink	设置活动的链接（正被点击的链接）指针的颜色	该标签已经被弃用
vlink	设置已访问过的链接指针的颜色	HTML4.01 推荐使用 CSS 代替该属性，CSS 语法（在 <head> 部分）：<style>a:visited {color: # }</style>

（7）字体。

常见的字体设置标签见表 4-1-3。

<p align="center">表 4-1-3　字体设置</p>

功能		标签	特点
字体大小		<basefont size="字号">	size 值可以设置为 1～7，1 号字最小，7 号字最大
字体风格	物理风格	<b>	黑体
		<i>	斜体
		<u>	下划线
		<tt>	定宽字体
	逻辑风格	<em>	强调
		<strong>	特别强调
		<code>	源代码

功能		标签	特点
字体风格	逻辑风格	\<samp>	例子
		\<var>	变量
		\<smal>、\<big>	较小、较大
		\<sup>、\<sub>	上标、下标
字体颜色		\<font color = #>	#可以为 6 位十六进制数。例如"#FF0000"，分别指定红、绿、蓝的值。也可以为名称，例如 red、blue、black 等
闪烁		\<blink>	文本闪烁，频率 1 次/秒

注：HTML 4.01 中，上述大部分标签不推荐使用。

（8）图像\<img>。标签用于插入一张图片。格式：\<img src="url" >或者\<img src="url" alt="text">，url 表示图像的 url，text 用于图像显示不出来时的文本提示。

该标签还可以加入更多属性。如 height（高度属性）、width（宽度属性）、border（宽图形边框宽度的像素值）、algin（图形对齐方式）等。

图形可以作为一个超级链接。格式：\<A HREF="url">\<IMG SRC="url" >\</A>。

4. 超链接

超文本链接既可以指向同一文档的不同部分，也可以指向远程主机的某一文档。文档可以是文本、html 页面、动画、音乐等。文档的指向和定位可借助统一资源定位器（URL）完成。

（1）目标标记。超级链接可以指向文档中的某个部分。因此，只需要在文档中进行标记，就可以方便进行位置跳转了。

标记格式：\<a name="name1">hello\</a>，name 属性将指定标记的地方标记为"name1"，name1 为全文的标记串。这种方式就在 hello 处，放置了标记 name1。然后，就可以供其他超链接进行调用。

（2）调用目标。超链接可以指向或者调用不同位置的文档。具体见表 4-1-4。

表 4-1-4　超链接指向或调用不同位置的文档

位置	格式
同一文档指定位置	\<a href="#name1">\</a>
同一目录下的不同文档	\<a href ="test.html#name1">\</a>
同一服务器下的不同文档	\<a href ="1/test.html#name1">\</a>
互联网文档	\<a href="www.itct.cn/1/test.html#name1">\</a>
插入邮件	\<a href =mailto:syhnjs@qq.com>\</a>

注："#name"需要预先在目标文档中进行标记。

5. 列表

列表能提供结构化、美观的阅读格式。列表可以分为有序列表、无序列表、自定义列表。

（1）有序列表。有序列表的语法格式为：

```
<ol>
若干列表项<li>列表项名</li>
</ol>
```

（2）无序列表。无序列表的语法格式为：

```
<ul>
若干列表项<li>列表项名</li>
</ul>
```

无序列表、有序列表的示例如下：

【例 4-1-6】

```
<h4>无序列表:</h4>
<ul>
    <li>红茶</li>
    <li>绿茶</li>
    <li>黑茶</li>
</ul>

<h4>有序列表:</h4>
<ol>
    <li>红茶</li>
    <li>绿茶</li>
    <li>黑茶</li>
</ol>

<ol start="50">
    <li>红茶</li>
    <li>绿茶</li>
    <li>黑茶</li>
</ol>
```

显示结果如图 4-1-2 所示。

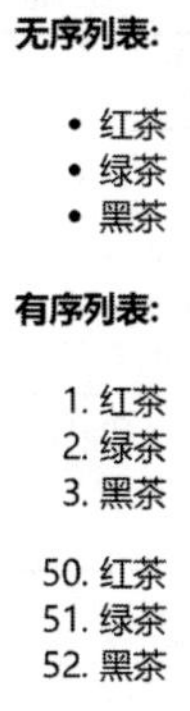

无序列表:

- 红茶
- 绿茶
- 黑茶

有序列表:

1. 红茶
2. 绿茶
3. 黑茶

50. 红茶
51. 绿茶
52. 黑茶

图 4-1-2　窗口显示结果

（3）自定义列表。用于简要说明列表条目。自定义列表的语法格式为：

```
<dl>
<dt>列表项 1</dt>
<dd>列表项 1 说明</dd>
……
</dl>
```

自定义列表的示例如下：

【例 4-1-7】

```
<h4>菜单</h4>
<dl>
   <dt>米罗咖啡</dt>
   <dd>热饮放糖</dd>
   <dt>台北豆浆</dt>
   <dd>冷饮无糖</dd>
</dl>
```

显示结果如图 4-1-3 所示。

菜单

米罗咖啡
　　　热饮放糖
台北豆浆
　　　冷饮无糖

图 4-1-3　窗口显示结果

6．表格

表格是由行和列组成的图形。行和列把列表划分成若干单元。单元格可以包含的内容有文本、列表、图片、水平线、段落、也可以是表单或者表格等。表格的基本标识和结构见表 4-1-5。

表 4-1-5　表格的基本标识和结构

结构	含义
\<table\>……\</table\>	定义表格
\<tr\>……\</tr\>	定义表格的一行
\<td\>……\</td\>	定义一行中的每一个单元
\<th\>……\</th\>	标识表格的列数和相应栏目的名称，列数等于\<th\>数
\<caption\>……\</caption\>	表格标题

表格其他属性见表 4-1-6。

表 4-1-6　表格的其他属性

分类	格式	含义
跨行或者跨列	rowspan=#	单元格跨行数，#可用整数标识；用于\<TH>或\<TD>中
	colspan=#	单元格跨列数，#可用整数标识；用于\<TH>或\<TD>中
表格大小、边框、表格间距	width=# height=#	表宽，#为整数表示像素数值； 表高，#为整数表示像素数值
	border=# bordercolor="#rrggbb"	表格边框宽度，#为整数表示像素数值。 设置表格边框颜色名，#为六位十六进制数，分别表示红、蓝、绿三色分量
	cellspacing=#	划分表线的粗细，#为整数表示像素数值
文本输出	align=#	#可以取值为{left, center, right}中的一个；表示左对齐、居中、右对齐
	valign=#	#可以取值为{top、middle、bottom}中的一个；表示上对齐、文本中线与表格中线对齐、下对齐
表格颜色	bgcolor="#rrggbb"	设置表格背景颜色，#为六位十六进制数，分别表示红、蓝、绿三色分量

（1）没有边框的表格。没有边框的示例如下：

【例 4-1-8】

```
<h4>没有边框的表格示例</h4>
<table>
<tr>
 <td>aaa</td>
 <td>bbb</td>
 <td>ccc</td>
</tr>
<tr>
 <td>ddd</td>
 <td>eee</td>
 <td>fff</td>
</tr>
</table>
```

显示结果如图 4-1-4 所示。

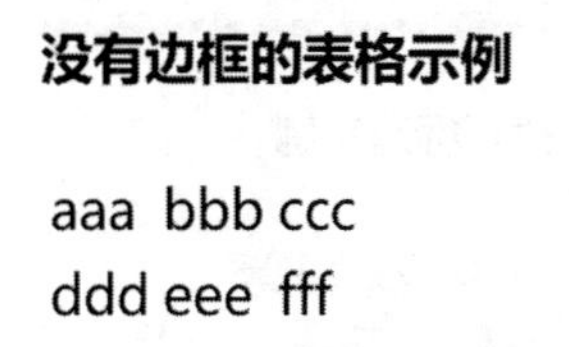

没有边框的表格示例

aaa bbb ccc
ddd eee fff

图 4-1-4　无边框表格示例图

（2）标记表格行名或者列名（\<th>标签）。表格行或者列往往有一个或多个相同属性，相同的属性名称可以用行名或者列名标识出来。HTML 中的表格行名或者列名设置示例如下：

【例 4-1-9】

```
<h4>水平标题示例</h4>
<table border="6">
<tr>
   <th>品牌</th>
   <th>产品 1</th>
   <th>产品 2</th>
</tr>
<tr>
   <td>攻克要塞</td>
   <td>5 天</td>
   <td>100 题</td>
</tr>
</table>

<h4>垂直标题示例</h4>
<table border="0">
<tr>
   <th>品牌</th>
   <td>攻克要塞</td>
</tr>
<tr>
   <th>产品 1</th>
   <td>5 天</td>
</tr>
<tr>
   <th>产品 2</th>
   <td>100 题</td>
</tr>
</table>
```

显示结果如图 4-1-5 所示。

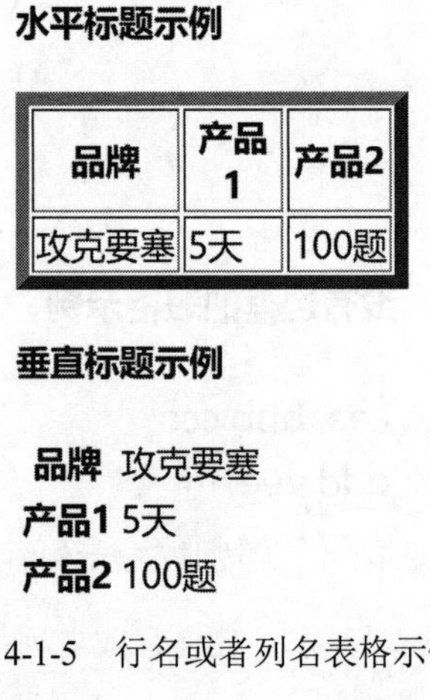

水平标题示例

品牌	产品1	产品2
攻克要塞	5天	100题

垂直标题示例

品牌 攻克要塞
产品1 5天
产品2 100题

图 4-1-5　行名或者列名表格示例图

（3）单元格跨多行或者多列（rowspan、colspan 属性）。设置 rowspan、colspan 属性，可达到单元格跨多行或者多列的目的。具体示例如下：

【例 4-1-10】

```
<h4>单元格跨两列</h4>
<table border="1">
<tr>
  <th>单位</th>
  <th colspan="2">产品名</th>
</tr>
<tr>
  <td>攻克要塞</td>
  <td>5 天修炼</td>
  <td>100 题</td>
</tr>
</table>

<h4>单元格跨两行</h4>
<table border="1">
<tr>
  <th>单位</th>
  <td>攻克要塞</td>
</tr>
<tr>
  <th rowspan="2">产品名</th>
  <td>5 天修炼</td>
</tr>
<tr>
  <td>100 题</td>
</tr>
</table>
```

显示结果如图 4-1-6 所示。

单元格跨两列

单位	产品名	
攻克要塞	5天修炼	100题

单元格跨两行

单位	攻克要塞
产品名	5天修炼
	100题

图 4-1-6　单元格跨多行或者多列示例图

（4）单元格间距（cellspacing 属性）。设置 cellspacing 属性，可增加单元格之间的距离。示例如下：

【例 4-1-11】

```
<h4>没有单元格间距:</h4>
<table border="1">
<tr>
    <td>第一</td>
    <td>行</td>
</tr>
<tr>
    <td>第二</td>
    <td>行</td>
</tr>
</table>

<h4>单元格间距="0":</h4>
<table border="1" cellspacing="0">
<tr>
    <td>第一</td>
    <td>行</td>
</tr>
<tr>
    <td>第二</td>
    <td>行</td>
</tr>
</table>

<h4>单元格间距="10":</h4>
<table border="1" cellspacing="10">
<tr>
    <td>第一</td>
    <td>行</td>
</tr>
<tr>
    <td>第二</td>
    <td>行</td>
</tr>
</table>
```

显示结果如图 4-1-7 所示。

没有单元格间距：

单元格间距="0"：

单元格间距="10"：

图 4-1-7　单元格间距示例图

（5）单元格边距（cellpadding 属性）。设置 cellpadding 属性，可创建单元格内容与边框之间的空白。示例如下：

【例 4-1-12】

```
<h4>没有单元格边距</h4>
<table border="1">
<tr>
  <td>第一</td>
  <td>行</td>
</tr>
<tr>
  <td>第二</td>
  <td>行</td>
</tr>
</table>

<h4>有单元格边距</h4>
<table border="1" cellpadding="10">
<tr>
  <td>第一</td>
  <td>行</td>
</tr>
<tr>
  <td>第二</td>
  <td>行</td>
</tr>
</table>
```

显示结果如图 4-1-8 所示。

没有单元格边距

第一 行
第二 行

有单元格边距

第一	行
第二	行

图 4-1-8　单元格边距示例图

7. 表单

表单用于收集输入的数据，HTML 表单是包含了表单元素的区域。表单设置格式如下：

```
<form>
表单元素
</ form >
```

表单元素可以是文本域、密码字段、单选按钮、复选框等。

（1）文本域。文本域可以方便用户输入文字、数字等信息，代码格式为<input type="text" name="">。具体示例如下：

【例 4-1-13】

```
<form>
用户名: <input type="text" name="用户名"><br>
联系人: <input type="text" name="地址">
</form>
```

显示结果如图 4-1-9 所示。

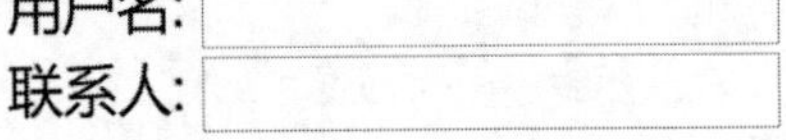

图 4-1-9　文本域示例图

（2）密码字段。密码字段方便用户输入密码非明文信息，代码格式为：<input type="password">。具体示例如下：

【例 4-1-14】

```
<form>
密码: <input type="password" name="pwd">
</form>
```

显示结果如图 4-1-10 所示。

密码: ••••••••

图 4-1-10　密码字段示例图

注意：为了保密的需要，密码框输入的密码不是明文显示。

（3）单选按钮。单选按钮提供一组互斥选项，用户只能选择其中一项。单选按钮代码格式为 <input type="radio">。具体示例如下：

【例 4-1-15】

```
<form action="">
<input type="radio" name="fruit" value="apple">苹果<br>
<input type="radio" name="fruit" value="banana">香蕉
</form>
```

显示结果如图 4-1-11 所示。

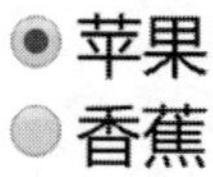

◉ 苹果
◯ 香蕉

图 4-1-11　单选按钮示例图

（4）复选框。复选框提供一组选项，用户可以选定其中的一个或者多个。复选框的格式为<input type="checkbox">。具体示例如下：

【例 4-1-16】

```
<form action="">
<input type="checkbox" name="vehicle" value="fengtian">丰田<br>
<input type="checkbox" name="vehicle" value="bentian">本田<br>
<input type="checkbox" name="vehicle" value="baoma">宝马<br>
<input type="checkbox" name="vehicle" value="benchi">奔驰<br>
</form>
```

显示结果如图 4-1-12 所示。

☑ 丰田
☐ 本田
☑ 宝马
☐ 奔驰

图 4-1-12　复选框示例图

（5）提交按钮。用户单击提交按钮时，会触发表单预先定义的动作，把表单内容传送到指定文件。提交按钮的格式为：<input type="submit">。具体示例如下：

```
<form name="input" action="/doc/act.asp" method="get">
用户名: <input type="text" name="user">
<input type="submit" value="提交">
```

第 4 天

```
</form>
```
显示结果如图 4-1-13 所示。

用户名: [_____] [提交]

图 4-1-13　提交按钮示例图

（6）下拉列表。下拉列表具体示例如下：

【例 4-1-17】

```
<form action="">
<select name="cars">
    <option value="volvo">沃尔沃</option>
    <option value="fengtian">丰田</option>
    <option value="bentian">本田</option>
    <option value="benchi">奔驰</option>
</select>
</form>
```
显示结果如图 4-1-14 所示。

图 4-1-14　下拉列表示例图

（7）按钮。按钮具体示例如下：

【例 4-1-18】

```
<form action="">
<input type="button" value="提交/确认按钮">
</form>
```
显示结果如图 4-1-15 所示。

提交/确认按钮

图 4-1-15　按钮示例图

8．框架

框架把浏览器窗口分成几个独立的部分，各部分可包含不同的 HTML 文档。框架的结构如下：

```
<html>
    <head>
        <title>……</title>
    </head>
        <noframe src="URL" ></noframe>
    <frameset>
        <frame src="URL">
    </frameset>
    </html>
```

注意： <frameset>相当于代替了<body>标签；<frame>标记通过<frame src="URL">插入 HTML 文档；当浏览器不支持框架时，显示<noframe>标签指向的内容。

框架使用的属性见表 4-1-7。

表 4-1-7　框架使用的属性

属性	代码	说明
框架属性	cols="x"	创建多列，x 可以为列宽像素值或者百分比。 <frameset cols="180,100,*" >表示第一列 180 像素，第二列 100 像素，第三列为剩下像素。 <frameset cols ="25%,50%,25%">表示窗口分三列，第一列宽占窗口的 25%，第二列宽占窗口的 50%，第三列宽占窗口的 25%
	rows="x"	创建多行，x 可以为行宽像素值或者百分比
	frameborder="x"	是否显示框架周围的边框。frameborder=1 表示有边框，frameborder=0 表示没有边框
	border="x"	设置宽度，单位为像素
标记属性	marginheight="x"	设置框架边界的高度，单位为像素
	marginwidth="x"	设置框架边界的宽度，单位为像素
	scrolling="x"	该属性用于设置滚动条，x 取值为{yes, no 或 auto}。 yes：框架中自动放置滚动条； no：不出现滚动条； auto：需要时自动放置滚动条
	src="x"	用 URL 指定帧的内容源

框架具体示例如下：

【例 4-1-19】

```
<html>
    <frameset rows="50%,50%">
        <frame src="http://www.baidu.com">
        <frameset cols="25%,75%">
        <frame src="https://www.sogou.com/">
            <frame src="http://www.baidu.com">
        </frameset>
    </frameset>
</html>
```

显示结果如图 4-1-16 所示。

图 4-1-16　下拉列表示例图

1.2　数据库系统知识

数据库是长期存储在计算机内有组织的大量可共享的数据集合。数据库技术是管理数据的技术，是系统的核心和基础。

1. 数据模型

数据模型用于表示、抽象、处理现实世界中的数据和信息。例如：学生信息抽象为学生（学号、姓名、性别、出生年月、入校年月、专业编号），这是一种数据模式。

数据模型可以分为概念模型和基本数据模型。

（1）概念模型。**概念模型**又称信息模型，按用户观点对数据和信息建模。概念模型主要概念见表 4-1-8。

表 4-1-8　实体关系的基本概念

名称	说明
实体	客观存在并可相互区别的事物，可以是具体的人、事、物，也可以是抽象的概念或事物间的联系
属性	实体所具有的某一特性称为属性。比如学生的属性可以是学号、姓名、性别等
实体型	用实体名及其属性名集合来抽象和描述同类实体，就称为实体型。例如，学生（学号、姓名、性别、出生年月、入校年月、专业编号）属于实体型
实体集	同型实体的集合称为实体集。例如，全体学生就是一个实体集
码（键）	唯一标识实体的属性集。例如，学号是学生实体的码

（2）基本数据模型。基本数据模型分为网状模型、层次模型、关系模型、面向对象模型等。

- 网状模型：使用有向图表示类型及实体间的联系。
- 层次模型：使用树型结构表示类型及实体间的联系。
- 关系模型：使用表格表示实体集，使用外键表示实体间联系。目前企业信息化系统所使用的数据库管理系统多用关系型的数据库管理系统。其数据库管理系统的结构大多为关系结构。关系模型常用术语见表 4-1-9，主要术语的图示如图 4-1-17 所示。

表 4-1-9　关系模型常用术语

名称	定义
关系	描述一个实体及其属性，也可以描述实体间的联系。一个关系实质上是一张二维表，是元组的集合
元组	表中每一行叫作一个元组（属性名所在行除外）
属性	每一列的名称
属性值	关系中列的值

图 4-1-17　关系模型常用术语图示

2. SQL 语言

SQL 语言具有数据定义、数据操作等功能，软考中只考与数据操作有关的语句，因此本部分只介绍这些内容。

（1）数据操纵。SQL 的数据操纵功能包括 SELECT（查询）、INSERT（插入）、DELETE（删除）、UPDATE（修改）。

（2）SELECT（查询）。SELECT 基本结构如下：

```
SELECT [ALL|DISINCT] <目标列表达式>[,<目标列表达式>]…
    FROM <表或视图名>[,<表或视图名>]…
    [WHERE <条件表达式>]
    [GROUP BY <列名 1> [HAVING <条件表达式>]]
    [ORDER BY <列名 2> [ASC|DESC];
```

其中，SELECT、FROM 是必须的，HAVING 只能与 GROUP BY 搭配使用。WHERE 子句的条件表达式中可使用的运算符见表 4-1-10。

表 4-1-10　WHERE 子句的条件表达式中可使用的运算符

类别	运算符
集合运算符	IN（在集合中）、NOT IN（不在集合中）
字符串匹配运算符	LIKE（与_和%进行单个或多个字符匹配）
算术运算符	>、>=、<、<=、=、<>
逻辑运算符	AND（与）、OR（或）、NOT（非）

典型的 SQL 查询语句具有如下形式：

```
SELECT A1，A2，…，An
    FROM r1，r2，…，rm
    WHERE p
```

（3）单表查询。单表查询是只涉及一个表格的查询。常见的 SQL 查询操作有列操作、元组操作、使用集函数的操作等。

设定学生、课程、选修课表三个表作为后面分析的示例。

1）学生表：student（Sno,Sname,Ssex,Sage,Sdept），该表属性有学号，姓名，性别，年龄、院系名。

2）课程表：course（Cno,Cname,Cpno,Ccredit），该表属性有课程号，课程名，先行课号，学分。

3）学生选课表：SC（Sno,Cno,Grade），该表属性有学号，课程号，成绩。

常用的单表操作见表 4-1-11。

表 4-1-11　常用的单表操作

操作类别		示例	说明
列操作	查询指定列	SELECT Sage,Sname FROM student;	查询全体学生的年龄和姓名
	查询全部列	SELECT * FROM student;	*代表所有列
元组操作	未消除重复行	SELECT Sno FROM SC;	查询选修了课程的学号
	消除重复行	SELECT DISTINCT Sno FROM SC;	消除了结果中的重复行
	单条件查询	SELECT DISTINCT Sno FROM SC WHERE Grade<60;	查询成绩有不及格的学生的学号，一个学生多门课程不及格，学号也只出现一次
	确定范围	SELECT Sname, Sage FROM student WHERE Sage BETWEEN 20 AND 23	查询年龄在 20～23 岁间的学生姓名、年龄

操作类别		示例	说明
元组操作	确定集合	SELECT Sname FROM student WHERE Sdept IN('MA', 'CS');	查询属于数学系（MA），计算机科学系（CS）学生的姓名
	字符匹配	SELECT * FROM student WHERE Sno LIKE '007'	查询学号为 007 的学生详细情况
	多重条件查询	SELECT Sname FROM student WHERE Sdept='MA' AND Sage<19;	查询数学系年龄在 19 岁以下的学生姓名

（4）数据更新操作。SQL 语句中的数据更新操作包括插入、修改数据。具体操作说明见表 4-1-12。

表 4-1-12　数据更新操作

操作	格式	举例
插入	INSERT INTO <表名> [(<属性列 1> [,<属性列 2>…)] VALUES (<常量 1>[,<常量 2>]…); 或者 INSERT INTO <表名> [(<属性列 1> [,<属性列 2>…)]	插入一条选课记录('2016020', '2') INSERT INTO SC(Sno,Cno) VALUES ('2016020', '2');
修改	UPDATE <表名> SET <列名>=<表达式>[,<列名>=<表达式>]…	将学生 9527 的年龄改为 26 岁。 UPDATE student SET Sage=26 WHERE Sno=' 9527';

1.3　ASP 脚本语言

动态服务器页面（Active Server Page，ASP）是微软公司开发一种 Web 应用编程环境。在 Web 应用中，通过 ASP 可以与数据库进行交互，实现 Web 应用的数据库操作。ASP 网页可以包含 HTML 标记、普通文本、脚本命令等。通常可以在网页中添加交互式内容（尤其是表单），实现以 HTML 网页作为用户界面的 Web 应用程序。它的默认文件扩展名是 ".asp"

在网络管理员考试中，主要考察 ASP 的基本对象以及每个对象的基本属性、方法和作用。另外需要掌握 ASP 如何从页面的 form 表单中获取数据、调用 SQL 将对数据库进行操作、如何将数据库检索出的数据写入 Web 页面，在用户浏览器展示。

ASP 访问数据库的访问模型如图 4-1-18 所示。此模型的基本过程如下：

（1）前端 HTML 页面通过 form 表单将数据通过 request 对象提交给 ASP 文件。ASP 可以通过 request.form（"文本框名字"）取得用户提交的数据。

（2）ASP 通过 SQL 进行数据库的相关处理。

（3）数据库表中的信息通过 RS 记录集返回给 ASP。

（4）ASP 通过 Response 对象将处理结果以 HTML 的形式返回浏览器。

这四个步骤是 ASP 处理数据的基本流程。实际上，ASP 内置的对象比较多，实际考试中常考的只有以下五个。

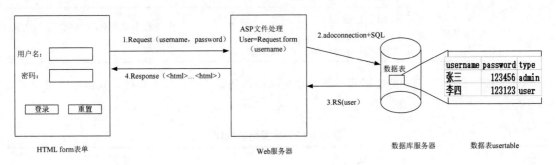

图 4-1-18　ASP 处理数据模型

1．Response 对象

Response 对象用于输出由服务器端传送给浏览器端的内容。通常是 ASP 程序处理完数据，需要将结果返回客户端时，使用这个对象将结果以 html 标记的形式返回。Response 对象的方法和属性比较多，考试中通常只考表 4-1-13 中的方法。

表 4-1-13　response 对象中的常用方法

方法	作用
End	停止处理脚本，返回结果
Redirect	把用户重定向到另一个 URL，可以是 ASP 或者 HTML 文件
Write	向浏览器端输出指定的字符串，通常是 HTML 代码或者 JS 代码

2．Request 对象

Request 对象用来实现浏览器端向服务器端提交数据。通常是 Web 页面中 form 表单中的各种数据，form 表单中的数据可以有多个，这些数据之间必须以 name 属性进行标识，如表单中输入一个用户名为"张三"，密码为"123456"的信息，则表单中的输入姓名的文本框的 name 属性可以为 username，而输入密码的文本框的 name 属性则需要取另一个名字，如 password。若表单使用 get 方式提交数据，则 request 提交的数据是以 username="张三"&password="123456"这种形式，在浏览器的地址栏可以看到相关的信息，因此不适合传输敏感信息和数据量比较大的信息，如图 4-1-19 所示。

图 4-1-19　get 方式提交的数据

若表单使用 post 方式提交数据，虽然数据还是存在 request 对象中，但是在浏览器地址只能看到 action 指定的 asp 文件的网址，看不到任何数据，如图 4-1-20 所示。

图 4-1-20　post 方式提交数据

不管使用哪种方式提交数据，在服务器端，ASP 都可以利用 request.form("username")来获得"张三"这个值，用 request.form("password")获取用户输入的密码"123456"，ASP 获取用户端输入的数据之后，进一步进行各种处理。

Action 的作用是指定用于处理用户数据的程序。当用户单击登录按钮之后，用户输入的数据提交给服务器端的由 action 指定的 ASP 文件来接收和处理这些数据。

3.　Server 对象

Server 对象提供了对服务器基本的属性和方法的访问方式，考试中通常使用的是 Server 的 createObject 方法创建对象的实例，比如创建 ASP 程序要使用的各种对象实例，如 rs、connection 等，考试中偶尔考到的不使用数据库，而使用文本文件来存储基本信息时，也要使用 Server 对象创建 fs 对象实现对文件的操作。

4.　Application 对象

Application 对象用来记录同一时间不同用户共享变量。在 ASP 中，为了完成某项任务的一组 ASP 文件称为一个应用程序。ASP 通过 Application 对象把这些文件捆绑在一起。Application 中存储的信息可以被应用程序中的其他页面使用（比如数据库连接信息，网站访问计数器等）。因此用户可以从任意页面访问这些信息。当用户在某个页面上改变这些信息时，其他所有的页面中使用这些信息的时候都会被及时更新。典型的应用是设计网页的访问计数器时，就应该使用 Application

的变量。

5. Session 对象

Session 对象用来记录单一用户的专用变量，也就是说 Session 对象和用户的关系是一一对应的，类似于 Application 对象中的信息，但是这个信息仅仅对当前这个用户有效，其他用户无法访问。典型的应用是用户通过登录验证之后，就应该在 Session 中保存用户登录成功的相关信息，在其他需要验证的页面中直接判断 Session 中的变量即可知道该用户是否已经通过登录验证。

网络管理员考试中常考的方式是将一段代码中的部分关键词抹掉，要求考生从几个选项中选择正确的答案，鉴于考试是以选择题的形式进行，因此考生只要掌握这些基本代码即可。为了全面解决此类问题，接下来就图 4-1-18 所示的流程，对 form 表单访问数据库的全过程所使用的典型代码进行分析。图中 html 页面中的用户名文本框取名 username，密码文本框取名 password，Web 服务器上的 ASP 文件名为 check.asp，数据库的名字为 users.mdb，其中存放用户密码信息的表为 usertable，表中的主要字段有 username、password 和 type 三个。接下来按照 form 表单、ASP 文件接收数据、ASP 数据库操作、ASP 文件处理后数据反馈等四个主要部分讲解。

（1）Html form 表单常考代码。

```
<form    id="form" method="post"    action="check.asp">
//指定这个表单中数据提交的方式是 post，数据提交给服务器上的 check.asp 文件处理
<table width="350" border="1" align="center" cellpading="0" cellspacing="0" >
<tr>
<td width="100">用户名</td>
<td><input   type="text"   name="username"   value=""> </td>
//定义一个文本框，其中最重要的属性是 name，用于在 asp 端区分不同的输入变量，value 此处为""，实际值将有用户在用户名文本框输入的结果为准。
</tr>
<tr>
<td width="100">密码</td>
<td><input   type="password"   name="password"   value=""> </td>
</tr>
<tr>
<td colspan="2"><input   type="submit"   name="sub" id="sub" value="登录" />
<input   type="reset"   name="reset"   id="reset" value="重置" /></td>
</tr>
</table>
</form >
```

注意这段代码中的加粗字体标记的文字，是考试中常考的。

（2）ASP 文件接收 form 数据处理代码中常考的代码。

```
If request.form("username")<>" "then
Uname=request.form("username")
//将之前 Web 页面中输入的用户名的信息，存入变量 Uname 中，Uname 这个变量可以用户自己根据情况取名
Upassword=request.form("password")
//将之前 Web 页面中输入的密码信息，存入变量 Upassword 中
Endif
```

注意这段代码，用了一个 if 语句来判断用户输入的用户名是否为空，只有用户名不为空的情

况下，才用变量 Uname 和 Upassword 来保存用户 form 表单中填写的用户名和密码。实际考试中也可能不使用这一步，直接用 request.form("**password**")表示用户输入的密码信息也是可以的。

另外，考试中还可能考到一些跟脚本程序设计语言的基本代码，如简单的 if 语句，变量自增 X=X+1 等，此处不再详述。

（3）数据库连接和操作常考代码

用户通过 ASP 访问数据库，通常用的是 ODBC 或者 ADO 技术，考试中常考的 ADO 技术是微软开发的一项访问数据库的技术标准。ASP 通过 ADO 访问数据库的基本步骤如下：

1）创建数据库的 ADO 连接（ADO connection），并打开此连接。

```
Set conn=server.createobject("adodb.connection")
//set 的作用就是定义一个名为 conn 的变量，实际上是由 Server.CreateObject 实例化的一个 ADODB 的连接
Conn.Open   "Provider=Microsoft.Jet.OLEDB.4.0;Data Source=C:\wwwroot\users.mdb"
```

// Provider 指定连接的数据引擎，OLEDB.4.0 对应 Access 数据库，Data Source 指定 Access 数据库的具体物理路径，也可以使用 mapPath 指定一个映射。

2）创建 ADO 记录集（ADO recordset），通过指定记录集的 SQL 语句，然后打开记录集（recordset），此时数据库会根据 SQL 的指令，将结果返回到记录集。

```
Set rs=server.createobject("adodb.recordset")
//创建一个名为 rs 的记录集
Set sqlstr="select * from usertable where   username="&Uname &"and password ="&Upassword
//设置一个字符串变量 sqlstr，其内容是一个标准的 SQL 数据库操作命令
rs.open sqlstr,conn,1,3
```

//打开记录集，此时记录集会返回 sqlstr 语句所操作数据库后的记录，命令中的 1,3 是指记录集打开时游标的类型，考试一般不考这些类型的区别。

3）通过脚本的循环语句，通常是 do while not eof … loop 这种形式，遍历记录集。最后关闭数据连接，释放内存。

在上述数据库中，RS 记录集中存放的就是执行了 SQL 语句之后，满足条件的记录。在考试中，通常需要记录集中的数据遍历一次，以便输出或者进一步处理。

```
<%
Do while not rs.eof
//启用一个 do while 循环，遍历记录集，结束标记是 eof 为 true。也就是到达记录集的最后，也可以使用 for、while 或者 until 等类型的循环语句
Response.write rs("username")
//输出记录集中的每一行的用户名，注意这里的 rs("username")这个写法，只要把双引号内的内容换成其他字段名，就可以处理其他字段的数据
rs.movenext //将记录指针指向下一条记录，实现不断的向后访问记录
Loop    //循环语句标记，代码重新从 do while 开始执行
rs.close
//关闭记录集
set rs=nothing
//释放资源
%>
```

一旦数据连接建立好，后续可以通过不断地修改 sqlstr 中的参数，再次打开 RS。从而获得新的记录集，具体的 SQL 语句在本书的数据库系统知识部分有详细讲解。另外要注意一种特殊情况，

就是 rs.eof and rs.bof 这个条件，如果它为 true 值，则表明记录集 RS 目前为空。

考试中还有一种情况是直接读写服务器上的文本文件，而不是使用数据库进行存取。这种情况考的比较少，但是考生还是要注意一下。

下面的代码中，ASP 直接通过 FileSystemObject 对象访问服务器上名为 gkys.txt 的文本文件，该文件中保存了某个主机的 IP 地址信息。

```
…
WRfile=server.mappath（"gkys.txt"）
//创建一个指向 gkys.txt 文本文件的路径映射
set fs=server. CreatObject（"ing.FileSystemObject"）
//创建一个名为 fs 的文件系统对象
set thisfile=fs.opentexffile（WRfile）
//将之前对应的 gkys.txt 文件与 thisfile 对象关联，并打开这个文件
ipaddr=thisfile.readline
//从文件中读出一行，并将信息存入 ipaddr 变量中
thisfile.close
//关闭文件，释放资源
```

注意：readline 是从文本文件中读一行，内容存放到 ipaddr 这个变量中。若要保存数据，则使用 writeline（ipaddr）之类的方法，把 ipaddr 变量中的数据写入 gkys.txt 这个文本文件。

（4）ASP 文件处理后数据反馈。

ASP 程序可以完成各种复杂的应用计算，最终的结果必须通过 response 对象返回给浏览器端的页面，由于浏览器只认识 HTML 代码，因此 ASP 程序在处理完数据反馈结果给浏览器端时，必须将结果的内容写入 HTML 标记中。最常用的就是 Response.write 方法，在 write 中直接根据 HTML 标记格式，将结果输出。也可以按照 JS 脚本的代码规则，输出一段 JS 脚本，用于与用户交互。甚至可以直接使用 redirect 方法，将用户页面重定向到某个页面。

典型的代码如下：

```
Response.write rs("username")
//直接输出数据库中的用户名信息
```

这种方式直接输出信息到用户浏览器端。也可以用 response 的 redirect 方法重新定向到指定的页面，如下面的代码：

```
If  session（username）="" then
  Response.redirect("login.asp")
Endif
//如果 session 变量 username 为空，则直接转向登录页面 login.asp
```

考试主要考的内容就是这些，每次考试中都会考到，因此必须熟悉。

第 2 学时　办公软件

本学时考点知识结构图如图 4-2-1 所示。

网络管理员考试中经常会考到一些应用软件的使用常识，如一般的数据处理软件的处理方法，常用的办公软件中的某些操作，尤其是 Excel 操作的函数和公式。每年考试中大约占 2～3 分。

图 4-2-1　知识结构图

　　Excel 是微软开发的 Office 办公软件套件中的电子表格处理程序。在网络管理员考试中，经常考一些 Office 办公软件中的操作。由于这些操作性质的题数量不多而且是比较基础的概念题型，学员根据平常使用计算机的经验，基本可以作答，因此本书中不再讨论。而另一种类型的题目则是考察学员对 Excel 中常见的基本公式和函数的理解，因此本节主要讨论 Excel 中与公式和函数相关的内容。

Excel 知识

1．Excel 基本概念

　　工作簿：指 Excel 中用来储存和处理工作数据的文件。它是 Excel 工作区中一个或多个工作表的集合，一个工作簿中默认情况下有三个工作表。

　　工作表：就是系统中实际用于显示和操作数据表的区域，工作表通常由工作表标签进行区别，如默认的 Sheet1、Sheet2、Sheet3 等。

　　单元格：工作表中行和列的交叉部分称为单元格，是存放数据的最小单元。单元格的地址表示形式为列标+行号。在 Excel 中，通常列名使用 A、B、C、…字母表示，行号使用 1、2、3、…数字来表示。

　　典型的单元格地址如 A5，含义是 A 列第 5 行的单元格，如图 4-2-2 所示。

图 4-2-2　单元格地址

由于 Excel 工作簿中可以存放多个工作表，并且可以引用多个工作表的单元格数据。为了区分同一个工作簿中不同工作表的单元格，需要在地址前加工作表名称，如在 Sheet2 中 A1 单元格中，要用到 Sheet1 工作表中的 A5 单元格中的数据，可以用 Sheet1！A5 来调用，如图 4-2-3 所示。

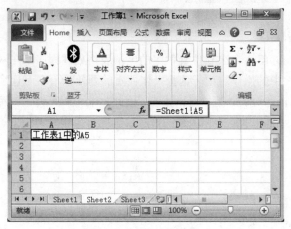

图 4-2-3　单元格地址

2．基本公式

Excel 的公式由运算符、数值、字符串、变量和函数组成。公式必须以等号"="开始，后面可以接表达式和函数，并且可以用基本运算符连接起来。

Excel 中的运算符有多种，并且有不同的优先级，考试中一般的题型就是求出公式最终的值。Excel 中运算符优先级见表 4-2-1。

表 4-2-1　运算符优先级

运算符	运算功能	优先级
( )	括号	1
-	负号	2
%	算术运算符	3
^		4
*与/		5
+与-		6
&	文本运算符	7
=、<、>、<=、>=、<>	关系运算符	8

在 Excel 公式中，还经常会用到引用运算符以简化数据引用的表示。其基本作用是可以将单元格区域合并起来进行计算。典型的引用运算符见表 4-2-2。

表 4-2-2　引用运算符

引用运算符	解释	举例
：	区域运算符：包括两个引用在内的所有单元格的引用	SUM(A1:A2)，求出从 A1 到 A2 范围内的所有单元格的和
，	联合操作符：对多个引用合并为一个引用	SUM(A2，C4，A10)，求出从 A2、C4，A10 三个单元格的和
空格	交叉操作符：对同时隶属于两个引用的单元格区域的引用	SUM(C2:E7 B4:D6)，因为 C2:E7 与 B4:D6 部分有重叠区域，当使用这个重叠区域时，用交叉操作符

交叉引用操作如图 4-2-4 所示。

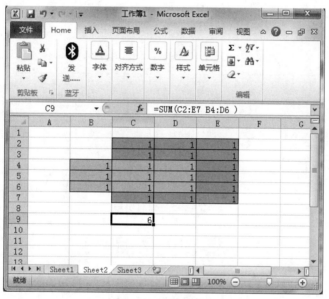

图 4-2-4　交叉引用

　　从图 4-2-4 中可以看出，C2:E7 与 B4:D6 的重叠区域是 C4:D6 一共六个单元格，因此使用公式 =SUM(C2:E7 B4:D6)时，实际上就是对重叠区域 C4:D6 这六个单元格中的数据求和，结果是 6。

　　而若公式改为=SUM(C2:E7,B4:D6)，则表示联合引用，相当于先计算 C2:E7 这十八个单元格的和，再与 B4:D6 这九个单元格的数据一起求和，结果就是 27。

　　Excel 中的四类运算符的优先级从高到低依次为："引用运算符""算术运算符""文本运算符""关系运算符"，当优先级相同时，自左向右进行计算。

　　3. 公式中单元格的引用

　　在 Excel 中，需要对大量数据进行计算时，数据之间的计算方式相同，但是每一行计算的数据都不同，此时为了简化操作，需要用到公式的复制。在将公式复制到其他单元格时，不同的引用方式效果是完全不同的，因此需要掌握 Excel 中的单元格引用的三种方式。

（1）相对引用。当公式在复制或填入到新位置时，公式不变，单元格地址随着位置的不同而变化，它是 Excel 默认的引用方式。

如图 4-2-5 所示，在计算总分时，只需要在 F2 单元格中输入公式"=SUM(C2:E2)"即可。但是后续还有学号为 002 到 005 的学生多人，都需要计算总分，此时不需要一个个输入公式，而是可以使用相对引用，直接复制 F2 单元格中的公式即可。当把 F2 单元格的公式"=SUM(C2:E2)"复制到 F3 时，会自动变成"=SUM(C3:E3)"，如图 4-2-6 所示。因此相对引用可以极大简化需要使用相同计算公式的计算。

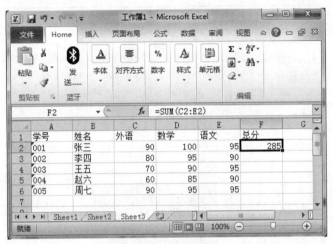

图 4-2-5　相对引用

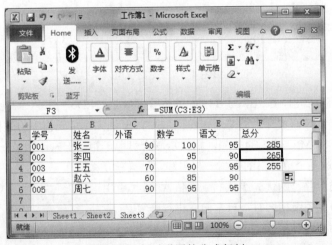

图 4-2-6　相对引用的公式复制

（2）绝对引用。指公式复制或填入到新位置时，单元格地址保持不变。设置时只需在行号和列号前加"$"符号。

如图 4-2-7 所示，所有学生都可以在总分上增加一个固定难度基本分 10 分，这个值放在 G2 单元格中。因此在 F2 单元格中输入公式"=SUM(C2:E2)+G2"得到最终的总分。其他的学生计算时同样复制此公式后，由于 Excel 默认的是相对应用，此时 F3 单元格的公式会变为"=SUM(C3:E3)+G3"，而 G3 单元格并没有值，因此用 0 代替。所以 F3 单元格的值加的是 0，导致结果错误。这里就要用绝对应用，确保所有复制后的公式中，都是加 G2 单元格中的值。因此 F2 单元格的公式应该写成"=SUM(C2:E2)+$G$2"，复制之后，F3 单元格的公式变为"=SUM(C3:E3)+$G$2"，结果正确，如图 4-2-8 所示。

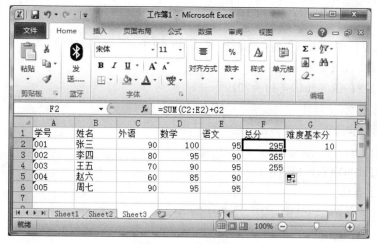

图 4-2-7　绝对引用

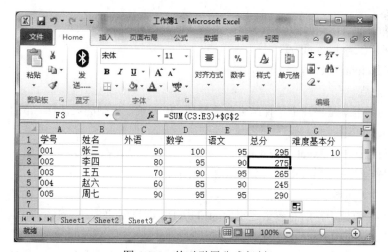

图 4-2-8　绝对引用公式复制

（3）混合引用。指在一个单元格地址中，既有相对引用又有绝对引用，如$B1 或 B$1。$B1

是列不变，行变化；B$1 是列变化，行不变。如公式在 F2 单元格，则公式 "=D2+E2"，从公式中的引用可以看出，其中 D2、E2 为相对引用。如公式 "=$D2+$E2"，则 D2、E2 为混合引用。

4. 函数

函数是预先定义好的公式，它由函数名、括号及括号内的参数组成。其中参数可以是常量、单元格、单元格区域、公式及其他函数，多个参数之间用 "," 分隔。在考试中，通常只需要我们计算出公式的最终结果，因此公式中有用到函数的时候，我们需要知道这个函数的作用是什么，具体是如何使用这些参数进行计算的就可以了。在公式中通常会使用一些系统提供的函数，考试中可能涉及的函数有：

（1）日期时间函数。

1）YEAR 函数。

功能：返回某日期对应的年份，返回值为 1900 到 9999 之间的整数。

格式：YEAR(serial_number)。

【例 4-2-1】YEAR（2019/4/1）=2019

2）TODAY 函数。

功能：返回当前日期。此函数不需要参数。

格式：TODAY()

【例 4-2-2】TODAY()=2019/4/1

3）MINUTE 函数。

功能：返回时间值中的分钟，即一个介于 0 到 59 之间的整数。

格式：MINUTE(serial_number)

【例 4-2-3】MINUTE（18:06:55）=6

4）HOUR 函数。

功能：返回时间值的小时数。即一个介于 0 到 23 之间的整数。

格式：HOUR(serial_number)

【例 4-2-4】Hour（18:06:55）=18

（2）逻辑函数。

逻辑函数的作用就是将几个条件结合起来使用，扩大条件控制的灵活性。常用的逻辑函数主要有逻辑与、逻辑或和逻辑非。

网络管理员考试中，Excel 考点可能会涉及的一个概念就是数字的逻辑值情况。如 0 值表示逻辑 FALSE，非零值表示逻辑 TRUE，如图 4-2-9 所示。

1）AND（与）函数。

功能：在其参数组中，所有参数逻辑值为 TRUE，即返回 TRUE。其他情况则返回 FALSE。

格式：AND(logical1,logical2,…)。

说明：AND 函数中最多可包含 255 个条件。参数的计算结果必须是逻辑值（如 TRUE 或 FALSE）。如果引用参数中包含文本或空白单元格，则这些值将被忽略。如果指定的单元格区域未包含逻辑值，则 AND 函数将返回错误值 #VALUE!。

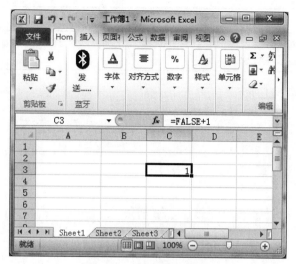

图 4-2-9　FALSE 的值是 0

【例 4-2-5】

表达式	解释	结果
=AND(1<A2, A2<100)	如果单元格 A2 中的数字介于 1 和 100 之间，则显示 TRUE。否则，显示 FALSE。A2=5	TRUE

AND 运算结果如图 4-2-10 所示。

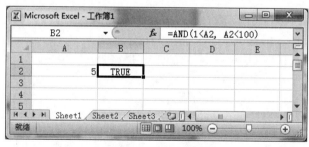

图 4-2-10　AND 运算

2）OR（或）函数。

功能：在其参数组中，任何一个参数逻辑值为 TRUE，即返回 TRUE。其他情况则为 FALSE。

格式：OR(logical1,logical2…)。

说明：logical1,logical2,… 为需要进行检验的条件，结果分别为 TRUE 或 FALSE。

【例 4-2-6】

表达式	解释	结果
=OR(1<A2, A2<0)	如果单元格 A2 中的数字不在 0 和 1 之间（包含 0 和 1），则显示 TRUE。否则，显示 FALSE。A2=5	TRUE

OR 运算结果如图 4-2-11 所示。

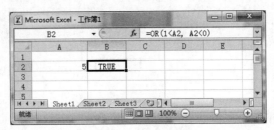

图 4-2-11　OR 运算

3）逻辑非（NOT）。

功能：参数逻辑值为 TRUE，即返回 FALSE。若是 FALSE，则返回 TRUE。

格式：NOT(logical1)。

说明：logical1 为需要进行检验的条件，结果得到与参数相反的值。

【例 4-2-7】

表达式	解释	结果
=NOT (1<A2)	如果单元格 A2 中的数字大于 1，则显示 FALSE。否则，显示 TRUE。前提：A2=0	TRUE

NOT 运算结果如图 4-2-12 所示。

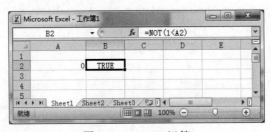

图 4-2-12　NOT 运算

（3）算术与统计函数。

1）MOD 函数。

功能：返回两数相除的余数。

格式：MOD(number,divisor)。

【例 4-2-8】

表达式	解释	结果
=MOD(5,3)	计算 5 除以 3 的余数	2
=MOD(5,-3)	计算 5 除以-3 的余数，结果与 divisor 符号相同	-1
=MOD(-5,-3)	计算-5 除以-3 的余数，结果与 divisor 符号相同	-2

MOD 运算结果如图 4-2-13 所示。

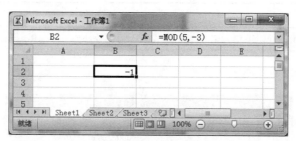

图 4-2-13　MOD 运算

类似的还有求和函数 sum()、求平均值的函数 average()等，分别求一组数的和与一组数的平均值。这两个比较简单，这里不再讨论。

2）MAX 函数。

功能：返回一组值中的最大值。

格式：MAX(number1,number2,…)。

【例 4-2-9】

表达式	解释	结果
=MAX (1,5,A2)	如果单元格 A2 中的数字大于 5，则显示 A2 单元格的值，如果小于 5，则显示 5。A2=10	10

MAX 运算结果如图 4-2-14 所示。

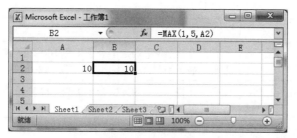

图 4-2-14　MAX 运算

类似的还有 MIN() 函数，返回一组数中的最小值。

3）RANK 函数。

功能：为指定单元的数据在其所在行或列数据区所处的位置排序。

格式：RANK(number,reference,order)。

说明：number 是被排序的值，reference 是排序的数据区域，order 是升序、降序选择，其中 order 取 0 值按降序排列，order 取 1 值按升序排列。

【例 4-2-10】

表达式	解释	结果
=RANK (5，A1：A10,1)	如果单元格 A1:A10 中的数字序列是 1,2,…,10，则函数返回 5	5

RANK 运算结果如图 4-2-15 所示。

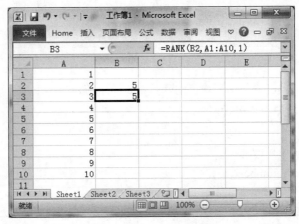

图 4-2-15　RANK 运算

4）IF 函数。

功能：执行真假值判断，根据逻辑计算的真假值，返回不同结果。

格式：IF(logical_test,value_if_true,value_if_false)。

【例 4-2-11】

表达式	解释	结果
=IF(AND(1<A2, A2<100), A2, "数值超出范围")	如果单元格 A2 中的数字介于 1 和 100 之间,则显示该数字。否则，显示消息"数值超出范围"。A2=150	数值超出范围
=IF(AND(1<A2, A2<100), A2, "数值超出范围")	如果单元格 A2 中的数字介于 1 和 100 之间,则显示该数字。否则，显示一条消息。A2=50	50

IF 函数结果如图 4-2-16 所示。

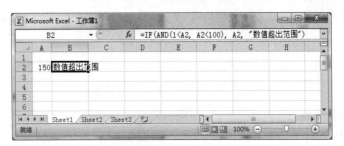

图 4-2-16　IF 运算

5）SUMIF 函数。

功能：根据指定条件对若干单元格求和。

格式：SUMIF(range,criteria,sum_range)。

【例 4-2-12】

表达式	解释	结果
=SUMIF(A2:A6,"<3",F1:F6)	先根据条件，在 A2：A6 区域中查找满足条件"<3"的行，然后将对应的 F1:F6 中对应的行相加	550

SUMIF 运算结果如图 4-2-17 所示。

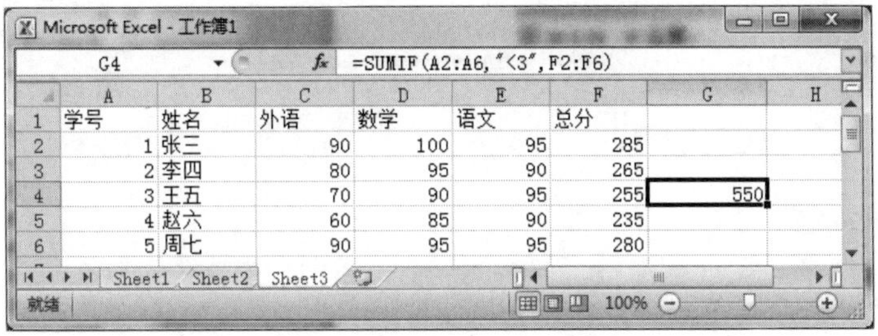

图 4-2-17　SUMIF 运算

（4）文本函数。

1）REPLACE 函数。

功能：使用其他文本字符串并根据所指定的字符数替换某文本字符串中的部分文本。

格式：REPLACE(old_text,start_num,num_chars,new_text)。

【例 4-2-13】

表达式	解释	结果
=REPLACE("好好学习",3,2,"工作")	将字符串"好好学习"中第 3 个字符开始，连续 2 个字符，也就是"学习"替换为"工作"，并返回整个字符串	好好工作

REPLACE 运算结果如图 4-2-18 所示。

图 4-2-18　REPLACE 运算

2）MID 函数。

功能：返回文本字符串中从指定位置开始的特定数目的字符。

格式：MID(text,start_num,num_chars)。

【例 4-2-14】

表达式	解释	结果
=MID("好好学习",3,2)	取字符串"好好学习"中第 3 个字符开始，连续 2 个字符，也就是"学习"	学习

MID 运算结果如图 4-2-19 所示。

图 4-2-19　MID 运算

（5）随机函数。

功能：返回一个 0 到 1 之间的随机小数。

格式：RAND()

在实际工作中经常需要用到随机数，如抽奖、分班等。RAND()函数来生成随机数，即每次返回值不重复的。RAND()函数返回的随机数字的范围是大于 0 小于 1。因此，通常以它为基础来生成指定范围内的随机数字。生成指定范围内随机数公式如下：

随机数=A+RAND()*(B-A)。

其中，A 是数字范围最小值，B 是最大值。假如要生成大于 60 小于 100 的随机数字，由于(100-60)*RAND()返回结果是 0 到 40 之间的值，因此要生成 60～100 之间的随机数，需要加上范围的下限 60。结果就变成了 60 到 100 之间的随机数字。

有时需要的是随机的整数，因此 Excel 中提供了生成随机整数的 RANDBETWEEN()函数，这个函数的语法：=RANDBETWEEN(范围下限整数，范围上限整数)，结果返回包含上下限在内的整数。需特别注意的是，即使上限和下限不是整数也可以，甚至可以是负数。

【例 4-2-15】

逻辑表达式	解释	结果
=RAND()	Rand()返回一个 0~1 之间的随机数	0~1 之间的随机数

RAND()运算结果如图 4-2-20 所示。

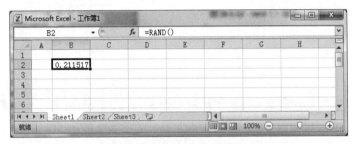

图 4-2-20　RAND()运算

（6）ROUND 函数。

功能：将参数中的 number 这个数字四舍五入为 num_digits 指定的位数。

格式：ROUND(number, num_digits)

【例 4-2-16】

表达式	解释	结果
=ROUND(-1.475, 2)	将 -1.475 四舍五入到两个小数位	-1.48
=ROUND(21.5, -1)	将 21.5 四舍五入到小数点左侧一位	20

ROUND 函数结果如图 4-2-21 所示。

图 4-2-21　ROUND 函数

类似的函数在 Excel 中有很多，考试中除了上述常考的函数之外，偶尔也会考到其他的函数，限于篇幅，这里不再详细讨论其他函数，大家在复习的时候可以适当注意一些计算相关的函数。

第 3 学时　交换基础

本学时考点知识结构图如图 4-3-1 所示。

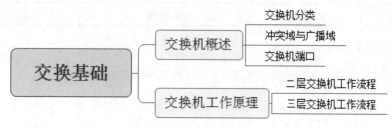

图 4-3-1　知识结构图

经过前面的学习，我们已经掌握了各类应用服务器的基础知识，了解了一些重要的配置技巧和流程，并且能快速搭建常见的网络应用。后期主要学习网络硬件设备的搭建、管理和配置。本学时开始，重点讲解路由器、交换机、防火墙的工作原理与常用配置。

3.1　交换机概述

交换机（Switch）是一种信号转发的设备，可以为交换机自身的任意两端口间提供独立的电信号通路，又称多端口网桥。传统的网桥通常是指以软件的形式实现数据交换的设备，而交换机则是以硬件芯片完成数据交换的操作，与传统网桥相比，主要是转发速度更快，效率更好，端口密度更高，它们的工作原理一样。常见的交换机有以太网交换机、电话语音交换机等，考试只考查以太网交换机。

1. 交换机分类

（1）以管理划分。可分为网管交换机（智能机）和非网管交换机（傻瓜交换机）。能进行管理和配置的交换机都称为网管交换机，网管交换机都有 console 口；不能进行管理和配置的交换机都称为非网管交换机。

（2）以工作层次划分。可以分为二层交换机、三层交换机和四层交换机。

1）二层交换机。**工作在数据链路层的交换机**通常称为二层交换机。二层交换机**根据 MAC 地址进行交换**。表 4-3-1 指出了各类交换机的交换依据。

2）三层交换机。带有路由功能的交换机工作在网络层，称为三层交换机。三层交换机能加快数据交换，可以实现路由，能够做到"一次路由，多次转发"（Route Once，Switch Thereafter），即在第三层对数据报进行第一次路由，之后尽量在第二层交换端到端的数据帧。数据转发由高速硬件实现，路由更新、路由计算、路由确定等则由软件实现。三层交换机根据 IP 地址进行交换，可以转发不同 VLAN 之间的通信。

表 4-3-1　交换机交换依据

交换机类别	交换依据
二层交换机	MAC 地址
三层交换机	IP 地址
四层交换机	TCP/UDP 端口
帧中继交换机	虚电路号（DLCI）
ATM 交换机	虚电路标识 VPI 和 VCI

多层交换（MultiLayer Switching，MLS）为交换机提供基于硬件的第三层高性能交换。它采用先进的专用集成电路（ASIC）交换部件完成子网间的 IP 包交换，可以大大减轻路由器在处理数据包时所引起的过高系统开销。MLS 是一种用硬件处理包交换和重写帧头，从而提高 IP 路由性能的技术。MLS 支持所有传统路由协议，而原来由路由器完成的帧转发和重写功能现在已经由交换机的硬件完成。MLS 将传统路由器的包交换功能迁移到第三层交换机上，这首先要求交换的路径必须存在。

3）四层交换机。第二层和第三层交换机分别基于 MAC 和 IP 地址交换，数据传输率较高，但无法根据端口主机的应用需求来自主确定或动态限制端口的交换过程和数据流量，即缺乏第四层智能应用交换需求。

第四层交换机除了可以完成第二层和第三层交换机功能外，还能依据传输层的端口进行数据转发。第四层交换机支持传输层的以下所有协议：可识别至少 80 个字节的数据包包头长度，可根据 TCP/UDP 端口号来区分数据包的应用类型，从而实现应用层的访问控制和服务质量保证。第四层交换机是以软件构建为主、以硬件支持为辅的网络管理交换设备。

（3）以网络拓扑结构划分。依据交换机所处的网络拓扑结构，交换机可分为接入层交换机、汇聚层交换机、核心层交换机。

1）接入层交换机。接入层交换机端口固定，一般拥有 8、16、24、48 个百兆或千兆以太网口、12～24 个千兆以太网口，用于实现把用户的计算机和终端接入网络。

2）汇聚层交换机。汇聚层交换机将接入层交换机汇聚起来，与核心交换机连接。汇聚层交换机可以是固定配置，也可以是模块配置，千兆光纤口较多。汇聚层交换机一般都是可以网管的。**数据包过滤、协议转换、流量负载和路由应在汇聚层交换机完成。**

3）核心层交换机。核心层交换机属于高端交换机，背板带宽和包转发率高，且采用模块化设计。**核心层交换机可作为网络骨干构建高速局域网。**

（4）以交换方式划分。以太网交换机的交换方式有三种：直通式交换、存储转发式交换、无碎片转发交换。

1）直通式交换（Cut-Through）：只要信息有目标地址，就可以开始转发。这种方式没有中间错误检查的能力，但转发速度快。

2）存储转发式交换（Store-and-Forward）：先将接收到的信息缓存，检测正确性，确定正确后才开始转发。这种方式的中间结点需要存储数据，时延较大。

3）无碎片转发交换（Fragment Free）：接收到 64 字节之后才开始转发。

在一个正确设计的网络中，冲突的发现会在源发送 64 个字节之前，当出现冲突之后，源会停止继续发送，但是这一段小于 64 字节的不完整以太帧已经被发送出去了且没有意义，所以检查 64 字节以前就可以把这些"碎片"帧丢弃掉，这也是"无碎片转发"名字的由来。

有些交换机只支持存储转发或直通转发，有些交换机支持多种模式。例如支持直通式交换和存储转发式交换的交换机，在每个交换端口设置一个门限值，超过时就自动调整模式，从直通转发切换到存储转发；低于某值时，又恢复到直通转发。

2. 冲突域与广播域

（1）冲突域。这个概念在网络管理员考试中常考，冲突域是物理层的概念，是指会发生物理碰撞的域。可以理解为连接在同一导线上的所有工作站的集合，也是同一物理网段上所有结点的集合，可以看作是以太网上竞争同一物理带宽或物理信道的结点集合。**单纯复制信号的集线器和中继器是不能隔离冲突域的，因此它的所有端口是在同一个冲突域中。**使用第二层技术的设备能分割 CSMA/CD 的设备，可以隔离冲突域。**网桥、交换机、路由器能隔离冲突域。**

（2）广播域。广播域是数据链路层的概念，是能接收同一广播报文的结点集合，如设备广播的 ARP 报文能接收到的设备都处于同一个广播域，网桥和交换机的所有端口在同一个广播域中，但是每一个端口是一个单独的冲突域。隔离广播域需要使用第三层设备，路由器、三层交换机都能隔离广播域，因此路由器和三层交换机的每一个端口既是一个单独的冲突域，也是一个单独的广播域。

3. 交换机端口

交换机端口有很多，主要分为光纤端口、以太网端口。光口类型有 GBIC、SFP 等。

（1）光纤端口。

● 100Base-FX 光纤端口，速率为 100Mb/s，接多模光纤。

● 1000Base-SX 光纤端口，速率为 1000Mb/s，接多模光纤。

（2）以太网端口。

● 100Base-TX 以太网端口，速率为 100Mb/s，接双绞线。

● 1000Base-T 以太网端口，速率为 1000Mb/s，接双绞线。

（3）GBIC。千兆位接口转换器（Gigabit Interface Converter，GBIC）是将千兆位电信号转换为光信号的接口器件，是千兆以太网连接标准。GBIC 在设计上可以为热插拔使用。目前 GBIC 基本被 SFP 取代。只要使用 GBIC 模块，就能连接双绞线、单模光纤、多模光纤的介质。

● 1000Base-T GBIC 模块，接超五类和六类双绞线。

● 1000Base-SX GBIC 模块，接多模光纤。

● 1000Base-LX/LH GBIC 模块，接单模光纤。

● 1000Base-ZX GBIC 模块，接长波光纤，适合长距离传输，可达 100km。

GBIC 还可以作为级联模块，用于交换机的级联或堆叠。

（4）SFP。小封装可插拔光模块（Small Form-factor Pluggables，SFP）是 GBIC 的替代和升级版本，是小型的、新的千兆接口标准。

（5）万兆模块。万兆模块是万兆的接口标准，万兆接口模块有多种，具体见表 4-3-2。

表 4-3-2　万兆接口模块

模块名称	连接介质	可传输距离
10GBase-CX4	CX4 铜缆（属于屏蔽双绞线）	15m
10GBase-SR	多模光纤	200～300m，传输距离为 300m，则需要使用 50μm 的优化多模（Optimized Multimode 3，OM3）
10GBase-LX4	单模、多模光纤	多模 300m，单模 10km
10GBase-LR	单模光纤	2km～10km，可达 25km
10GBase-LRM	多模光纤	使用 OM3 可达 260m
10GBase-ER	单模光纤	2km～40km
10GBase-ZR	单模光纤	80km
10GBase-T	屏蔽或非屏蔽双绞线	100m

另外，SFP 还有 10GBase-KX4（并行方式）和 10GBase-KR（串行方式），用于背板。

3.2　交换机工作原理

1．二层交换机工作流程

二层交换机具体的工作流程如下：

（1）交换机的某端口接收到一个数据包后，将源 MAC 地址与交换机端口对应关系动态存放到 MAC 地址表中，定期更新。MAC 地址表存放 MAC 地址和端口对应关系，一个端口可以有多个 MAC 地址。

（2）读取该数据包头的目的 MAC 地址，并在交换机地址对应表中查 MAC 地址表。

（3）如果查找成功，则直接将数据转发到结果端口上。

（4）如果查找失败，则广播该数据到交换机所有端口上。如果有目的机器回应广播消息，则将该对应关系存入 MAC 地址表供以后使用。

二层交换机具有识别数据中的 MAC 地址和转发数据到端口的功能，便于硬件实现。使用 ASIC 芯片可以实现高速数据查询和转发。

2．三层交换机工作流程

三层交换机并非是路由器和二层交换机的简单物理组合，而是一个严谨的逻辑组合，且三层交换机往往不支持 NAT。某源主机发出的数据进行第三层交换后，相关信息保存到 MAC 地址与 IP 地址的映射表中。当同源数据再次交换时，三层交换机则根据映射表直接转发到目的地址所在端口，无须通过路由 arp 表。

这种方式简单、高效，相比"路由器+二层交换机"方式，配置更少、硬件空间更小、性能更高、管理更加方便。

第 4 学时　交换机配置

本学时考点知识结构图如图 4-4-1 所示。

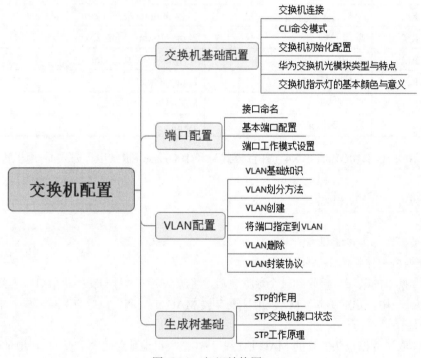

图 4-4-1　知识结构图

4.1　交换机基础配置

1. 交换机连接

交换机连接有以下三种方式：

（1）基于 Console 口的命令行接口（Command Line Interface，CLI）配置方式。

（2）通过 Web 界面配置。

（3）通过常用的网络管理软件配置。

第一次初始配置必须使用基于 Console 口的 CLI 配置方式。使用 Console 配置方式需要使用超级终端，超级终端连接交换机配置参数如图 4-4-2 所示。

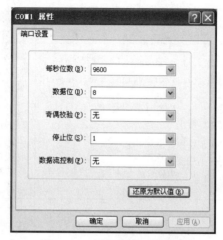

图 4-4-2　超级终端配置参数

具体参数值如下：

● 每秒位数：9600 波特。

● 数据位：8 位。

● 奇偶校验：无。

● 停止位：1 位。

● 数据流控制：无。

在主机上运行终端仿真程序（如 Windows 的超级终端、putty 等），设置终端通信参数如上所示。若使用 Windows 的超级终端，通常只要单击图 4-4-2 中的"还原为默认值"按钮，所有参数就会自动设置好。

以太网交换机上电，终端显示以太网交换机自检信息，自检结束后提示用户按 Enter 键，之后将出现命令行提示符<huawei>。

输入命令，配置以太网交换机或查看以太网交换机运行状态。需要帮助可以随时键入"?"。

2. CLI 命令模式

考试一般以华为 VRP 系统的命令模式为基础，运行 VRP 操作系统的华为产品包括路由器、局域网交换机及专用硬件防火墙等。使用不同的硬件平台和不同的软件版本，可能会导致命令之间有细微的区别。考试通常以 AR 系列路由器和 S 系列交换机的操作命令为参考，因此，试题中的命令出现细微的不同也是正常的，本书中绝大部分命令示例都是以华为发布的模拟器 eNSP V1.2.00 命令为基础。

华为设备的命令视图有很多种，表 4-4-1，列出了华为设备的常用视图及切换方法。

表 4-4-1　CLI 转换方式

常用视图名称	进入视图	视图功能
用户视图	用户从终端成功登录至设备即进入用户视图，在屏幕上显示<Huawei>	用户可以完成查看运行状态和统计信息等功能。在其他视图下，都可使用 return 直接返回用户视图
系统视图	在用户视图下，输入命令 system-view 后按 Enter 键，进入系统视图。<Huawei>system-view [Huawei]	在系统视图下，用户可以配置系统参数以及通过该视图进入其他的功能配置视图
接口视图	使用 interface 命令并指定接口类型及接口编号，可以进入相应的接口视图。 [Huawei] interface gigabitethernetX/Y/Z [Huawei-GigabitEthernetX/Y/Z] X/Y/Z 为需要配置的接口编号，分别对应"槽位号/子卡号/接口序号"	配置接口参数的视图称为接口视图。在该视图下可以配置接口相关的物理属性、链路层特性及 IP 地址等重要参数
路由协议视图	在系统视图下，使用路由协议进程运行命令可以进入到相应的路由协议视图 [Huawei] isis [Huawei-isis-1]	路由协议的大部分参数是在相应的路由协议视图下进行配置的。如 IS-IS 协议视图。OSPF 协议视图、RIP 协议视图，要退回到上一层命令，可以使用 quit 命令

为了保障用户配置的可靠性，华为操作系统支持两种配置生效模式：立即生效模式和两阶段生效模式。默认的是立即生效模式，部分高端设备支持多用户同时配置，因此支持两阶段生效模式。软考中使用较多的是立即生效模式。用户在进行配置前必须先进入系统视图。进入系统视图后，系统根据用户选择的配置模式启动相应的配置。

在立即生效模式下，用户在输入命令行并按 Enter 键后，系统执行语法检查，如果语法检查通过则配置立即生效。软考中主要使用这种方式。

在两阶段生效模式下，系统配置分为两个阶段。第一阶段用户输入配置命令，系统执行命令语法和语义检查，对于有错误的配置语句，系统通过命令行终端提醒用户配置错误及错误原因。用户完成系列配置命令的输入后，需要提交配置（使用 commit 指令），系统进入第二阶段，即配置提交阶段，系统会进行检查，发现配置有误时会产生提示信息。

3．交换机初始化配置

如果要合理管理交换机，就应该配置 IP 地址（管理地址）和名称，并设置密码。管理一台新的交换机，首先要对其进行初始化配置。

```
<Huawei>system-view
进入系统视图：
[Huawei]sysname Switch //配置交换机名称
[Switch]
[Switch]interface Vlanif 10//进入交换机的 vlan 虚接口 10
```

```
[Switch-Vlanif10]ip address 192.168.1.1 255.255.255.0
```

设置 VLAN10 虚接口的 IP 地址用以管理。华为交换机中有个专门用于设置管理 VLAN 的命令，就是在 VLAN 视图下执行命令 management-vlan，配置管理 VLAN。具体配置方法如下：

```
[Switch-vlan10]management-vlan
[Switch]ip route-static 0.0.0.0 0.0.0.0 192.168.1.254
```

设置交换机的默认路由，以便于管理员通过 IP 网络远程管理本交换机。设置好基本 IP 参数后，还需要设置好交换机上的 Telnet 服务和相关的认证方式、认证密码等才可以远程登录，这个操作网络管理员考试中经常考到，需要特别注意。接下来就学习如何设置交换机的登录密码。

通过 Console 口配置好管理 IP 地址并开启了相关服务的交换机，可以通过 Telnet、SSH 和 Web 界面等进行配置。登录界面的用户名和密码也是需要通过 Console 口设置好。部分设备的 Web 管理界面有默认账户和密码，但是华为交换机版本不同，默认密码可能也不同。

尤其需要注意的是，对于 Telnet 等远程方式登录交换机，默认情况下设备是没有配置用户名和密码的，需要用户自己配置。以下命令行是设置 Console 接口密码时设置为 Password 认证方式、密码为 Huawei 的基本配置：

```
[Switch] system-view    //进入系统视图
[Switch] user-interface console  0    //进入控制台接口
[Switch -ui-console0] authentication-mode password    //设置认证方式为密码认证
[Switch -ui-console0] set authentication password cipher Huawei    //设置认证密码为 Huawei
[Switch -ui-console0] return
```

若要配置 Telnet 接口的密码，则配置过程如下：

```
[Switch] system-view
[Switch] user-interface vty   0   4    //进入 VTY 接口
[Switch -ui-vty0-4] authentication-mode aaa    //设置认证方式为 aaa
[Switch -ui-vty0-4] quit
[Switch] aaa      //进入 aaa 配置
[Switch-aaa] local-user huawei password   cipher Huawei    //用户 huawei 的密码为 Huawei
[Switch-aaa] local-user huawei service-type telnet    //用户 huawei 的服务类型是 Telnet，也可以设置为其他协议，如
HTTP，就是使用 Web 界面
[Switch-aaa] local-user   Huawei privilege   level   3
//设置好后，必须退出到用户视图，使用 save 命令保存配置
[Switch]return
<Switch>save    //注意 save 是在用户视图下执行的
The current configuration will be written to the device.
Are you sure to continue?[Y/N]
//输入 Y 即可保存。
```

配置用户权限时关于用户级别的设置，华为有以下三种命令实现：

（1）使用 local-user privilege level 命令配置的本地用户级别。

（2）使用 admin-user privilege level 命令配置的管理员用户级别。

（3）使用user privilege命令在 VTY 模式下配置的用户级别。

用户级别与命令级别关系见表 4-4-2。

表 4-4-2 用户级别与命令级别关系

用户级别	命令级别	级别名称	解释
0	0	观察级	网络诊断工具命令（ping、tracert）、从本设备出发访问外部设备的命令（Telnet 客户端）等
1	0、1	监控级	用于系统维护，包括 display 等命令。 但是要注意：并不是所有 display 命令都是监控级，比如 display current-configuration 命令是 3 级管理级
2	0、1、2	配置级	业务配置命令
3~15	0、1、2、3	管理级	用于系统基本运行的命令，对业务提供支撑作用，包括文件系统、FTP、TFTP 下载、用户管理命令、命令级别设置命令、用于业务故障诊断的 debugging 命令等

不同级别的用户登录后，只能使用等于或低于自己级别的命令。

【例 4-4-1】下面给出一个交换机基本配置过程。

```
<Huawei>                      //用户视图提示符<Huawei>
<Huawei>system-view //进入系统视图，系统视图提示符[Huawei]
Enter system view, return user view with Ctrl+Z
[Huawei] sysname gkys    //设置交换机名为 gkys
[gkys]interface Vlanif 10   //进入 vlan 10 虚接口视图
[gkys-Vlanif10] ip address 172.28.1.1 255.255.255.0   //设置虚接口 IP 地址
```

也可以使用下面这种形式，作用相同。

```
[gkys-Vlanif10]ip address 172.28.1.1   24   //通过前缀的形式指定子网掩码
[gkys-Vlanif10]quit   //退回系统视图
[gkys]ip route-static 0.0.0.0 0.0.0.0 172.28.1.254 //设置默认静态默认路由，以便能从 IP 网络进行通信
```

注意：ip route-static ip-address subnet-mask gateway 是基本命令模式。其中 ip-address 为目标网络的网络地址；subnet-mask 为子网掩码；gateway 为网关。其中网关处的 IP 地址说明了路由的下一站。

此例中配置的是默认路由。默认路由是一种特殊的静态路由，当路由表中与包的目的地址之间没有匹配的表项时，路由器能够作出选择。常考的默认路由配置命令如下：

```
[Switch] ip route-static   0.0.0.0   0.0.0.0   默认网关地址
```

如果没有默认路由，那么目的地址在路由表中没有匹配表项的包将被丢弃。默认路由会大大简化路由的配置，减轻管理员的工作负担，提高网络性能。

```
[gkys] user-interface vty   0   4  //进入 VTY 接口
[gkys -ui-vty0-4] authentication-mode aaa  //设置认证方式为 aaa
[gkys -ui-vty0-4] quit
[gkys] aaa   //进入 aaa 配置
[gkys -aaa] local-user huawei password irreversible-cipher Huawei  //用户 huawei 的密码为 Huawei，此命令中的
irreversible-cipher 部分交换机版本不支持，它比 chiper 提供更安全的密码保护，考试中可能考到这个
[gkys -aaa] local-user huawei service-type telnet   //用户 huawei 的服务类型是 Telnet
[gkys -aaa] local-user  Huawei privilege  level  3
[gkys-aaa]return //退回用户视图
<gkys>save  //保存配置
```

4. 华为交换机光模块类型与特点

由于目前光纤接口使用越来越频繁，华为设备支持丰富的光模块类型，满足不同的应用场景，因此需要对华为交换机光模块类型与特点有基本了解。主要类型有以下几种：

（1）SFP（Small Form-factor Pluggable）光模块：小型可插拔型封装。SFP 光模块支持 LC 光纤连接器，支持热插拔。

（2）eSFP（enhanced Small Form-factor Pluggable）光模块：增强型 SFP，有时也将 eSFP 称为SFP。指带电压、温度、偏置电流、发送光功率、接收光功率监控功能的 SFP。

（3）SFP+（Small Form-factor Pluggable Plus）光模块：速率提升的 SFP 模块。因为速率提升，所以对 EMI 敏感。

（4）XFP（10-GB Small Form-factor Pluggable）光模块："X"是罗马数字 10 的缩写，所有的XFP 模块都是 10G 光模块。XFP 光模块支持 LC 光纤连接器，支持热插拔。相比 SFP+光模块，XFP光模块尺寸更宽、更长。

（5）QSFP+（Quad Small Form-factor Pluggable）光模块：四通道小型可热插拔光模块。QSFP+光模块支持 MPO 光纤连接器，相比 SFP+光模块尺寸更大。

5. 交换机指示灯的基本颜色与意义

网络管理员考试要求考生了解设备的基本指示灯的颜色和状态表示设备的运行情况，因此需要知道指示灯的基本颜色及代表的含义。华为设备的指示灯分为红、黄、绿、蓝四种颜色，代表的基本含义见表 4-4-3。

表 4-4-3　华为设备的指示灯颜色及含义

颜色	含义	说明
红色	故障/告警	需要关注和立即采取行动
黄色	次要告警/临界状态	情况有变或即将发生变化
绿色	正常	正常或允许进行
蓝色	指定用意	部分交换机中有 ID 指示灯，用来远端定位交换机

华为设备指示灯的位置及含义见表 4-4-4。

表 4-4-4　华为设备指示灯的位置及含义

指示灯位置	接口指示灯	状态指示灯
机箱面板	业务接口指示灯（电口/光口） 其他接口指示灯（USB 接口/ETH 管理接口/Console 接口/Mini USB 接口）	电源状态指示灯（PWR） 系统状态指示灯（SYS） 模式状态指示灯（STAT 模式/SPEED 模式/STACK 模式/PoE 模式）
插卡	业务接口指示灯（电口/光口）	插卡状态指示灯（STAT）

使用 V200R001 之前版本发布的设备，电源状态灯和系统状态灯有单独对应的指示灯及丝印，

SPEED/PoE/STACK 等模式状态灯合为一个灯，通过灯的不同颜色查看对应模式。之后版本的设备，每个状态指示灯都有单独对应的指示灯及丝印，其中 SPEED/STACK/PoE 等模式状态灯仍通过按动模式按钮切换查看。其中 RPS 表示使用外部备份电源（RPS）供电。

4.2 端口配置

1. 接口命名

配置物理接口需要分别指定接口类型、框号、插槽号、交换机端口号。常见接口类型见表 4-4-5。

表 4-4-5 常见接口类型

接口类型	接口配置名称	简写
10/100Mb/s 网口	ethernet	eth
10/100/1000Mb/s 网口	gigabitethernet	gi
10000Mb/s 以太网	Xgigabitethernet	Xgi
链路聚合接口	Eth-Trunk	Eth-T

- 插槽号：插槽号是交换机模块号，非模块化交换机则不用标识插槽号或者使用 0 编号。
- 端口号：交换机端口总是从 1 开始。端口的标识都在交换机的面板上标出来，具体形式如图 4-4-3 所示。

图 4-4-3 交换机端口标识

2. 基本端口配置

华为设备的物理接口的编号规则如下：

（1）未使能集群功能时，设备采用"槽位号/子卡号/接口序号"的编号规则来定义物理接口。

（2）使能集群功能后，设备采用"框号/槽位号/子卡号/接口序号"的编号规则来定义物理接口。

1）框号：表示集群交换机在集群系统中的 ID，值为 1 或者 2。

2）槽位号：表示单板所在的槽位号。

3）子卡号：表示业务接口板支持的子卡号。

4）接口序号：表示单板上各接口的编排顺序号。

如未使用集群功能的交换机的 Gigabitethernet3/0/23 表示交换机槽位号是 3，子卡号是 0，对应的接口序号是 23 的 10/100/1000Mb/s 网口，简写为 gi3/0/23。

进入该端口的配置命令为：

[Huawei]**interface** port

例如：[Huawei]interface gi3/0/23。

部分非模块化型号的设备早期使用两位编号形式，子卡号的位置固定为 0，再加接口序号表示，如 ethernet0/1。配置接口完成后，可以通过 display interface 命令查看接口状态。

【例 4-4-2】使用 display interface GigabitEthernet 0/0/1 命令查看交换机的 gigabit Ethernet 0/0/1 端口状态。

```
<gkys>display interface    g 0/0/1
GigabitEthernet0/0/1 current state : UP
Line protocol current state : UP
Description:
Switch Port, PVID :      1, TPID : 8100(Hex), The Maximum Frame Length is 9216
IP Sending Frames' Format is PKTFMT_ETHNT_2, Hardware address is 4c1f-ccf7-2a12
Last physical up time    : -
Last physical down time : 20xx-04-10 21:14:06 UTC-08:00
Current system time: 20xx-04-10 22:04:51-08:00
Hardware address is 4c1f-ccf7-2a12
    Last 300 seconds input rate 0 bytes/sec, 0 packets/sec
    Last 300 seconds output rate 0 bytes/sec, 0 packets/sec
    Input: 0 bytes, 0 packets
    Output: 0 bytes, 0 packets
    Input:
      Unicast: 0 packets, Multicast: 0 packets
      Broadcast: 0 packets
    Output:
      Unicast: 0 packets, Multicast: 0 packets
      Broadcast: 0 packets
    Input bandwidth utilization :      0%
    Output bandwidth utilization :      0%
```

3．端口工作模式设置

华为交换机的端口工作模式有三种：Access 模式（或接入模式）、Trunk 模式和 Hybrid 模式（混合模式）。

（1）Access 端口只能属于单个 VLAN，一般用于连接计算机的端口。

（2）Trunk 端口允许多个 VLAN 通过，可以接收和发送多个 VLAN 的报文，一般用于交换机之间连接的端口。

（3）Hybrid 端口是华为设备中的一种新端口类型，特点是允许多个 VLAN 通过，可以接收和发送多个 VLAN 的报文，既可用于交换机之间的连接，也可用于连接用户的计算机。

但是 Hybrid 端口与 Trunk 端口是有区别的。在接收数据时，Hybrid 端口和 Trunk 端口的处理方法是一样的，唯一不同之处在于发送数据时，Hybrid 端口可以允许多个 VLAN 的报文发送时不打标签，而 Trunk 端口只允许默认 VLAN 的报文发送时不打标签。

不同类型的端口在接收和发送数据时的处理特性见表 4-4-6。

表 4-4-6 不同类型的端口处理特性

接口类型	对接收不带 Tag 报文处理	对接收带 Tag 报文处理发送帧处理过程	发送帧处理过程
Access 接口	接收该报文，并打上缺省的 VLAN ID	当 VLAN ID 与缺省 VLAN ID 相同时，接收该报文。当 VLAN ID 与缺省 VLAN ID 不同时，丢弃该报文	先剥离帧的 PVID Tag，然后再发送。因此所有帧都不带 Tag
Trunk 接口	打上缺省的 VLAN ID，当缺省 VLAN ID 在允许通过的列表中，接收该报文。打上缺省 VLAN ID，当缺省 VLAN ID 不在允许通过的列表中时，丢弃该报文	当 VLAN ID 在接口允许通过的列表中时，接收该报文。当 VLAN ID 不在接口允许通过的列表中时，丢弃该报文	当 VLAN ID 与缺省 VLAN ID 相同，且是该接口允许通过的 VLAN ID 时，去掉 Tag，发送该报文。当 VLAN ID 与缺省 VLAN ID 不同，且是该接口允许通过的 VLAN ID 时，保持原有 Tag，发送该报文
Hybrid 接口	同 trunk	同 trunk	当 VLAN ID 是该接口允许通过的 VLAN ID 时，发送该报文。可以通过命令设置发送时是否携带 Tag

从表 4-4-6 中可以看出：

（1）接收数据时。若是不带 VLAN 标签的数据帧，Access 接口、Trunk 接口、Hybrid 接口都会给数据帧打上 VLAN 标签，但 Trunk 接口、Hybrid 接口会根据数据帧的 VID 是否是允许通过的 VLAN 来判断是否接收，而 Access 接口则无条件接收。

若是带 VLAN 标签的数据帧，Access 接口、Trunk 接口、Hybrid 接口都会根据数据帧的 VID 是否为其允许通过的 VLAN（Access 接口允许通过的就是缺省 VLAN）来判断是否接收。

（2）发送数据帧时。①Access 接口直接剥离数据帧中的 VLAN 标签。②Trunk 接口只有在数据帧中的 VID 与接口的 PVID 相等时，才会剥离数据帧中的 VLAN 标签。③Hybrid 接口会根据接口上的配置判断是否剥离数据帧中的 VLAN 标签。

由此可知，Access 接口发出的数据帧不带任何 VLAN Tag，因此适合连接 PC。Trunk 接口发出的数据帧只有一个 VLAN 的数据帧不带 Tag，其他都带 VLAN 标签，因此适合于交换机互联。Hybrid 接口发出的数据帧可根据需要设置某些 VLAN 的数据帧带 Tag，某些 VLAN 的数据帧不带 Tag，因此既可以接 PC 也可以与交换机互联。

1）Access 模式。Access 口用于与计算机相连，只能运行设置一个 VLAN，丢弃其他 VLAN 数据。

【例 4-4-3】

设置端口 Access 工作模式为 ACCESS，并指定缺省的 VLAN ID 为 10 的命令，配置如下：

```
[gkys]interface GigabitEthernet 0/0/1
[gkys-GigabitEthernet0/0/1]port link-type   access
[gkys-GigabitEthernet0/0/1]port default vlan 10 //设置默认的 VLAN ID 为 VLAN10
```

2）Trunk 模式。Trunk 用于交换机之间的连接，将数据打上各类 VLAN 标签，带有标签的数据被转发到另一个交换机的 Trunk 口。

【例 4-4-4】

设置端口 Trunk 工作模式为 TRUNK，并指定端口的 PVID 为 10，允许所有 VLAN 通过的命令，配置如下：

```
[gkys]interface GigabitEthernet 0/0/1
[gkys-GigabitEthernet0/0/1]port link-type    trunk                //配置中继模式
[gkys-GigabitEthernet0/0/1]port trunk pvid vlan    10 //指定端口的 PVID 值，这个 PVID 的作用就是当交换机从外部接收到 Untagged 数据帧时，打上缺省的 VLAN ID。这个 PVID 在交换机内部转发数据时不起作用
[gkys-GigabitEthernet0/0/1]port trunk allow-pass vlan {all/VLAN ID}    //all 表示所有的 VLAN，VLAN ID 则是用户指定的 VLAN 列表，即允许部分或者全部 VLAN 通过 Trunk 口
```

3）Hybrid 模式。Hybrid 模式的接口比较特殊，它既可以用于连接不能识别 Tag 的主机，也可以用于连接交换机、路由器这些支持 TAG 的网络设备。目前版本的华为交换机，端口的默认模式就是 hybrid 模式。交换机中通过不同的配置，既可以允许多个 VLAN 的帧带 Tag 通过，也允许根据需要从发出的帧配置某些 VLAN 的帧带 Tag，而另一些帧不带 Tag。

```
[Huawei]interface GigabitEthernet 0/0/1
[Huawei-GigabitEthernet0/0/1] port link-type hybrid
[Huawei-GigabitEthernet0/0/1]port hybrid pvid    vlan 10
 //指定 PVID 为 vlan 10
[Huawei-GigabitEthernet0/0/1]port    hybrid    tagged vlan    20    //对 VLAN 20 的数据发送时增加 Tag
```

具体的命令形式如下：

```
[Huawei-GigabitEthernet0/0/1]port    hybrid    tagged vlan    {all/VLAN ID}
//all 表示所有的 VLAN，VLAN ID 则是用户指定的 VLAN 列表，用于设置 Hybrid 端口对哪些 VLAN 添加 Tag
```

也可以使用如下命令配置：

```
[Huawei-GigabitEthernet0/0/1]port    hybrid    untagged vlan    {all/VLAN ID}指定哪些端口不添加 Tag。
```

有些版本的交换机配置 hybrid 端口使用如下指令：

```
port hybrid vlan vlan-id-list { tagged | untagged }
```

这种形式仅仅是命令形式上不同。

4.3　VLAN 配置

1．VLAN 基础知识

虚拟局域网（Virtual Local Area Network，VLAN）是一种将局域网设备从逻辑上划分成一个个网段，从而实现虚拟工作组的数据交换技术。这一技术主要应用于三层交换机和路由器中，但主流应用还是在三层交换机中。

VLAN 是基于物理网络上构建的逻辑子网，所以构建 VLAN 需要使用支持 VLAN 技术的交换机。当网络之间的不同 VLAN 进行通信时，就需要路由设备的支持。这时就需要增加路由器、三层交换机之类的路由设备。

一个 VLAN 内部的广播和单播流量都不会转发到其他 VLAN 中（隔离广播），用于实现数据链路层的隔离，这样有助于控制流量、减少设备投资、简化网络管理、提高网络的安全性。此处要

注意一个端口隔离的概念。端口隔离可以在不浪费 VLAN 资源的情况下，在同一 VLAN 内的端口之间进行隔离。管理员只要将端口加入到隔离组中，就可以实现隔离组内端口之间二层数据的隔离。端口隔离功能为用户提供了更安全、更灵活的组网方案。

2. VLAN 划分方法

VLAN 的划分方式有多种，但并非所有交换机都支持，而且只能选择一种应用。

（1）根据端口划分。这种划分方式是依据交换机端口来划分 VLAN 的，是最常用的 VLAN 划分方式，属于静态划分。例如，A 交换机的 1~12 号端口被定义为 VLAN1，13~24 号端口被定义为 VLAN2，25~48 号端口和 C 交换机上的 1~48 端口被定义为 VLAN3。VLAN 之间通过 3 层交换机或路由器保证 VLAN 之间的通信。

（2）根据 MAC 地址划分。这种划分方法是根据每个主机的 MAC 地址来划分的，即对每个 MAC 地址的主机都配置其属于哪个组，属于动态划分 VLAN。这种方法的最大优点是当设备物理位置移动时，VLAN 不用重新配置；缺点是初始化时，所有的用户都必须进行配置，配置工作量大，如果网卡更换或设备更新，又需重新配置。而且这种划分方法也导致了交换机的端口可能存在很多个 VLAN 组的成员，无法限制广播包，从而导致广播太多，影响网络性能。

（3）根据网络层上层协议划分。这种划分方法是根据每个主机的网络层地址或协议类型（如果支持多协议）划分的，属于动态划分 VLAN。这种划分方法根据网络地址（如 IP 地址）划分，但与网络层的路由毫无关系。优点是用户的物理位置改变了，不需要重新配置所属的 VLAN，而且可以根据协议类型来划分，这对网络管理者来说很重要。此外，这种方法不需要附加帧标签来识别 VLAN，这样可以减少网络的通信量。缺点是效率低，因为检查每一个数据包的网络层地址是需要消耗处理时间的（相对于前面两种方法），一般的交换机芯片都可以自动检查网络上数据包的以太网帧头，但要让芯片能检查 IP 帧头，则需要更高的技术，同时也更费时。

（4）根据 IP 组播划分 VLAN。IP 组播实际上也是一种 VLAN 的定义，即认为一个组播组就是一个 VLAN。这种划分方法将 VLAN 扩展到了广域网，因此这种方法具有更强的灵活性，而且也很容易通过路由器进行扩展，当然这种方法不适合局域网，主要是因为效率不高。该方式属于动态划分 VLAN。

（5）基于策略的 VLAN。根据管理员事先制定的 VLAN 规则，自动将加入网络中的设备划分到正确的 VLAN。该方式属于**动态划分 VLAN**。

3. VLAN 创建

创建 VLAN 可以分为批量创建和单独创建两种形式。一般情况下，新出厂的交换机默认的 VLAN 是 VLAN1。我们可以在交换机上使用命令 display vlan 查看 VLAN 的情况。

```
[gkys]disp vlan
The total number of vlans is : 1
-----------------------------------------------------------------------------
U: Up;          D: Down;          TG: Tagged;          UT: Untagged;
MP: Vlan-mapping;                 ST: Vlan-stacking;
#: ProtocolTransparent-vlan;      *: Management-vlan;
-----------------------------------------------------------------------------
```

```
VID   Type      Ports
--------------------------------------------------------------------------
1     common    UT:GE0/0/1(D)    GE0/0/2(D)      GE0/0/3(D)      GE0/0/4(D)
                GE0/0/5(D)       GE0/0/6(D)      GE0/0/7(D)      GE0/0/8(D)
                GE0/0/9(D)       GE0/0/10(D)     GE0/0/11(D)     GE0/0/12(D)
                GE0/0/13(D)      GE0/0/14(D)     GE0/0/15(D)     GE0/0/16(D)
                GE0/0/17(D)      GE0/0/18(D)     GE0/0/19(D)     GE0/0/20(D)
                GE0/0/21(D)      GE0/0/22(D)     GE0/0/23(D)     GE0/0/24(D)


VID   Status    Property        MAC-LRN Statistics Description
--------------------------------------------------------------------------
1     enable    default         enable  disable     VLAN 0001
```

（1）批量创建多个连续的 VLAN。

```
<gkys> system-view
[gkys] vlan batch x to y
```

其中的 x 和 y 用来表示不同的 VLAN 编号；to 用于创建连续的 VLAN，省略 to 则只创建列表中指定号码的 VLAN。创建好的 VLAN 可以用 VLAN 描述字符串进行详细标注，但是描述字符不超过 80 个字符。

批量创建 VLAN11 到 VLAN20 的步骤如下：

```
<gkys> system-view
[gkys] vlan batch 11 to 20
```

（2）单独创建 VLAN。

```
<gkys> system-view
[gkys] vlan x
```

其中的 X 用来表示 VLAN 编号。如果 VLAN 已经创建，则直接进入 VLAN 视图，否则创建该 VLAN。

单独创建 VLAN30 的步骤如下：

```
<gkys> system-view
[gkys] vlan   30           // 创建或者进入 VLAN30
[gkys -vlan30]description this is department of enger   //配置 vlan 的描述
```

如果设备上创建了多个 VLAN，为了便于管理，可以为 VLAN 配置名称。配置 VLAN 名称后，即可直接通过 VLAN 名称进入 VLAN 视图。

配置 VLAN10 的名称为 huawei 的命令如下：

```
<gkys> system-view
[gkys] vlan 10
[gkys-vlan10] name huawei
[gkys-vlan10] quit
```

配置 VLAN 名称后，可直接通过 VLAN 名称进入 VLAN 视图：

```
[gkys] vlan vlan-name huawei
[gkys-vlan10] quit
```

4. 将端口指定到 VLAN

华为设备中划分 VLAN 的方式有基于接口、基于 MAC 地址、基于 IP 子网、基于协议、基于策略（MAC 地址、IP 地址、接口）。其中基于接口划分 VLAN 是最简单、最常见的划分方式，也是考试中考得最多的一种形式。基于接口划分 VLAN 指的是根据交换机的接口来划分 VLAN。需要网络管理员预先为交换机的每个接口配置不同的 PVID，当一个数据帧进入交换机时，如果没有带 VLAN 标签，该数据帧就会被打上接口指定 PVID 的 Tag，然后数据帧将在指定 PVID 中传输。

当在交换机上创建了 VLAN 后，接下来就需要将相应的端口指定至该 VLAN，可以是单一端口指定 VLAN 或者成批端口指定 VLAN。

（1）单一端口指定 VLAN 的配置步骤。

```
system-view        //进入系统视图
vlan vlan-id       //创建 VLAN 并进入 VLAN 视图。如果 VLAN 已经创建，则直接进入 VLAN 视图
quit               //返回系统视图
interface interface-type interface-number        //进入需要加入 VLAN 的以太网接口视图
port link-type access        //配置接口类型为 Access
port default vlan vlan-id    //配置接口的缺省 VLAN 并将接口加入到指定 VLAN
```

VLAN 配置的步骤在考试中常考，需要重点掌握。将 G0/0/1 接口设置为 VLAN10 的具体配置命令如下：

```
<Huawei>system-view
Enter system view, return user view with Ctrl+Z.
[Huawei]vlan 10
[Huawei-vlan10]quit
[Huawei]interface GigabitEthernet 0/0/1
[Huawei-GigabitEthernet0/0/1] port link-type access
[Huawei-GigabitEthernet0/0/1]port default vlan 10
```

（2）成批端口指定 VLAN。

如需要对一批接口执行相同的 VLAN 配置，则可以在 VLAN 视图下执行命令：

```
port interface-type   {interface-number1 [ to interface-number2 ] }
```

将接口 gi0/0/1-gi0/0/10 全部加入 VLAN 2 的命令如下：

```
[gkys] vlan 2                                    //进入 VLAN 2 视图
[gkys-vlan2]port GigabitEthernet 0/0/1   to   0/0/10   //将 1～10 号接口全部设置为 VLAN 2
```

也可以使用以下方式：

```
system-view        //进入系统视图
vlan vlan-id       //创建 VLAN 并进入 VLAN 视图。如果 VLAN 已经创建，则直接进入 VLAN 视图
quit               //返回系统视图
port-group group-member    //进入接口组视图
group-member interface-type    interface-number to interface-type interface-number //把需要的接口加入组
port link-type access              //配置接口类型为 Access。此时系统会对每个接口进行一次设置
port default vlan vlan-id
//配置接口的缺省 VLAN 并将接口加入到指定 VLAN，系统也会自动对每个接口执行一次命令
```

如要将接口 GigabitEthernet0/0/1 到 GigabitEthernet0/0/10 的这 10 个接口统一配置成 Access 模式，默认的 VLAN 是 VLAN10 的命令：

```
<Huawei>system-view
Enter system view, return user view with Ctrl+Z.
[Huawei]vlan 10
[Huawei-vlan10]quit
[Huawei]Port-group 1
[Huawei-port-group-1]group-member GigabitEthernet 0/0/1 to GigabitEthernet 0/0/10        //把 1 到 10 端口加入分组
```

```
[Huawei-port-group-1]port link-type access      //下面 10 行是这条命令执行之后，系统自动分步执行的结果
[Huawei-GigabitEthernet0/0/1]port link-type access
[Huawei-GigabitEthernet0/0/2]port link-type access
[Huawei-GigabitEthernet0/0/3]port link-type access
[Huawei-GigabitEthernet0/0/4]port link-type access
[Huawei-GigabitEthernet0/0/5]port link-type access
[Huawei-GigabitEthernet0/0/6]port link-type access
[Huawei-GigabitEthernet0/0/7]port link-type access
[Huawei-GigabitEthernet0/0/8]port link-type access
[Huawei-GigabitEthernet0/0/9]port link-type access
[Huawei-GigabitEthernet0/0/10]port link-type access
[Huawei-port-group-1]port default vlan 10      //设置接口的默认 PVID，系统自动执行以下 10 条命令，并在屏幕上输出
[Huawei-GigabitEthernet0/0/1]port default vlan 10
[Huawei-GigabitEthernet0/0/2]port default vlan 10
[Huawei-GigabitEthernet0/0/3]port default vlan 10
[Huawei-GigabitEthernet0/0/4]port default vlan 10
[Huawei-GigabitEthernet0/0/5]port default vlan 10
[Huawei-GigabitEthernet0/0/6]port default vlan 10
[Huawei-GigabitEthernet0/0/7]port default vlan 10
[Huawei-GigabitEthernet0/0/8]port default vlan 10
[Huawei-GigabitEthernet0/0/9]port default vlan 10
[Huawei-GigabitEthernet0/0/10]port default vlan 10
[Huawei-port-group-1]quit
```

华为交换设备的重要概念就是默认 VLAN。通常 Access 端口只属于 1 个 VLAN，所以它的默认 VLAN 就是其所在的 VLAN，无须设置。而 Hybrid 端口和 Trunk 端口可以属于多个 VLAN，因此需要设置默认 VLAN ID。默认情况下，Hybrid 端口和 Trunk 端口的默认 VLAN 为 VLAN 1。

当端口接收到不带 VLAN Tag 的报文后，则将报文转发到属于默认 VLAN 的端口（如果设置了端口的默认 VLAN ID）。当端口发送带有 VLAN Tag 的报文时，如果该报文的 VLAN ID 与端口默认的 VLAN ID 相同，则系统将去掉报文的 VLAN Tag，然后发送该报文。

在配置 VLAN 时要注意：

（1）默认情况下，所有端口都属于 VLAN 1，一个 Access 端口只能属于一个 VLAN。

（2）如果端口是 Access 端口，则在将端口加入到另外一个 VLAN 的同时，系统自动把该端口从原来的 VLAN 中删除掉。

（3）除了 VLAN 1 外，如果 VLAN XX 不存在，在系统视图下输入 VLAN XX，则创建 VLAN XX 并进入 VLAN 视图；如果 VLAN XX 已经存在，则进入 VLAN 视图。

5. VLAN 删除

如果要删除交换机上已经创建的 VLAN，可以使用 undo vlan 命令。可以批量删除或者单独删除某个 VLAN。

```
[gkys]undo vlan batch   x   to   y //批量删除 vlan 编号为 x 到 y 的所有 vlan
```

也可以单独删除某一个 VLAN。

```
[gkys]undo vlan   x   //删除编号为 x 的 vlan
```

但是要注意，VLAN 号必须存在才能删除，否则会报错。另外特别要注意的是 VLAN 1，这是

一个特殊的 VLAN，不能删除。

6. VLAN 封装协议

VTP 协议有两种链路封装协议：IEEE 802.1Q 和 QinQ 技术。

（1）IEEE 802.1Q：俗称 dot1q，由 IEEE 创建。它是一个通用协议，在各个不同厂商的设备之间使用 IEEE 802.1Q。IEEE 802.1Q 所附加的 VLAN 识别信息位于数据帧中的源 MAC 地址与类型字段之间。基于 IEEE 802.1Q 附加的 VLAN 信息，就像在传递物品时附加的标签。IEEE 802.1Q VLAN 最多可支持 4096 个 VLAN 组，并可跨交换机实现。

IEEE 802.1Q 协议在原来的以太帧中增加了 4 个字节的标记（Tag）字段，如图 4-4-4 所示。增加了 4 个字节后，交换机默认最大 MTU 应由 1500 个字节改为至少 1504 个字节。

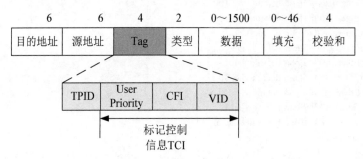

图 4-4-4　IEEE 802.1Q 格式

- TPID：值为 0x8100（hex），标记 IEEE 802.1Q 帧，hex 表示十六进制。
- TCI：标签控制信息字段，包括用户优先级（User Priority）、规范格式指示器（Canonical Format Indicator）和 VLAN ID。
- User Priority：定义用户优先级，3 位，有 8 个优先级别。
- CFI：以太网交换机中，规范格式指示器总被设置为 0。设置为 1 时，表示该帧格式并非合法格式，这类帧不被转发。
- VID：VLAN ID 标识 VLAN，长度为 12 位，所以取值范围为 $[0, 2^{12}-1]$，即 [0,4095]。VLAN ID 在标准 IEEE 802.1Q 中常常用到。在 VID 可能的取值范围 [0,4095] 中，VID=0 用于识别帧优先级，4095（转换为十六进制为 FFF）作为预留值，所以 **VLAN 号的最大可能值为 4094，最多可以配置 4094 个不同 VLAN，其编号范围是 [1,4094]**。

（2）QinQ 技术（Double VLAN）：为了解决日益紧缺的公网 VLAN ID 资源问题，二层 VPN 技术能够透明传送用户的 VLAN 信息。IEEE 802.1Q 扩展了一个新的标准 IEEE 802.1ad（运营商网桥协议），即 QinQ 技术。具体实现就是在 IEEE 802.1Q 协议标签前再次封装 IEEE 802.1Q 协议标签，其中一层是标识用户系统网络，另一层是标识网络业务，这样可以实现多用户和多业务流的融合。

这种处理方式要求运营商网络或用户局域网中的交换机都支持 IEEE 802.1Q 协议，同时通过 IEEE 802.1ad 来实现灵活的 QinQ 技术。

华为交换机上，也可以设置端口的类型为 QinQ。命令如下：

[gkys-GigabitEthernet0/0/1]port link-type dot1q-tunnel　　//这里的 dot1q-tunnel 就是指的 QinQ 端口

4.4　生成树基础

生成树协议（Spanning Tree Protocol，STP）是一种链路管理协议，为网络提供路径冗余，同时防止产生环路。交换机之间使用网桥协议数据单元（Bridge Protocol Data Unit，BPDU）来交换 STP 信息。**BPDU** 包含了实现 STP 必要的根网桥 ID、根路径成本、发送网桥 ID、端口 ID 等信息，具有配置 BPDU 和通告拓扑变化的功能。

1．STP 的作用

STP 的作用有以下几点：

（1）逻辑上断开环路，防止广播风暴的产生。

（2）当线路出现故障，断开的接口被激活，恢复通信，起备份线路的作用。

（3）形成一个最佳的树型拓扑。

2．STP 交换机接口状态

启动了 STP 的交换机的接口状态和作用见表 4-4-7。

表 4-4-7　接口状态和作用

状态	用途
阻塞（Blocking）	接收 BPDU、不转发帧
侦听（Listening）	接收 BPDU、不转发帧、接收网管消息
学习（Learning）	接收 BPDU、不转发帧、接收网管消息、把终端站点位置信息添加到地址数据库（构建网桥表）
转发（Forwarding）	发送和接收用户数据、接收 BPDU、接收网管消息、把终端站点位置信息添加到地址数据库
禁用（Disable）	端口处于 shutdown 状态，不转发 BPDU 和数据帧

其中，**阻塞状态到侦听状态需要 20 秒，侦听状态到学习状态需要 15 秒，学习状态到转发状态需要 15 秒。**

3．STP 工作原理

STP 首先选择根网桥（Root Bridge），然后选择根端口（Root Ports），最后选择指定端口（Designated Ports）。

下面讲述具体的 STP 选择过程。

（1）选择根网桥。每台交换机都有一个唯一的网桥 ID（BID），最小 BID 值的交换机为根交换机。其中 BID 是由 2 字节的网桥优先级字段和 6 字节的 MAC 地址字段组成。图 4-4-5 描述了根网桥的选择过程。

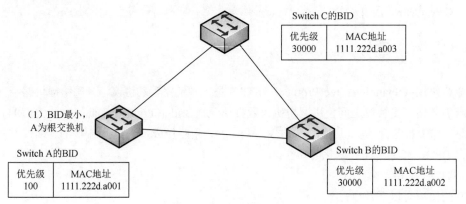

图 4-4-5　根网桥的选择

（2）选择根端口。选择根网桥后，其他的非根桥选择一个距离根桥最近的端口为根端口。

选择根端口的依据如下：

1）交换机中到根桥总路径成本最低的端口。路径成本根据带宽计算得到，如 10Mb/s 的路径成本为 100，100Mb/s 的路径成本为 19，1000Mb/s 的路径成本为 4。开销最小的端口，即为该非根交换机的根端口。

2）如果到达根桥开销相同，再比较上一级（接收 BPDU 方向）发送者的桥 ID。选择发送者网桥 ID 最小的对应的端口。

3）如果上一级发送者网桥 ID 也相同，再比较发送端口 ID。端口 ID 由端口优先级（8 位）和端口编号（8 位）组成。选出优先级最小的对应的端口，若优先级相同，则选择端口号最小的。

图 4-4-6 描述了根端口的选择过程。

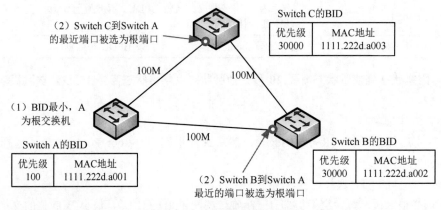

图 4-4-6　根端口的选择

（3）选择指定端口。

每个网段选择一个指定端口，根桥所有端口均为指定端口。

选定非根桥的指定端口的依据如下：

1）到根路径成本最低。

2）端口所在的网桥的 ID 值较小。

3）端口 ID 值较小。

图 4-4-7 描述了指定端口的选择过程。

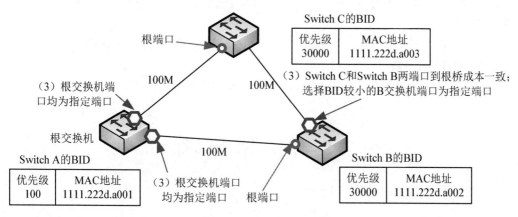

图 4-4-7　指定端口的选择

交换机中所有的根端口和指定端口之外的端口，称为非指定端口。此时非指定端口被 STP 协议设置为阻塞状态，这时没有环的网络就生成了。

尽管 STP 能阻断环路，但是效率并不高。主要体现在 STP 算法是被动的算法，依赖定时器等待的方式判断拓扑变化，收敛速度慢。并且算法要求在稳定的拓扑中，根桥主动发出配置 BPDU 报文，其他设备进行处理，传遍整个 STP 网络，这也是导致拓扑收敛慢的主要原因之一。为了解决 STP 收敛速度慢的情况，开发出了 RSTP 协议。RSTP 减少了 STP 中的端口状态数，新增加了两种端口角色，并且把端口属性充分按照状态和角色分开处理；此外，RSTP 还增加了一些相应的增强特性和保护措施，从而可以实现网络的稳定和快速收敛。RSTP 可以与 STP 互操作，但是会丧失快速收敛等优势。

RSTP 在 STP 基础上进行了改进，实现了网络拓扑快速收敛。但 RSTP 和 STP 还存在同一个缺陷：由于局域网中的所有 VLAN 共享一棵生成树，因此无法在 VLAN 间实现数据流量的负载均衡，链路被阻塞后将不能发送业务数据流。因此 IEEE 于 2002 年发布的 IEEE 802.1S 标准定义了 MSTP。MSTP 兼容 STP 和 RSTP，既可以快速收敛，又提供了数据转发的多个冗余路径，在数据转发过程中实现 VLAN 数据的负载均衡。

MSTP 把一个交换网络划分成多个域，每个域内形成多棵生成树，生成树之间彼此独立。每棵生成树叫做一个多生成树实例（Multiple Spanning Tree Instance，MSTI），每个域叫做一个 MST 域（Multiple Spanning Tree Region，MST Region）。MSTP 协议中的生成树实例就是多个 VLAN 的一个集合。通过将多个 VLAN 捆绑到一个实例，可以节省通信开销和资源占用率。每个 VLAN 只能对应一个MSTI，即同一VLAN的数据只能在一个MSTI中传输，而一个MSTI可能对应多个VLAN。

MSTP各个实例拓扑的计算相互独立，在这些实例上可以实现负载均衡。可以把多个相同拓扑结构的VLAN映射到一个实例里，这些VLAN在端口上的转发状态取决于端口在对应MSTP实例的状态。

生成树协议使用中需要注意以下几点：

（1）华为交换机默认的优先级都是 32768，如果要指定某一台交换机为根交换机，可以通过修改优先级来实现。

（2）默认情况下打开生成树，所有端口都会开启生成树协议，若需要STP有更快的收敛速度，可以把接 PC 的端口改为边缘端口模式。

（3）如果要控制某条链路的状态，可以通过设置端口的 cost 值来实现。

第 5 学时　路由基础

本学时考点知识结构图如图 4-5-1 所示。

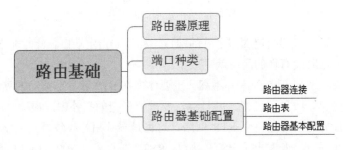

图 4-5-1　知识结构图

5.1　路由器原理

路由器的主要功能是进行路由处理和包转发。

（1）路由处理。通过运行路由协议来学习网络的拓扑结构，通过一定的规则建立和维系路由表，保持信息有效。通过特定算法，依据路由表决定最佳路径。

（2）包转发。

1）接收数据包，检查、解释和处理 IP 版本号、头长度、头校验等数据包报头，对数据报文的长度和完整性进行验证。

2）依据目的 IP 地址检查下一跳（Next Hop）IP 地址。修改 TTL 值，重新计算校验和。

3）新数据附加新数据链路层报头并转发。

5.2　端口种类

常见的路由器端口有以下几种：

（1）RJ-45 端口。RJ-45 端口指的是使用由国际性的接插件标准定义的 8 个位置（8 针）的模块化插孔或插头。RJ 这个名称代表已注册的插孔（Registered Jack）。图 4-5-2 给出了 RJ-45 端口的外形。

图 4-5-2　RJ-45 端口

（2）高速同步串口。在路由器的广域网连接中，高速同步串口（Serial Peripheral Interface，SPI）应用较多。这种端口主要用于连接 DDN、帧中继（Frame Relay）、X.25、PSTN（模拟电话线路）等网络。图 4-5-3 给出了高速同步串口的外形图。这种同步端口一般要求速率非常高，因为一般通过这种端口连接的网络两端都要求实时同步。

图 4-5-3　高速同步串口

（3）ISDN BRI。ISDN BRI 端口通过 ISDN 线路实现路由器与 Internet 或其他网络的远程连接。ISDN BRI 端口采用 RJ-45 标准，与 ISDN NT1 的连接使用 RJ-45 to RJ-45 直通线。图 4-5-4 给出了 ISDN BRI 的外形图。

图 4-5-4　ISDN BRI 口

（4）异步串口（ASYNC）。异步串口适合 Modem 间的连接，实现 PSTN 的拨号接入。该端口速率不高，工作在异步传输模式下。图 4-5-5 给出了异步串口的外形图。

（5）Console 口。Console 线连接 PC 机的串口和设备 Console 口，可以通过超级终端配置设备。

（6）AUX 端口。AUX 端口在外观上与 RJ-45 端口一样，只是内部电路不同，实现的功能也不一样。通过 AUX 端口与 Modem 进行连接时，必须借助 RJ-45 to DB9 或 RJ-45 to DB25 适配器进行转换，外形如图 4-5-6 所示。

图 4-5-5　异步串口

图 4-5-6　Console 口与 AUX 口

（7）E1/T1 端口。E1/T1 端口用于连接运营商网络。图 4-5-7 给出了 E1/T1 端口的外形图。

图 4-5-7　E1/T1 端口

（8）光纤接口。用于连接光纤，提供千兆速率。图 4-5-8 给出了 SC 光纤接口和光纤的外形图。

图 4-5-8　SC 光纤接口

5.3 路由器基础配置

1. 路由器连接

和连接交换机一样，这里不再赘述。

2. 路由表

路由表（Routing Table）供路由选择时使用，路由表为路由器进行数据转发提供信息和依据。路由表可以分为静态路由表和动态路由表。

（1）静态路由表。

由系统管理员事先设置好固定的路由表，称为静态（Static）路由表，一般是在系统安装时就根据网络的配置情况预先设定，不会随网络结构的改变而改变。

（2）动态路由表。

动态（Dynamic）路由表是路由器根据网络系统的运行情况自动调整的路由表。路由器根据路由选择协议（Routing Protocol）提供的功能自动学习和记忆网络运行情况，在需要时自动计算数据传输的最佳路径。

显示路由器的路由主要使用 display ip routing-table 命令，可以接多个参数，用于对显示的路由表进行过滤。例如：

```
display ip routing-table verbose      //显示路由表的详细信息
display ip routing-table acl XXXX      //显示通过 ACL 编号为 XXXX 过滤的激活路由的概要信息
display ip routing-table 1.1.1.1 32 nexthop 2.2.2.2   //根据下一跳显示目的地址为 1.1.1.1/32 的路由
```

使用 display ip routing-table 命令可以查看路由表信息，考生要能读懂路由表，路由表的相关参数解释见表 4-5-1。

```
<HUAWEI> display ip routing-table
Route Flags: R - relay, D - download to fib
------------------------------------------------------------------------
Routing Tables: Public
         Destinations : 5        Routes : 6
Destination/Mask   Proto   Pre  Cost  Flags   NextHop      Interface
      1.1.1.1/32   Static   60    0     D      0.0.0.0      NULL0
                   Static   60    0     D      100.0.0.2    Vlanif100
   100.0.0.0/24    Direct    0    0     D      100.0.0.1    Vlanif100
   100.0.0.1/32    Direct    0    0     D      127.0.0.1    Vlanif100
   127.0.0.0/8     Direct    0    0     D      127.0.0.1    InLoopBack0
   127.0.0.1/32    Direct    0    0     D      127.0.0.1    InLoopBack0
```

表 4-5-1 display ip routing-table 命令输出信息

参数名	解释
Route Flags	路由标记： R：表示该路由是迭代路由； D：表示该路由下发到 FIB 表

参数名	解释
Routing Tables：Public	表示此路由表是公网路由表。如果是私网路由表，则显示私网的名称，如 Routing Tables: GKYS
Destinations	显示目的网络/主机的总数
Routes	显示路由的总数
Destination/Mask	显示目的网络/主机的地址和掩码长度
Proto	显示学习到这些路由所用的路由协议： Direct：表示直连路由； Static：表示静态路由； EBGP：表示 EBGP 路由； IBGP：表示 IBGP 路由； ISIS：表示 IS-IS 路由； OSPF：表示 OSPF 路由； RIP：表示 RIP 路由； UNR：表示用户网络路由（User Network Routes）
Pre	显示此路由的优先级，华为路由协议的优先级定义与思科不一样，要特别注意：DIRECT=0；OSPF=10；STATIC=60；IGRP=80；RIP=110；OSPFASE=150；BGP=170
Cost	显示此路由的路由开销值
Flags	显示路由标记，即路由表头的 Route Flags
NextHop	显示此路由的下一跳地址
Interface	显示此路由下一跳可达的出接口

3. 路由器基本配置

（1）配置路由器名称。

[Huawei]sysname R1	设置路由器名为 R1
[R1]	修改后的配置模式提示符

（2）配置以太网口。配置接口命令形式为 ip address ip_addr subnet_mask/网络前缀位数。

[Huawei] interface　ethernet 0/0/1	对指定接口进行配置
[Huawei-Ethernet0/0/1] ip address ip_address subnet_mask	//配置 IP 地址和子网掩码或者直接使用前缀位数表示如 [Huawei-Ethernet0/0/1] ip address ip_address X，其中的 X 表示前缀位数；如 255.255.255.0 对应的就是 24
[Huawei-Ethernet0/0/1] undo shutdown	启动接口
[Huawei-Ethernet0/0/1]quit	返回系统视图

（3）静态路由配置。

[Huawei]ip route-static　ip-address subnet-mask gateway

指定到达目的网络的地址、子网掩码、下一条（网关）地址或路由器接口，这个命令考试中经常考到，要注意目的网络地址如果是 0.0.0.0 0.0.0.0　则表示默认静态路由，一般在出口路由器需要配置一条默认静态路由。如果目的网络是单个主机，掩码是 255.255.255.255，称为主机路由。

（4）display 命令。

[Huawei]display ip route-table	显示路由信息
[Huawei]display version	查看版本及引导信息
[Huawei]display current-configuration	查看运行配置
[Huawei]display saved-config	查看开机配置
[Huawei]display interface type port/number	检查端口配置参数和统计数据
[Huawei]display history-command	查看历史输入的命令

第 6 学时　路由配置

本学时考点知识结构图如图 4-6-1 所示。

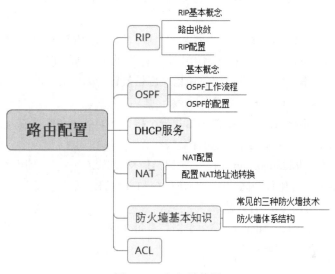

图 4-6-1　知识结构图

6.1　RIP

路由信息协议（Routing Information Protocol，RIP）是最早使用的**距离矢量路由**协议。因为路由是以矢量（距离、方向）的方式被通告出去的，这里的距离是根据度量来决定的，所以叫"距离矢量"。距离矢量路由算法是动态路由算法。它的工作流程是：每个路由器维护一张矢量表，表中列出了当前已知的到每个目标的最佳距离以及所使用的线路。通过在邻居之间相互交换信息，路由器不断更新其内部的表。

1. RIP 基本概念

RIP 协议基于 UDP，端口号为 520。RIPv1 报文基于广播，RIPv2 基于组播（组播地址 224.0.0.9）。RIP 路由的更新周期为 **30 秒**，如果路由器 **180 秒**内没有回应，则说明路由不可达；如果 **240 秒**内没有回应，则删除路由表信息。RIP 协议的最大跳数为 15 跳，16 跳表示不可达，直连网络跳数为

0，每经过一个结点跳数增 1。

RIP 分为 RIPv1、RIPv2 和 RIPng 三个版本，其中 RIPv2 相对 RIPv1 的改进点有：**使用组播**而不是广播来传播路由更新报文；RIPv2 属于**无类协议，支持可变长子网掩码**（VLSM）和无类别域间路由（CIDR）；采用了**触发更新机制来加速路由收敛；支持认证**，使用经过散列的口令字来限制更新信息的传播。RIPng 协议属于 IPv6 中的路由协议。

2. 路由收敛

好的路由协议必须能够快速收敛，收敛就是网络设备的路由表与网络拓扑结构保持一致，所有路由器再判断最佳路由达到一致的过程。

距离矢量协议容易形成路由循环、传递好消息快、传递坏消息慢等问题。解决这些问题可以采取以下措施：

（1）水平分割（Split Horizon）。路由器某一个接口学习到的路由信息，不再反方向传回。

（2）路由中毒（Router Poisoning）。路由中毒又称为反向抑制的水平分割，不会立即将不可达网络从路由表中删除该路由信息，而是将路由信息度量值置为无穷大（RIP 中设置跳数为 16），该中毒路由被发给邻居路由器以通知这条路径失效。

（3）反向中毒（Poison Reverse）。路由器从一个接口学习到一个度量值为无穷大的路由信息，则应该向同一个接口返回一条路由不可达的信息。

（4）抑制定时器（Holddown Timer）。一条路由信息失效后，一段时间内都不接收其目的地址的路由更新。路由器可以避免收到同一路由信息失效和有效的矛盾信息。通过抑制定时器可以有效避免链路频繁起停，增加了网络有效性。

（5）触发更新（Trigger Update）。路由更新信息每 30 秒发送一次，当路由表发生变化时，则应立即更新报文并广播到邻居路由器。

3. RIP 配置

RIP 协议配置如下：

```
[Huawei]rip 1 //启动 rip 进程，进程号为 1
[Huawei-rip-1] version 2 //指定全局 RIP 版本
[Huawei-rip-1]network 192.168.1.0 //在 RIP 中发布指定网段，有多个网段时，可以多次使用 network 命令发布网络
[Huawei-rip-1]network 10.0.0.0
```

6.2 OSPF

开放式最短路径优先（Open Shortest Path First，OSPF）是一个**内部网关协议**（Interior Gateway Protocol，IGP），用于在**单一自治系统**（Autonomous System，AS）内决策路由。OSPF 适合小型、中型、较大规模网络。OSPF 采用 Dijkstra 的最短路径优先算法（Shortest Path First，SPF）计算最小生成树，确定最短路径。OSPF 基于 IP，协议号为 89，采用组播方式交换 OSPF 包。OSPF 的组播地址为 224.0.0.5（全部 OSPF 路由器）和 224.0.0.6（指定路由器）。OSPF 使用**链路状态**广播（Link State Advertisement，LSA）传送给某区域内的所有路由器。

1. 基本概念

（1）AS。自治系统（Autonomous System，AS）是指使用同一个内部路由协议的一组网络。Internet 可以被分割成许多不同的自治系统。换句话说，Internet 是由若干自治系统汇集而成的。每个 AS 由一个长度为 16 位的编码标识，由 Internet 地址授权机构（Internet Assigned Numbers Authority，IANA）负责管理分配。AS 编号分为公有 AS（编号范围 1~64511）和私有 AS（编号范围 64512~65535），公有 AS 编号需要向 IANA 申请。

（2）IGP。内部网关协议（Interior Gateway Protocol，IGP）在同一个自治系统内交换路由信息。IGP 的主要目的是发现和计算自治域内的路由信息。IGP 使用的路由协议有 RIP、OSPF、IS-IS 等。

（3）EGP。外部网关协议（Exterior Gateway Protocol，EGP）是一种连接不同自治系统的相邻路由器之间交换路由信息的协议。EGP 使用的路由协议有 BGP。三者的关系如图 4-6-2 所示。

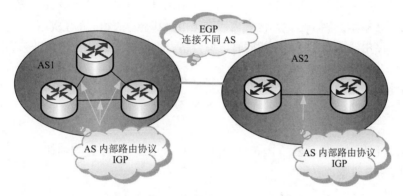

图 4-6-2   IGP、EGP、AS 三者的关系

（4）链路状态路由协议。链路状态路由协议基于最短路径优先（SPF）算法。该路由协议提供了整网的拓扑视图，根据拓扑图计算到达每个目标的最优路径；当网络变化时触发更新，发送周期性更新链路状态通告，不是相互交换各自的整张路由表。

运行距离矢量路由协议的路由器会将所有它知道的路由信息与邻居共享，当然只是与直连邻居共享。表 4-6-1 给出了链路状态路由协议和距离矢量路由协议。

表 4-6-1   链路状态路由协议和距离矢量路由协议对比

对比项	距离矢量路由协议	链路状态路由协议
发布路由触发条件	周期性发布路由信息	当网络扑拓变化时，发布路由信息
发布路由信息的路由器	所有路由器	指定路由器（Designated Router，DR）
发布方式	广播	组播
应答方式	不要求应答	要求应答
支持协议	RIP、IGRP、BGP（增强型距离矢量路由协议）	OSPF、IS-IS

注意：RIPv2 既支持广播，也支持组播；每一个接口都可以配置为使用不同的路由协议，但它们必须能够通过重分布路由来交换路由信息。

（5）区域（Area）。OSPF 是分层路由协议，将网络分割成一个"主干"连接的一组相互独立的部分，这些相互独立的部分称为"区域"，"主干"部分称为"主干区域"。每个区域可看成一个独立的网络，区域的 OSPF 路由器只保存该区域的链路状态。每个路由器的链路状态数据可以保持合理大小，计算路由时间、报文数量就不会过大。

2．OSPF 工作流程

（1）启动 OSPF 进程的接口，发送 Hello 消息。

（2）交换 Hello 消息建立邻居关系。

（3）每台路由器对所有邻居发送 LSA。

（4）路由器接收邻居发过来的 LSA 并保存在 LSDB 中，发送一个 LSAcopy 给其他邻居。

（5）LSA 泛洪扩散到整个区域，区域内所有路由器都会形成相同的 LSDB。

（6）当所有路由器的 LSDB 完全相同时，每台路由器将以自身为根，使用最短路径算法算出到达每个目的地的最短路径。

（7）每台路由器通过最短路径构建出自己的路由表，包含区域内路由（最优）、区域间路由、E1 外部路由和 E2 外部路由。

3．OSPF 的配置

创建 OSPF 进程，指定路由器的 Router ID，启动 OSPF 是 OSPF 配置的前提。

（1）创建 OSPF 进程。

```
system-view                           //进入系统视图
ospf [ process-id | router-id router-id ]    //启动 OSPF 进程，进入 OSPF 视图
//process-id 为进程号，缺省值为 1，这个值只有本地意义；router-id router-id 是路由器的 ID 号
area area-id                          //进入 OSPF 区域视图
//OSPF 区域分为骨干区域（Area 0）和非骨干区域。骨干区域负责区域之间的路由，非骨干区域之间的路由信息必须通过骨干区域来转发
network address wildcard-mask [ description text ]
//配置区域所包含的网段。其中，description 字段用来为 OSPF 指定网段配置描述信息
```

（2）在接口上启动 OSPF。

```
system-view                           //进入系统视图
interface interface-type interface-number    //进入接口视图
ospf enable [ process-id ] area area-id       //在接口上启动 OSPF
```

注意：OSPF 配置掩码时，应该使用反掩码（wildcard-mask），反掩码是掩码按位取反的结果。例如 255.255.255.0 的反掩码为 0.0.0.255。可以通过简单的计算获得，方法如下：用 255.255.255.255 的每一个字节减去子网掩码中对应的字节即可。例如 255.255.255.128 对应的反掩码就是 0.0.0.127。

6.3 DHCP 服务

DHCP 是局域网中用于给终端主机配置 TCP/IP 参数的协议。在路由器和部分交换机中，可以

通过设置 DHCP 服务为网段中的计算机提供地址动态分配的功能。由于 DHCP 是基于广播机制工作的，因此要求客户机与 DHCP 服务器在同一个广播网络中，在中大型规模的网络中，往往会根据实际应用环境，为网络主机划分多个网段，此时则需要通过部署 DHCP 中继帮助 DHCP 服务器实现不同网段主机动态获取同一个 DHCP 服务器上的 IP 地址。因此，网络中只需要部署一台 DHCP 服务器，既可以简化管理，又可以降低成本。

通常，在企业网络中，可以将 DHCP 中继功能部署在网关设备上，另外部署专门的 DHCP 服务器或者借助交换机、路由器等能提供 DHCP 服务的网络设备为客户机提供 DHCP 服务。为了提高 DHCP 服务的安全性，可以在 DHCP 客户端和 DHCP 服务器之间部署 DHCP Snooping，以保证 DHCP 客户端从合法的 DHCP 服务器获取 IP 地址，并记录 IP 地址与 MAC 地址等参数的对应关系。DHCP Snooping 一般部署在接近用户侧的设备上。

华为设备上，根据创建方式的不同，地址池可以分为基于接口方式的地址池和基于全局方式的地址池。基于接口方式的地址池是在 DHCP Server 与 Client 相连的接口上配置 IP 地址，地址池是跟这个接口的地址属于同一网段的 IP 地址，并且地址池中地址只能分配给这个接口下的主机。这种方式仅适用于 DHCP Server 与 Client 在同一个网段的情况。而基于全局方式的地址池是在系统视图下创建指定网段的地址池，这些地址池中的地址可以分配给所有接口下的主机。这种方式适用于 DHCP Server 与 Client 在不同网段，中间存在中继的情况或者 DHCP Server 与 Client 在同一网段，但需要给多个接口下的 Client 分别分配 IP 地址。缺省情况下，华为设备的 IP 地址的租期为 1 天。

华为设备上配置基于接口方式的地址的 DHCP 服务的基本步骤如下：

步骤 1　执行命令 system-view，进入系统视图。

步骤 2　执行命令 dhcp enable，开启全局 DHCP 功能。

步骤 3　执行命令 interface interface-type interface-number，进入接口视图。

步骤 4　执行命令 ip address ip-address { mask | mask-length }，配置接口的 IP 地址。

注意：接口地址所属的 IP 地址网段即为接口地址池。

步骤 5　在需要分配地址的接口下，执行命令 dhcp select interface 开启接口地址池的 DHCP 服务器功能。由于只有接口地址池，因此要修改地址的相关参数，可以在接口视图下，使用 dhcp server [dns-list| domain-name|excluded-ip-address|lease]等参数进行修改。

如果设备作为 DHCP 服务器为多个接口下的客户端提供 DHCP 服务，需要分别在多个接口上重复执行此步骤使能 DHCP 服务功能。

基于全局方式的 DHCP 服务的基本步骤如下：

步骤 1　执行命令 system-view，进入系统视图。

步骤 2　执行命令 dhcp enable，开启全局 DHCP 功能。

步骤 3　执行命令 ip pool ip-pool-name，创建全局地址池，同时进入全局地址池视图。

步骤 4　执行命令 interface interface-type interface-number，进入接口视图。

步骤 5　执行命令 network ip-address [mask { mask | mask-length }]，配置全局地址池可动态分配的 IP 地址范围。可以使用 gateway-list，dns-list 等配置相关地址池参数。

步骤 6 在需要分配地址的接口下，执行命令 dhcp select global 开启接口采用接口地址池的 DHCP 服务器功能。

案例：如图 4-6-3 所示，某网络中，DHCP 服务器部署在设备 R2 上，DHCP 服务器与内部的终端不在同一个网段。管理员希望使用该 DHCP 服务器为终端动态分配 IP 地址。为了实现跨网段的 DHCP 服务器，中间设备 R1 必须提供中继服务，并且 R2 上需要使用全局地址方式分配地址。

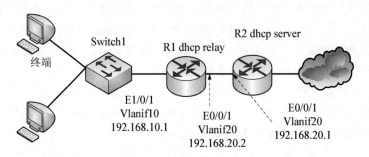

图 4-6-3　DHCP 配置案例用图

```
<R2>system-view
[R2]dhcp enable
[R2] ip pool pool1
[R2-ip-pool-pool1] network 192.168.10.0 mask 24
[R2-ip-pool-pool1] gateway-list 192.168.10.1
[R2-ip-pool-pool1] dns-list 8.8.8.8
[R2-ip-pool-pool1] quit
[R2] interface vlanif 20
[R2-Vlanif20] ip address 192.168.20.1    24
[R2-Vlanif20] dhcp select global
[R2-Vlanif20] quit
…

<R1>system-view
[R1]dhcp enable
[R1] interface vlanif 20
[R1-Vlanif20] ip address 192.168.20.2    24
[R1-Vlanif20] quit
[R1] interface vlanif 10
[R1-Vlanif10] ip address 192.168.10.1    24
[R1-Vlanif10] dhcp select relay
[R1-Vlanif10] dhcp relay server-ip 192.168.20.1
```

6.4　NAT

1. NAT 配置

华为路由器配置 NAT 的方式有很多种，网络管理员考试中可能考到的基本配置方式主要有 Easy IP 和通过 NAT 地址池的方式。图 4-6-4 是一个典型的通过 Easy IP 进行 NAT 的示意图，其中 Router 出接口 GE0/0/1 的 IP 地址为 200.100.1.2/24，接口 E0/0/1 的 IP 地址为 192.168.0.1/24。连接 Router 出接口 GE0/0/1 的对端 IP 地址为 200.100.1.1/24。内网用户通过 Router 的出接口 GE0/0/1 做 Easy IP 地址转换访问外网。

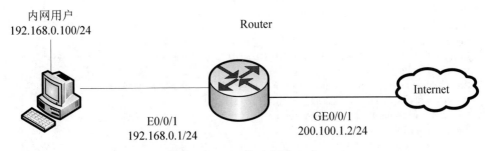

内网用户
192.168.0.100/24

Router

Internet

E0/0/1
192.168.0.1/24

GE0/0/1
200.100.1.2/24

图 4-6-4　NAT 的示意图

内网用户通过 Easy IP 方式访问的配置如下：

```
<HUAWEI>system-view          //进入系统视图
[HUAWEI] sysname Router      //修改设备名称
[Router]acl number 2000      //创建 ACL2000
[Router-acl-bas-2000]rule 5 permit source 192.168.0.0 0.0.0.255   //配置允许进行 NAT 转换的内网地址段 192.168.0.0/24
[Router-acl-bas-2000]quit
[Router]interface Ethernet0/0/1
[Router-Ethernet0/0/1]undo port switch   //关闭端口的交换特性，变为路由接口
[Router-Ethernet0/0/1]ip address 192.168.0.1 255.255.255.0   //配置内网网关地址
[Router-Ethernet0/0/1] quit
[Router]interface GigabitEthernet0/0/1
[Router-GigabitEthernet0/0/1]ip address 200.100.1.2 255.255.255.0
[Router-GigabitEthernet0/0/1]nat outbound 2000   //在出接口 GE0/0/1 上做 Easy IP 方式的 NAT
[Router-GigabitEthernet0/0/1]quit
[Router]ip route-static 0.0.0.0 0.0.0.0 200.100.1.1   //配置默认路由，保证出接口到对端路由可达
```

2. 配置 NAT 地址池转换

当内网用户较多，需要使用较多外部地址访问 Internet 时，可以考虑使用地址池的形式，如图 4-6-5 所示。

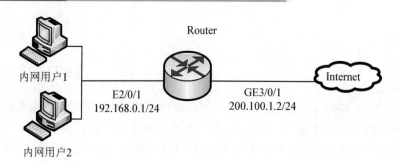

图 4-6-5　地址池转换示意图

内网用户通过 Nat 地址池的方式访问 Internet 的配置如下：

```
<HUAWEI>system-view          //进入系统视图
[HUAWEI] sysname Router       //修改设备名称
[Router]acl number 2000       //创建 ACL2000
[Router-acl-bas-2000]rule 5 permit source 192.168.0.0 0.0.0.255   //配置允许进行 NAT 转换的内网地址段 192.168.0.0/24
[Router-acl-bas-2000]quit
[Router]nat   address-group  1   200.100.1.100 200.100.1.200    //配置 NAT 地址池
[Router]interface vlan100        //配置内网网关的 IP 地址
[Router-vlan-interface100] ip address 192.168.0.1 255.255.255.0
[Router-vlan-interface100]quit
[Router]interface Ethernet2/0/1
[Router-Ethernet2/0/1]port link-type access        //配置接口的类型为 Access
[Router-Ethernet2/0/1]port default vlan 100        //配置接口的默认 VLAN ID
[Router-Ethernet2/0/1]quit
[Router]interface GigabitEthernet3/0/1
[Router-GigabitEthernet3/0/1]ip address 200.100.1.2 255.255.255.0
[Router-GigabitEthernet3/0/1]nat outbound 2000 address-group 1      //在出接口上配置 NAT 地址池转换
[Router-GigabitEthernet3/0/1]quit
[Router] ip route-static 0.0.0.0 0.0.0.0 200.100.1.1      //配置默认路由
```

在图 4-6-5 的拓扑中，若内网用户通过路由器的 NAT 地址转换功能访问 Internet，并且在外网用 200.100.1.103 这个地址提供 WWW 服务，此时需要将提供 WWW 服务器的内部地址 192.168.0.2 映射到外网 200.100.1.103，如果内部地址的服务端口不是 80，映射需要指定端口，假设本例中内部服务器提供 Web 服务的端口是 8080。

Router 配置如下：

```
<HUAWEI>system-view          //进入系统视图
[HUAWEI] sysname Router       //修改设备名称
[Router]acl number 2000       //创建 ACL 2000
[Router-acl-bas-2000]rule 5 permit source 192.168. 0.0 0.0.0.255   //配置允许进行 NAT 转换的内网地址段 192.168.0.0/24
[Router-acl-bas-2000]quit
[Router]nat address-group 1 200.100.1.100 200.100.1.200   //配置 NAT 地址池
[Router]interface vlan100        //配置内网网关的 IP 地址
[Router-vlan-interface100] ip address 192.168.0.1 255.255.255.0
[Router-vlan-interface100]quit
[Router]interface Ethernet2/0/1
[Router-Ethernet2/0/1]port link-type access        //配置接口的类型为 Access
```

```
[Router-Ethernet2/0/1]port default vlan 100           //配置接口的默认 VLAN ID
[Router-Ethernet2/0/1]quit
[Router] nat address-group 1 200.100.1.100 200.100.1.200        //配置 NAT 地址池
[Router]interface GigabitEthernet3/0/1
[Router-GigabitEthernet3/0/1]ip address 200.100.1.2   255.255.255.0
[Router-GigabitEthernet3/0/1]nat outbound 2000 address-group 1    //在出接口上配置 NAT 地址池转换
[Router-GigabitEthernet3/0/1] nat server protocol tcp global 200.100.1.103 www inside 192.168.0.2 8080
//在出接口上配置内网服务器 192.168. 0.2 的 WWW 服务
[Router-GigabitEthernet3/0/1]quit
[Router] ip route-static 0.0.0.0 0.0.0.0 200.100.1.1       //配置默认路由，通常的出口路由器在出接口上必须配置默认静态路由
```
至此，配置完成。

6.5 防火墙基本知识

防火墙（Fire Wall）是网络互联的重要设备，用于控制网络之间的通信。外部网络用户的访问必须先经过安全策略过滤，而内部网络用户对外部网络的访问则无须过滤。现在的防火墙还具有隔离网络、提供代理服务、流量控制等功能。

1. 常见的三种防火墙技术

常见的三种防火墙技术：包过滤防火墙、代理服务器式防火墙、基于状态检测的防火墙。

（1）包过滤防火墙。包过滤防火墙主要针对 OSI 模型中的网络层和传输层的信息进行分析。通常包过滤防火墙用来控制 IP、UDP、TCP、ICMP 和其他协议。包过滤防火墙对通过防火墙的数据包进行检查，只有满足条件的数据包才能通过，对数据包的检查内容一般包括源地址、目的地址和协议。包过滤防火墙通过规则（如 ACL）来确定数据包是否能通过。配置了 ACL 的防火墙可以看成包过滤防火墙。

（2）代理服务器式防火墙。代理服务器式防火墙对第四层到第七层的数据进行检查，与包过滤防火墙相比，需要更高的开销。用户经过建立会话状态并通过认证及授权后，才能访问到受保护的网络。压力较大的情况下，代理服务器式防火墙工作很慢。

（3）基于状态检测的防火墙。基于状态检测的防火墙检测每一个 TCP、UDP 之类的会话连接。基于状态的会话包含特定会话的源/目的地址、端口号、TCP 序列号信息以及与此会话相关的其他标志信息。基于状态检测的防火墙工作基于数据包、连接会话和一个基于状态的会话流表。基于状态检测的防火墙性能比包过滤防火墙和代理服务器式防火墙要高。

2. 防火墙的工作模式

通常防火墙的工作模式有以下三种：

（1）路由模式：防火墙使用第三层功能对外连接，这种模式下，每个接口都具有独立的 IP 地址，此时可以完成 ACL 包过滤，ASPF 动态过滤、NAT 转换等功能。考试中要注意如何来区分防火墙接口是否需要有 IP 地址。如各个接口的网段 IP 地址段不同，则此时防火墙的接口是需要有 IP 地址的。

（2）透明模式：防火墙以第二层功能对外连接，这种模式下。各个接口不能配置 IP 地址，此

时相当于交换机，部分防火墙可能不支持 STP 功能。

（3）混合模式：结合上面两种模式的特点。此时防火墙的部分接口工作在路由模式，接口配置相应的 IP 地址，另外一部分接口工作在透明模式，接口无需任何 IP 地址。混合模式主要用透明模式做双机热备的时候使用。

3. 防火墙体系结构

防火墙按安全级别不同，可划分为内网、外网和 DMZ 区，具体结构如图 4-6-6 所示。

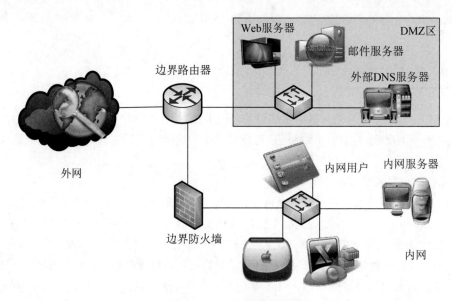

图 4-6-6　防火墙区域结构

（1）内网。内网是防火墙的重点保护区域，包含单位网络内部的所有网络设备和主机，安全级别最高。该区域是可信的，内网发出的连接较少进行过滤和审计。

（2）外网。外网是防火墙重点防范的对象，针对单位外部访问用户、服务器和终端，安全级别最低。外网发起的通信必须按照防火墙设定的规则进行过滤和审计，不符合条件的则不允许访问。

（3）DMZ 区（Demilitarized Zone）。**DMZ 又称为周边网络**，DMZ 是一个逻辑区，从内网中划分出来，包含向外网提供服务的服务器集合，安全级别介于内网与外网之间。DMZ 中的服务器有 Web 服务器、邮件服务器、FTP 服务器、外部 DNS 服务器等。DMZ 区保护级别较低，可以按要求放开某些服务和应用。

防火墙体系结构中的常见术语有堡垒主机、双重宿主主机。

（1）堡垒主机：堡垒主机处于内网的边缘，并且暴露于外网用户的主机系统。堡垒主机可能直接面对外部用户攻击。

（2）双重宿主主机：至少拥有两个网络接口，分别接内网和外网，能进行多个网络互联。

经典的防火墙体系结构如表 4-6-2 与图 4-6-7 所示。

表 4-6-2　经典的防火墙体系结构

体系结构类型	特点
双重宿主主机	以一台双重宿主主机作为防火墙系统的主体，分离内外网
被屏蔽主机	一台独立的路由器和内网堡垒主机构成防火墙系统，通过包过滤方式实现内外网隔离和内网保护
被屏蔽子网	由 DMZ 网络、外部路由器、内部路由器以及堡垒主机构成防火墙系统。外部路由器保护 DMZ 和内网、内部路由器隔离 DMZ 和内网

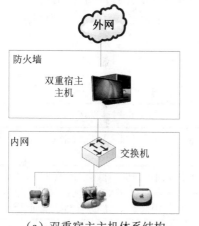

（a）双重宿主主机体系结构

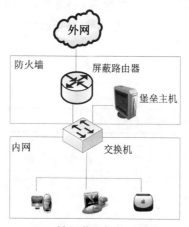

（b）被屏蔽主机体系结构

（c）被屏蔽子网体系结构

图 4-6-7　经典的防火墙体系结构

6.6　ACL

访问控制列表（Access Control List，ACL）是目前使用最多的访问控制实现技术。访问控制列表是设备接口的指令列表，用于控制端口进出的数据包。ACL 适用于所有的被路由协议，如 IP、IPX，软考中一般是 IP 协议。访问控制列表可以分为**基本访问控制列表**和**高级访问控制列表**。其中只能通过源 IP 地址和时间段来进行流量匹配的称为标准访问控制列表，而能通过源 IP 地址、目的 IP 地址、时间段、协议类型等多个维度对流量进行匹配的称为高级访问控制列表。华为设备的 ACL 的默认执行顺序是按照配置规则的顺序自上而下。在配置时要遵循最小特权原则、最靠近受控对象原则及默认丢弃原则。

华为设备 ACL 分类见表 4-6-3。

表 4-6-3　ACL 分类

分类	编号范围	支持的过滤选项
基本 ACL	2000～2999	匹配条件较少，只能通过源 IP 地址和时间段来进行流量匹配，在一些只需要进行简单匹配的功能中可以使用
高级 ACL	3000～3999	匹配条件较为全面，通过源 IP 地址、目的 IP 地址、ToS、时间段、协议类型、优先级、ICMP 报文类型和 ICMP 报文码等多个维度对流量进行匹配，在大部分功能中都可使用高级 ACL 进行精确流量匹配
基于 MAC 地址的 ACL	4000～4999	由于数据链路层使用 MAC 地址来进行寻址，所以在控制数据链路层帧时需要通过 MAC 地址来对流量进行分类。基于 MAC 地址的 ACL 就可以通过源 MAC 地址、目的 MAC 地址、CoS、协议码等维度来进行流量匹配

注意：其他的编号范围如自定义等，考试中较少涉及。

ACL 规则匹配方式有以下两种：

（1）配置顺序（config）。配置顺序根据 ACL 规则的 ID 进行排序，ID 小的规则排在前面，优先进行匹配。当找到第一条匹配条件的规则时，查找结束。系统按照该规则对应的动作处理。

（2）自动顺序（auto）。自动顺序也叫深度优先匹配。此时 ACL 规则的 ID 由系统自动分配，规则中指定数据包范围小的排在前面，优先进行匹配。当找到第一条匹配条件的规则时，查找结束。系统按照该规则对应的动作处理。

1）对于基本访问控制规则的语句，直接比较源地址通配符，通配符相同的则按配置顺序。

2）对于高级访问控制规则，首先比较协议范围，再比较源地址通配符，都相同时比较目的地址通配符，仍相同时则比较端口号的范围，范围小的排在前面，如果端口号范围也相同则按配置顺序。

这里注意源、目标 IP 地址匹配规则：IP 地址通配符掩码与 IP 地址的反向子网掩码类似，也是一个 32 比特位的数字字符串，用于指示 IP 地址中的哪些位将被检查。各比特位中，"0"表示"检查相应的位"，"1"表示"不检查相应的位"，概括为一句话就是"检查 0，忽略 1"。但与 IP 地子网掩码不同的是，子网掩码中的"0"和"1"要求必须连续，而通配符掩码中的"0"和"1"可以不连续。

通配符掩码可以为 0，相当于 0.0.0.0，表示源/目的地址为主机地址；也可以为 255.255.255.255，表示任意 IP 地址，相当于指定 any 参数。

实际应用中，基本的 ACL 配置步骤如下：

（1）先使用 system-view 命令进入系统视图。

（2）执行命令 acl [number] acl-number [match-order { config | auto }]，创建基本 ACL 并进入相应视图。注意 acl-number 的取值，该值直接决定了 ACL 的类型。

（3）创建基本 ACL 规则。

rule[rule-id]{deny|permit}[logging|source{source-ip-address{0|sourcewildcard}| address-setaddress-set-name|any}|time-rangetime-name]*[descriptiondescription]

如配置时没有指定编号 rule-id，表示增加一条新的规则，此时系统会根据步长，自动为规则分配一个大于现有规则最大编号且是步长整数倍的最小编号。如配置时指定了编号 rule-id，如果相应的规则已经存在，表示对已有规则进行编辑，规则中没有编辑的部分不受影响；如果相应的规则不存在，表示增加一条新的规则，并且按照指定的编号将其插入到相应的位置。

配置好 ACL，还需要将 ACL 应用到相应的接口才会生效。

ACL 生效时间段应用。管理员可以根据实际网络访问要求，配置一个或多个 ACL 生效时间段，并应用在 ACL 规则中，从而实现在不同的时间段设置不同的策略，达到网络优化的目的。

在 ACL 规则中引用的生效时间段存在两种模式：

第一种模式——周期时间段：以星期为参数来定义时间范围，表示规则以一周为周期（如每周一的 8 至 18 点）循环生效。

格式：time-range time-name start-time to end-time { days } &<1-7>

- time-name：时间段名称，以英文字母开头的字符串。
- start-time to end-time：开始时间和结束时间。格式为[小时:分钟] to [小时:分钟]。
- days：有多种表达方式。

Mon、Tue、Wed、Thu、Fri、Sat、Sun 中的一个或者几个的组合，也可以用数字表达，0 表示星期日，1 表示星期一，……，6 表示星期六。

working-day：从星期一到星期五，五天。

daily：包括一周七天。

off-day：包括星期六和星期日，两天。

第二种模式——绝对时间段：从某年某月某日的某一时间开始，到某年某月某日的某一时间结束，表示规则在这段时间范围内生效。

格式：time-range time-name from time1 date1 [to time2 date2]

- time-name：时间段名称，以英文字母开头的字符串。
- time1/time2：格式为[小时:分钟]。

- date1/date2：格式为[YYYY/MM/DD]，表示年/月/日。

可以使用同一名称（time-name）配置内容不同的多条时间段，配置的各周期时间段之间以及各绝对时间段之间的交集将成为最终生效的时间范围。

配置好 ACL，还需要将 ACL 绑定到相应的接口才会生效。将 ACL 与业务模块（流策略或简化流策略）绑定起来，再在接口上应用。应用 ACL 时，为了尽可能提高效率和降低对网络的影响，通常**基本 ACL 尽量部署在靠近目标主机的区域接口上，而高级 ACL 尽量部署在靠近源主机所在区域的接口上。**可以通过以下两种方式：

方式一：在接口下应用简化流策略。

可以在接口视图下，执行 traffic-filter，应用简化流策略，实现基于 ACL 的报文过滤。命令格式如下：

```
traffic-filter inbound/outbound acl    xxx
```

如在某些设备中，可以在接口下应用简化流策略，如：

```
interface GigabitEthernet0/0/1
traffic-filter inbound acl 3000        //在接口上应用 ACL 进行报文过滤
```

方式二：在接口上应用流策略。

流策略配置有五个基本步骤。

（1）配置流分类。在系统视图下，先执行命令 traffic classifier classifier-name [operator { and |or }] [precedence precedence-value]，进入流分类视图，没有该流分类时，创建指定的流分类。接着使用命令 if-match acl { acl-number | acl-name }，绑定 ACL 与流分类，凡是匹配该 ACL 的数据流，都归类为对应的流分类。

（2）配置流行为。在系统视图下，使用命令 traffic behavior behavior-name，定义流行为的名称并进入流行为视图。

（3）配置流动作。报文过滤有两种流动作：deny 或 permit。

（4）配置流策略。在系统视图下，使用命令 traffic policy policy-name [match-order { auto |config }]，定义流策略并进入流策略视图，再使用命令 classifier classifier-name behavior behavior-name，在流策略中绑定流分类和流行为。

（5）应用流策略。在接口视图下，使用命令 traffic-policy policy-name { inbound | outbound }，应用流策略。这里要注意 ACL 中的 permit/deny 与 traffic policy 中 behavior 的 permit/deny 的关系，见表 4-6-4。

表 4-6-4　动作对应关系

ACL 中的动作	traffic policy 中 behavior 的动作	匹配报文的最终处理结果
permit	permit	permit
permit	deny	deny
deny	permit	deny
deny	deny	deny

简单来说，就是两个动作都要是 permit，最终的动作才是 permit。只要有一个 deny 的动作，则最终的动作就是 deny。

为了帮助大家清晰地了解这个配置过程，以下通过配置案例讲解：

某公司的网络拓扑如图 4-6-8 所示，通过三层交换机 Switch 实现研发部与市场部之间的互连。为方便管理网络，管理员小张为公司的两个部门规划了两个 IP 网段。同时为了隔离广播域，又将两个部门划分在不同 VLAN 之中。现要求 Switch 能够限制两个网段之间互访，确保公司内部网络之间的访问在管理员的有效控制之内。

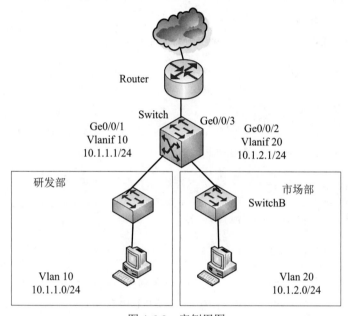

图 4-6-8   案例用图

管理员考虑在部门之间的互访采用 ACL 控制。具体配置过程如下：

步骤 1 配置 VLAN 以及接口 IP 地址。

```
<HUAWEI> system-view
[HUAWEI] sysname Switch
[Switch] vlan batch 10 20
//配置 Switch 的接口 GE0/0/1 和 GE0/0/2 为 trunk 类型接口，并分别加入 VLAN10 和 VLAN20
[Switch] interface gigabitethernet 0/0/1
[Switch-GigabitEthernet0/0/1] port link-type trunk
[Switch-GigabitEthernet0/0/1] port trunk allow-pass vlan 10
[Switch-GigabitEthernet0/0/1] quit
[Switch] interface gigabitethernet 0/0/2
[Switch-GigabitEthernet0/0/2] port link-type trunk
[Switch-GigabitEthernet0/0/2] port trunk allow-pass vlan 20
[Switch-GigabitEthernet0/0/2] quit
//创建 VLANIF10 和 VLANIF20，并配置各 VLANIF 接口的 IP 地址
```

```
[Switch] interface vlanif 10
[Switch-Vlanif10] ip address 10.1.1.1 24
[Switch-Vlanif10] quit
[Switch] interface vlanif 20
[Switch-Vlanif20] ip address 10.1.2.1 24
[Switch-Vlanif20] quit
```

步骤 2 配置 ACL，创建高级 ACL，拒绝研发部访问市场部的报文和市场部访问研发部的报文通过。

```
[Switch] acl 3001
[Switch-acl-adv-3001] rule deny ip source 10.1.1.0 0.0.0.255 destination 10.1.2.0 0.0.0.255
[Switch-acl-adv-3001] quit
[Switch] acl 3002
[Switch-acl-adv-3002] rule deny ip source 10.1.2.0 0.0.0.255 destination 10.1.1.0 0.0.0.255
[Switch-acl-adv-3002] quit
```

步骤 3 配置基于高级 ACL 的流分类，对匹配 ACL 的报文进行分类。

```
[Switch] traffic classifier tc1
[Switch-classifier-tc1] if-match acl 3001
[Switch-classifier-tc1] if-match acl 3002
[Switch-classifier-tc1] quit
```

步骤 4 配置流行为，动作为拒绝报文通过。

```
[Switch] traffic behavior tb1
[Switch-behavior-tb1] deny
[Switch-behavior-tb1] quit
```

步骤 5 配置流策略，将流分类与流行为关联。

```
[Switch] traffic policy tp1
[Switch-trafficpolicy-tp1] classifier tc1 behavior tb1
[Switch-trafficpolicy-tp1] quit
```

步骤 6 在接口下应用流策略，由于研发部和市场部互访的是用高级 ACL，并且流量分别从接口 GE0/0/1 和 GE0/0/2 进入 Switch，所以在接口 GE0/0/1 和 GE0/0/2 的入方向应用流策略。

```
[Switch] interface gigabitethernet 0/0/1
[Switch-GigabitEthernet0/0/1] traffic-policy tp1 inbound
[Switch-GigabitEthernet0/0/1] quit
[Switch] interface gigabitethernet 0/0/2
[Switch-GigabitEthernet0/0/2] traffic-policy tp1 inbound
[Switch-GigabitEthernet0/0/2] quit
```

至此，基于流策略的 ACL 配置及应用完毕。

在部分设备上，可以用如下命令直接应用：

```
interface GigabitEthernet0/0/1
traffic-filter inbound acl 3000   //在接口上应用 ACL 进行报文过滤
```

第**5**天

模拟测试，反复操练

经过前 4 天的学习后，就进入最后一天的学习了。今天最主要的任务就是做模拟题、熟悉考题风格、检验自己的学习成果。

第 1 学时　模拟测试（上午一）试题

● 在工作中，常常需要将相同的信函发给不同的人，例如邀请函、会议通知、录取通知书和信封等，这些文档主体内容相同，只是收件人姓名、地址不同。这时，可以使用 Word 2010 提供的＿＿(1)＿＿功能，将主文档与一个数据源结合起来，批量生产一组输出文档。

　　A．邮件合并　　　　　　　　　　B．查找和替换文本
　　C．插入公式　　　　　　　　　　D．字符格式设置

● 在 Excel 中，若要选中多个不连续的单元格，需要按住＿＿(2)＿＿键的同时依次单击要选定的单元格。

　　A．Shift　　　　　B．Ctrl　　　　　C．Alt　　　　　D．Windows

● 在 Excel 中，若在 A1 单元格输入如图 5-1-1 所示的内容，则 A1 的值为＿＿(3)＿＿。

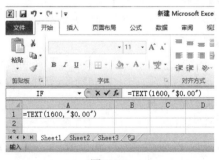

图 5-1-1

      A．1600   B．1600.00   C．$1600.00   D．$16.00

● 在 Excel 中，若在 A2 单元格输入如图 5-1-2 所示的内容，则 A2 的值为 ___(4)___ 。

图 5-1-2

      A．4   B．FALSE   C．人数   D．79

● 综合布线系统由六个子系统组成，垂直子系统是 ___(5)___ 。

      A．连接终端设备的子系统   B．连接主配线室的子系统

      C．连接各楼层布线系统的子系统   D．连接各建筑物的子系统

● 下列哪个选项不属于云计算的商业模式？ ___(6)___

      A．IaaS   B．PaaS   C．SaaS   D．MaaS

● 某银行的一套业务体系，对性能和安全性要求都非常高，数据库采用 Oracle 数据库，那么为该 Oracle 数据库创建 RAID 组时，最优的策略是 ___(7)___ 。

      A．RAID 0   B．RAID 1   C．RAID 6   D．RAID 10

● 当硬盘出现坏道或坏块时，使用哪种方式重构？ ___(8)___

      A．全盘重构   B．局部重构   C．恢复重构   D．本地重构

● 关于企业做灾备系统建设的好处和必要性，以下说法错误的是 ___(9)___ 。

      A．可以规避重大损失，降低企业风险

      B．符合政策法规，满足行业监管要求

      C．可以简化运维工作，规避突发事件冲击

      D．在自然灾害发生较少的地域可以考虑降低灾备级别

● CPU 主要由 ___(10)___ 组成。

      A．控制器和存储器   B．控制器和运算器

      C．运算器和存储器   D．运算器和输入设备

● 下列存储设备中，读写最快的是 ___(11)___ 。

      A．cache   B．ssd   C．软盘   D．硬盘

● 普通图像扫描仪设置为用 400DPI 分辨率扫描 4 英寸×3 英寸的图片，可以生成 ___(12)___ 内存像素的数字图像。

　　A．400×400　　　B．800×800　　　C．1600×1200　　D．1600×1600

● 在应用程序开发中，从源代码到可执行文件，需要经过四个步骤，将汇编代码转变为机器可以执行的指令过程称为　(13)　。

　　A．预编译　　　B．编译　　　C．汇编　　　D．链接

● 　(14)　是计算机科学的一个分支，它企图了解智能的实质，该领域的研究包括机器人、语言识别、图像识别、自然语言处理和专家系统等。

　　A．人工智能　　B．物联网　　C．云计算　　D．移动互联网

● 如果在 Windows 资源管理器中，选择窗口中的连续多个文件，在缺省配置下，可先点第一个文件，然后　(15)　。

　　A．按住 Ctrl 键不放，然后用鼠标右键单击要选择最后一个文件

　　B．按住 Ctrl 键不放，然后用鼠标左键单击要选择最后一个文件

　　C．按住 Shift 键不放，然后用鼠标右键单击要选择最后一个文件

　　D．按住 Shift 键不放，然后用鼠标左键单击要选择最后一个文件

● 对差分曼切斯特编码的描述正确的是　(16)　。

　　A．负电平到正电平代表 0，正电平到负电平代表 1

　　B．正电平到负电平代表 0，负电平到正电平代表 1

　　C．信号开始时有电平变化代表 0，没有电平变化代表 1

　　D．信号开始时有电平变化代表 1，没有电平变化代表 0

● 一张图片文件在发送方使用应用软件通过网络传递时，经过的 TCP/IP 封装流程为　(17)　。

　　A．数据->数据段->数据包->数据帧->数据流

　　B．数据->数据包->数据段->数据帧->数据流

　　C．数据->数据帧->数据包->数据段->数据流

　　D．数据->数据包->数据帧->数据段->数据流

● 下列哪个协议和 ICMP 协议工作在同一层次？　(18)　

　　A．POP　　　B．DHCP　　　C．SSH　　　D．IGMP

● 模拟信号编码为数字信号的过程叫做脉冲编码调制（PCM），为了保证无失真地恢复原模拟信号，则采样频率要大于　(19)　倍模拟信号的最大频率。

　　A．2　　　B．3　　　C．4　　　D．5

● 带宽为 2000Hz，信噪比为 30dB，则数据的传输速率是　(20)　b/s。

　　A．10000　　B．20000　　C．30000　　D．40000

● 当交换机收到了一个带有 VLAN 标签的数据帧，但查询该交换机的 MAC 地址表，不能查到该数据帧的 MAC 地址，则交换机对该数据帧该如何处理？　(21)　。

　　A．交换机向所有端口广播该数据帧

　　B．交换机向属于该数据帧所在 VLAN 中的所有端口（除接收端口）广播该数据帧

　　C．交换机向所有 access 端口广播该数据帧

D．交换机丢弃该数据帧

● NAPT 工作中使用哪些元素进行转换？ ＿＿（22）＿

    A．MAC 地址+端口号　　　　　　　　B．IP 地址+端口号

    C．只有 MAC 地址　　　　　　　　　　D．只有 IP 地址

● 当路由出现环路时，可能产生的问题是＿＿（23）＿。

    A．数据包无休止地传递　　　　　　　B．路由器的 CPU 消耗增大

    C．数据包的目的 IP 地址被不断修改　　D．数据包的字节数越来越大

● 传输文件时，网速非常慢，使用抓包软件发现一些重复的帧，可能的原因或者正确的解决方案是＿＿（24）＿。

    A．交换机的 MAC 地址表中，查不到数据帧的目的 MAC 地址时，会泛洪该数据帧

    B．网络的交换机设备必须进行升级改造

    C．二层网络存在环路

    D．网络没有配置 VLAN

● 关于 IP 报文头部中的 TTL 字段，正确的说法是＿＿（25）＿。

    A．该字段长度为 7 位　　　　　　　　B．该字段用于数据包分片

    C．该字段用于数据包防环　　　　　　D．该字段用来标记数据包的优先级

● 交换机开启 STP 后使用 BPDU 数据包来计算生成树拓扑，关于 BPDU 的说法正确的是＿（26）＿。

    A．BPDU 是使用 IEEE 802.3 标准的帧　　B．BPDU 是使用 Etherent II 标准的帧

    C．BPDU 在传输时被封装在 UDP 协议中　　D．BPDU 帧的目的 MAC 地址为广播地址

● Access 类型的端口在发送报文时，会＿＿（27）＿。

    A．发送带 tag 的报文

    B．剥离报文的 VLAN 信息，然后再发送出去

    C．添加报文的 VLAN 信息，然后再发送出去

    D．打上本端口的 PVID 信息，然后再发送出去

● 在华为路由器上，直连路由、静态路由、RIP 和 OSPF 的默认协议优先级从高到低的排序是 ＿（28）＿。

    A．直连路由、静态路由、RIP、OSPF　　B．直连路由、OSPF、静态路由、RIP

    C．直连路由、OSPF、RIP、静态路由　　D．直连路由、RIP、静态路由、OSPF

● 两台交换机间使用链路聚合技术进行互连，各个成员端口不需要满足的条件是＿＿（29）＿。

    A．两端相连的物理口数量一致　　　　B．两端相连的物理口速率一致

    C．两端相连的物理口双工模式一致　　D．两端相连的物理口物理编号一致

● 关于 ARP 协议的作用和报文封装的说法，正确的是＿＿（30）＿。

    A．ARP 中的 Inverse ARP 用于解析设备名

    B．利用 ARP 协议可以获取目的端 MAC 地址和 UUID 地址

    C．ARP 协议支持在 PPP 链路与 HDLC 链路上部署

D．ARP 协议基于 Ethernet 封装

● UDP 属于面向无连接的协议，须要使用　(31)　保证传输的可靠性。

  A．网际协议   B．应用层协议   C．网络层协议 D．传输控制协议

● 华为路由 Serial 口采用默认的封装协议是　(32)　。

  A．PPP   B．HDLC   C．ARP   D．IGMP

● 在使用海明码校验的时候，原始信息为 10011001，则至少需要　(33)　位校验位才能纠正 1 位错。

  A．3   B．4   C．5   D．6

● MAC 地址，也叫硬件地址，又叫链路层地址，由 48bit 组成，前 24bit　(34)　。

  A．为序列号，由厂家自行分配，用于表示设备地址

  B．为厂商编号，由 IEEE 分配给生产以太网网卡的厂家

  C．为用户自定义，用户可以随意修改

  D．无特殊意义，由系统自动分配

● 以下关于 CSMA/CD 的说法错误的是　(35)　。

  A．CSMA/CD 是一种争用型的介质访问控制协议

  B．CSMA/CD 可以避免产生冲突

  C．在网络负载较小时，CSMA/CD 协议通信效率很高

  D．这种网络协议适合传输非实时数据

● 10M 以太网的最小帧长为　(36)　字节。

  A．48   B．64   C．128   D．512

● 1000BASE-LX 中的 1000 表示 1000Mb/s 的传输速率，BASE 表示基带传输，LX 表示　(37)　。

  A．双绞线传输   B．单模光纤传输

  C．多模光纤传输   D．同轴电缆传输

● 以下哪个地址作为目的地址可以把数据发送到一组指定的终端？　(38)

  A．65.45.32.89 B．224.0.0.100 C．192.168.0.254 D．10.0.5.1

● 以下选项中，　(39)　不能作为目的地址。

  A．单播地址   B．广播地址   C．网络地址   D．组播地址

● 以下关于 IPv6 地址类型的描述正确的是　(40)　。

  ①IPv6 地址是被 IETF 设计出来，替代 IPv4 的下一代 IP 协议。

  ②IPv6 地址中::只能出现一次。

  ③IPv6 地址的长度为 128bit，通常写作 8 组，每组用 4 个十六进制数表示，每组开头的十六进制数如果是 0 则可以省略。

  ④IPv6 地址可以分为单播地址、广播地址、任意播地址和组播地址。

  A．①②   B．①②③   C．①②④   D．①②③④

● 在 HTML 中，插入水平线标记是　(41)　。

    A．<pre>　　　　B．<hr>　　　　C．<text>　　　　D．<ul>

- 在 HTML 中，<ol>标签的作用是 ___（42）___ 。

    A．定义列表条目　　　　　　　　B．定义无序列表

    C．定义有序列表　　　　　　　　D．定义文本不换行

- 要在页面中设置单选按钮，可将 type 属性设置为 ___（43）___ 。

    A．radio　　　　B．option　　　　C．checkbox　　　　D．check

- 要在页面中实现单行文本输入，应使用 ___（44）___ 表单。

    A．text　　　　B．textarea　　　　C．select　　　　D．list

- 在 HTML 文本中，转义符 "&lt" 表示的结果是 ___（45）___ 。

    A．<　　　　B．>　　　　C．&　　　　D．"

- 以下哪个协议在信息传输过程中经过加密？ ___（46）___

    A．ssh　　　　B．ftp　　　　C．telnet　　　　D．http

- 在静态网页中，网站管理员更新了网页内容，用户如果想要查看最新的内容则需要在 IE 浏览器上执行 ___（47）___ 操作。

    A．单击工具栏上的"刷新"按钮　　　B．单击工具栏上的"停止"按钮

    C．单击工具栏上的"后退"按钮　　　D．单击工具栏上的"前进"按钮

- 在地址 http://www.itct.com/20180929/88.shtml 中，itct.com 表示 ___（48）___ 。

    A．协议类型　　　B．主机　　　C．机构域名　　　D．路径

- 在地址 http://www.itct.com/g/2018/88.shtml 中，/g/2018/表示 ___（49）___ 。

    A．网页文件　　　　　　　　　B．操作系统下的绝对路径

    C．网站根目录下的相对路径　　　D．不具备实际意义，只是作为填充用途

- 华为的 VRP 系统登录方式不包括下列哪一项？ ___（50）___

    A．Telnet　　　B．SSH　　　C．WEB　　　D．Netstream

- 以太网交换机的二层转发基本流程不包括 ___（51）___ 。

    A．根据接收到的以太网帧的源 MAC 地址和 VLAN ID 信息添加或刷新 MAC 地址表项

    B．根据目的 MAC 地址查找 MAC 地址表，如果没有找到匹配项，那么在报文对应的 VLAN 内广播

    C．如果找到匹配项，但是表项对应的端口并不属于报文对应的 VLAN，那么交换机则自动把该端口加入到对应的 VLAN 中

    D．如果找到匹配项，且表项对应的端口属于报文对应的 VLAN，那么将报文转发到该端口，但是如果表项对应端口与收到以太网帧的端口相同，则丢弃该帧

- 下列关于 VLAN 划分的方法错误的是 ___（52）___ 。

    A．基于端口的划分　　　　　　　B．基于 MAC 地址的划分

    C．基于端口属性的划分　　　　　D．基于协议的划分

- 图 5-1-3 的网络拓扑中，Router 上没有配置任何逻辑接口；所有的主机之间均可以正常通信。

则此网络中有广播域和冲突域各有___（53）___个。

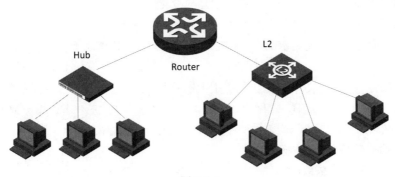

图 5-1-3

 A．1,6　　　　　B．1,9　　　　　C．2,6　　　　　D．2,9

- 下列选项中，关于 MAC 地址的说法中哪个是正确的？___（54）___

 A．以太网使用 MAC 地址来进行主机间的路由

 B．MAC 地址属于一种便于更改的逻辑地址

 C．MAC 地址固化在 ROM 中，一般情况下无法改动

 D．一般只有终端主机才需要 MAC 地址，路由器等网络设备不需要

- 802.11g 协议在 2.4GHz 频段总共定义了 14 个信道，但相邻信道之间存在频谱重叠。为了更充分的利用频段资源，可以使用如下哪组信道来进行无线覆盖？___（55）___

 A．1、5、9　　　B．1、6、11　　　C．2、6、10　　　D．3、6、9

- 根据《计算机软件保护条例》的规定，当软件___（56）___后，其软件著作权才能得到保护。

 A．作品发表

 B．作品创作完成并固定在某种有形物体上

 C．作品创作完成

 D．作品上加注版权标记

- 在 Windows 系统中，执行程序 x.exe 时系统报告找不到 y.dll，原因是___（57）___。

 A．程序 x 中存在语法或语义错误，需要修改与 x 对应的源程序

 B．程序 y 中存在语法错误，需要修改与 y 对应的源程序

 C．程序 y 中存在语义错误，需要修改与 y 对应的源程序并重新编译

 D．程序 x 执行时需要调用 y 中的函数，需要安装 y.dll

- 下列域名中属于 FQDN 的是___（58）___。

 A．.www.abc.com　　　　　　B．www.abc.com.cn

 C．www.abc.com　　　　　　D．www.abc.com.

- 以下关于企业信息化建设的叙述中，错误的是___（59）___。

 A．应从技术驱动的角度来构建企业一体化的信息系统

      B．诸多信息孤岛催生了系统之间互联互通整合的需求

      C．业务经常变化引发了信息系统灵活适应变化的需求

      D．信息资源共享和业务协同将使企业获得更多的回报

● 若连接数据库过程中需要指定用户名和密码，则这种安全措施属于＿＿（60）＿＿。

      A．授权机制   B．视图机制   C．数据加密   D．用户标识与鉴别

● 若系统正在将＿＿（61）＿＿文件修改的结果写回磁盘时系统发生崩溃，则对系统的影响相对较大。

      A．目录   B．空闲块   C．用户程序   D．用户数据

● 登录在某网站注册的 Web 邮箱，"草稿箱"文件夹一般保存的是＿＿（62）＿＿。

      A．从收件箱移动到草稿箱的邮件

      B．未发送或发送失败的邮件

      C．曾保存为草稿但已经发出的邮件

      D．曾保存为草稿但已经删除的邮件

● 下列＿＿（63）＿＿命令不能用来重启 Linux 操作系统。

      A．shutdown   B．reboot   C．init   D．logout

● 在 Linux 中，系统内核和一些引导文件存放在＿＿（64）＿＿目录中

      A．/dev   B．/home   C．/boot   D．/sbin

● 在 Linux 中，所有设备都是以文件的方式显示的，/dev/sr0 表示的是什么设备？＿＿（65）＿＿

      A．U 盘   B．DVD-RM 驱动器

      C．软盘驱动器   D．键盘

● 网络管理员使用 Tracert 命令时，第一条回显信息之后都是"*"，则原因可能是＿＿（66）＿＿。

      A．路由器关闭了 ICMP 功能   B．本机防火墙阻止

      C．网关没有到达目的网络的路由   D．主机没有到达目的网络的路由

● 在排除网络故障时，若已经将故障位置定位在一台路由器上，且这台路由器与网络中的另一台路由器互为冗余，那么最适合采取的故障排除方法是＿＿（67）＿＿。

      A．对比配置法   B．自底向上法

      C．确认业务流量路径   D．自顶向下法

● 网络管理员通过命令行方式对路由器进行管理，需要确保 ID、口令和会话内容的保密性，应采取的访问方式是＿＿（68）＿＿。

      A．控制台   B．AUX   C．TELNET   D．SSH

● 在 Windows 操作系统中，哪一条命令能够显示 ARP 表项信息？＿＿（69）＿＿

      A．display arp   B．arp –a   C．arp –d   D．show arp

● 在 Windows 中，使用＿＿（70）＿＿命令可以测试指定的非本机配置的 DNS 解析是否正常。

      A．netstat   B．nslookup   C．route   D．ping

● The number of home users and small businesses that want to use the Internet is ever increasing. The shortage of addresses is becoming a serious problem. A quick solution to this problem is called network address translation(NAT).NAT enables a user to have a large set of addresses____（71）____ and one address, or a smallset of addresses,externally. The traffic inside can use the large set; the traffic____（72）____, the small set. To separate the addresses used inside the home or business and the ones used for the Internet, the Internet authorities have reserved three sets of addresses as ____（73）____ addresses. Any organization can use an address out of this set without permission from the Internet authorities. Everyone knows that these reserved addresses are for private networks. They are ____（74）____ inside the organization, but they are not unique globally. No router will ____（75）____ a packet that has one of these addresses as the destination address.The site must have only one single connection to the global Internet through a router that runs the NAT software.

（71）A. absolutely　　　B. completely　　　C. internally　　　D. externally

（72）A. local　　　　　B. outside　　　　　C. middle　　　　　D. around

（73）A. private　　　　B. common　　　　　C. public　　　　　D. external

（74）A. unique　　　　B. observable　　　　C. particular　　　　D. ordinary

（75）A. reject　　　　B. receive　　　　　C. deny　　　　　　D. forward

第 2 学时　模拟测试（下午一）试题

试题一（共 20 分）

某公司现有网络拓扑结构如图 5-2-1 所示。该网络中使用的交换机 SW1 为三层交换机，SW2 和 SW3 均为二层智能交换机。

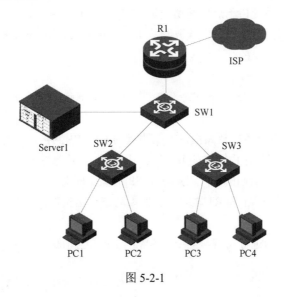

图 5-2-1

【问题 1】（2 分）

路由器 R1 的 GE0/0/1 接口连接内网，GE0/0/0 连接 ISP，并从 ISP 申请到 1 个静态的公网 IP 地址，为确保内部用户访问 Internet，该设备需要配置___（1）___内网用户才能访问互联网。

（1）备选答案：

    A．静态 NAT   B．NAPT

【问题 2】（10 分）

在第一次对交换机进行配置时，需要连接到交换机的___（2）___接口对交换机进行初始化配置。

（2）备选答案：

    A．第一个以太网   B．USB   C．Console

公司现有一台财务服务器 Server1，由于涉及公司财务安全问题，Server1 不需要访问互联网，只能被财务部门处理财务信息的 PC1 访问，且 PC1 无法访问其他 PC 和互联网，使用___（3）___可以实现该目的。所有内网用户的网关配置在交换机 SW1 上，网关地址需要设置在___（4）___接口上。PC1 属于财务网，且 PC2 和 PC3 属于生产部门，PC4 属于销售部门，现要求不同部门之间逻辑隔离，最少需要配置___（5）___个网关地址。SW1、SW2 和 SW3 之间的链路需要使用___（6）___模式才可以实现数据流通。

（3）备选答案：

    A．端口隔离技术   B．路由聚合技术   C．VLAN   D．端口聚合技术

（4）备选答案：

    A．以太网   B．Vlanif   C．NULL0   D．loopback

【问题 3】（4 分）

若内网用户 IP 地址的分配方式为自动分配，在设备 R1 上启用 DHCP 功能，并配置内网用户地址池，则需要在用户网关接口下启用的功能是___（7）___。由于 R1 缺少到内网网段的相关路由，只有路由配置正确内网用户才可以正常获取到从 R1 分配出来的 IP 地址相关信息和访问互联网，以下关于路由配置的叙述错误的是___（8）___。

（7）备选答案：

    A．dhcp 中继   B．arp 代理   C．dhcp snooping enable

（8）备选答案：

    A．SW1 需要配置一条默认路由，下一跳指向 R1 的内网接口地址

    B．R1 需要配置回程路由，目的 IP 段为内网网段，下一跳指向与 SW1 的互联地址

    C．R1 需要配置缺省路由，下一跳指向 ISP 的默认网关

    D．该网络结构中 SW1 和 R1 之间无法使用动态路由实现路由互通

【问题 4】（4 分）

为了对用户的上网行为进行监管，需要在 SW1 与 R1 之间部署___（9）___。

（9）备选答案：

    A．FW（防火墙）   B．IDS（入侵检测系统）

C．堡垒机　　　　　　　　　　D．上网行为管理

随着公司各部门成员的增加，某些时候部分员工获取到的 IP 地址和真实 DHCP 分出来的 IP 不一致，为了避免这种情况可以在交换机上开启（10）功能。

（10）备选答案：

A．dhcp snooping　　　B．broadcast-suppression　　　　C．loopback-detect

试题二（共 10 分）

攻克要塞的一个分支机构被分配了一个 C 类地址 192.168.36.0/24，该分支机构现在需要分配的 IP 地址有财务、人力资源、销售、审计、计划、服务六个部门，每个部门一个子网，每个部门的机器数量不超过 25 台。请回答以下问题。

【问题 1】（4 分）

为给这六个部门分配 IP 地址，请问子网掩码是多少？每个子网有多少个地址，可以分配的地址有多少？

【问题 2】（2 分）

给六个部门分配完地址后，还有多少剩余地址？假设地址是从 192.168.36.0 开始分配的，请列出剩余地址段。

【问题 3】（2 分）

请问地址 192.168.36.111 的网络地址是多少？该网络的广播地址是多少？

【问题 4】（2 分）

该分支机构采用 VLAN 实现网段的划分，请问常规做法是采用什么网络设备实现 VLAN 的划分和互通？

试题三（共 15 分）

图 5-2-2 是某园区网络的结构示意图。

【问题 1】（5 分）

请阅读下列 SW2 的配置信息，并在（1）～（5）处解释该语句的作用。

```
<HUAWEI> system-view
[HUAWEI] （1）
[SW2] （2）     //批量创建 VLAN 2 和 VLAN 3
[SW2] interface gigabitethernet 1/0/23
[SW2-GigabitEthernet1/0/23] （3）
[SW2-GigabitEthernet1/0/23] port default vlan 2  //将接口 GE1/0/1 加入 VLAN 2
[SW2-GigabitEthernet1/0/23] quit
[SW2] （4）
[SW2-GigabitEthernet1/0/24] port link-type access
[SW2-GigabitEthernet1/0/24] （5）
[SW2-GigabitEthernet1/0/24] quit
```

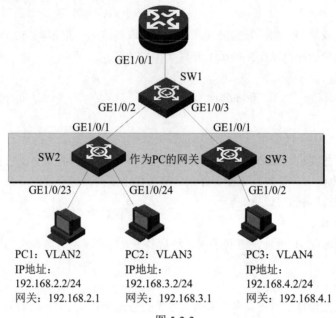

GE1/0/1

SW1

GE1/0/2   GE1/0/3

GE1/0/1   GE1/0/1

SW2   作为PC的网关   SW3

GE1/0/23   GE1/0/24   GE1/0/2

PC1：VLAN2   PC2：VLAN3   PC3：VLAN4
IP地址：   IP地址：   IP地址：
192.168.2.2/24   192.168.3.2/24   192.168.4.2/24
网关：192.168.2.1 网关：192.168.3.1 网关：192.168.4.1

图 5-2-2

【问题 2】（2 分）

若 SW1 与 SW2 是通过 Trunk 相连，请补充 SW2 的 Trunk 部分配置，请根据题目要求，完成下列配置。

[SW2] interface gigabitethernet 1/0/1
[SW2-GigabitEthernet1/0/1] port link-type ___(6)___
[SW2-GigabitEthernet1/0/3] port trunk ___(7)___ //将接口 GE1/0/3 加入 VLAN 2 和 VLAN 3

【问题 3】（4 分）

为了实现 VLAN2 与 VLAN3 通信，请根据题目要求，完成下列配置。

[SW2] ___(8)___ //创建 VLANIF2 接口
[SW2-Vlanif2] ip address ___(9)___   //配置 IP 地址，此 IP 地址是 PC1 的网关地址
[SW2-Vlanif2] quit
[SW2] interface vlanif 3   //创建 VLANIF3 接口
[SW2-Vlanif3] ip address 192.168.3.1 24   //配置 IP 地址，此 IP 地址是 PC2 的网关地址
[SW2-Vlanif3] quit

【问题 4】（4 分）

若 SW1 的配置如下：

[SW1] interface vlanif 5   //创建 VLANIF5 接口
[SW1-Vlanif5] ip address 192.168.5.1 30
[SW1-Vlanif5] quit
请根据 SW1 的配置，将 SW2 的配置补充完整。

[SW2] vlan batch 5   //创建 VLAN 5

[SW2] interface gigabitethernet 1/0/1

[SW2-GigabitEthernet1/0/1] port link-type 　(10)

[SW2-GigabitEthernet1/0/1] 　(11)

[SW2-GigabitEthernet1/0/1] quit

[SW2] interface vlanif 5　　　　　　　　//创建 VLANIF5 接口

[SW2-Vlanif5] ip address 　(12)　//配置 IP 地址，此 IP 地址是 SW2 与 SW1 互连接口的 IP 地址

[SW2-Vlanif5] quit

[SW2] ip route-static 0.0.0.0 0.0.0.0 　　(13)　//配置缺省路由，为 PC 用户找到访问路由器的出口。

缺省路由的下一跳是 SW1 相连接口的 IP 地址

试题四（共 15 分）

某公司需要配置一台 DHCP 服务器，实现为用户分配指定范围的 IP 地址相关信息。

【问题 1】（1 分）

在 DHCP 服务安装完毕后，需要配置作用域，作用域配置完成后需要被　(1)　后才可响应客户的 IP 地址请求。

（1）备选答案：

　　A．发现　　　　　　　B．激活

【问题 2】（6 分）

客户机使用 DHCP 来配置自己的 TCP/IP 信息，除了 DNS 外，还需要为客户机分配　(2)　、

(3)　、　(4)　等参数。

【问题 3】（4 分）

在配置 IPv4 相关的 DHCP 信息时，可以根据 MAC 地址来允许或者限制给哪些终端提供 DHCP 服务，该功能通过 DHCP 服务器的　(5)　功能来实现。为了让某台 DHCP 客户端永远获取到同一个地址，可以使用 DHCP 中的　(6)　功能来实现。

（5）备选答案：

　　A．地址排除　　　　B．筛选器

（6）备选答案：

　　A．保留　　　　　　B．作用域选项

【问题 4】（4 分）

在通过 DHCP 动态获取 IP 信息的情况下，用户想要查看为自己提供 IP 信息的 DHCP 服务器地址，可以在 cmd 命令窗口下输入　(7)　。在某些特殊情况下，用户获取到不正确的 IP 地址信息，可以使用 ipconfig /release 命令释放不正确的 IP 信息，再使用　(8)　命令重新发送 DHCP 请求来获取新的 IP 信息。

试题五（共 15 分）

利用 ASP+access 开发的网站管理系统，设计以下两个网页 Add_form.asp 和 Add.asp，通过它

们将网站信息添加到数据库 test.mdb 中的 website 表中。图 5-2-3 是 Add_form.asp 的浏览页面，在其上输入需要添加的页面内容后，单击“确定”按钮，执行 Add.asp 页面完成相应的内容添加到数据库 test.mdb 中。

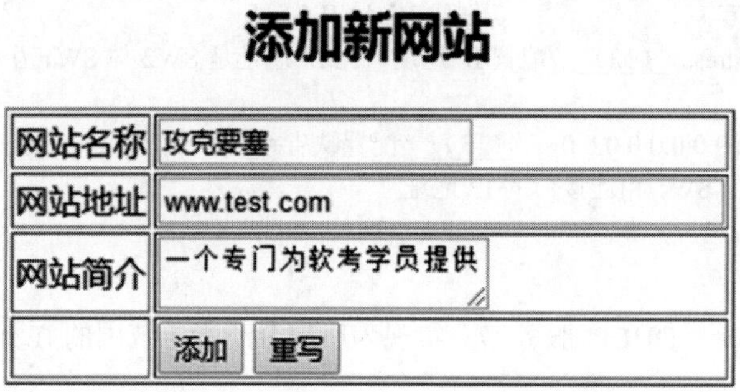
添加新网站
网站名称
攻克要塞
网站地址
www.test.com
网站简介
一个专门为软考学员提供
添加
重写

图 5-2-3

【问题 1】完成程序中空白处的填空。

```
<% Option Eplicit%>
<Html><head><title>添加记录示例</title></head>
___（1）___ align="center">添加新网站</h2>
<center><table border="1" width="90%">
<form name ="form1"method="___（2）___"action="___（3）___">
<tr>
<td>网站名称</td>
<td><input type="___（4）___"name="name" size=20></td>
</tr>
<tr><td>网站地址</td><td>
<input type="text" name="URL" size=40>
</td></tr>
<tr><td>网站简介</td><td>
___（5）___name ="into" row="2"cols="40" wrap="solf">
</textarea>
</td></tr>
<tr><td> </td><td>
<input type="___（6）___" "value="确定">
<input type="___（7）___" "value="___（8）___"</td></tr>
</from>
</table></center></body>
</html>
```

添加数据记录的执行程序 add.asp:

```
<% Option Eplicit>
<%  ‘如果上面的信息已经填全了，就添加记录，否则给出错误提示信息
Dim conn
```

Set conn=server.　（9）　（"ADODB.Connection"）

conn.Open "Dbq="&Server,mappath（"　（10）　"）&";Driver={Microsoft Access Driver（*.mdb）};"

Dim strSql,varName,varURL,varIntro,rs　'定义变量

VarName=Request.Form（"　（11）　"）

VarURL=Request.Form（"URL"）

VarIntro =Request.Form（"Intro"）

　（12）　="Insert into website（name,URL.intro,submit_date）Values（"&varName &","& varURL&","&

varIntro &",# "&Date()&" # ）" '　Date()表示取服务器时间

Set rs=conn.　（13）　（strSql）

index.asp" '添加成功，则返回首页 index.asp

…

response.　（14）　"请将所有信息填写完整"

response.　（15）　"add_form.asp"

%>

备选答案

（1）A．b3	B．h2	C．h3	D．空白
（2）A．get	B．post	C．put	D．pull
（3）A．add.asp	B．add	C．add_form.asp	D．continue
（4）A．submit	B．option	C．radio	D．text
（5）A．textarea	B．text	C．select	D．option
（6）A．submit	B．reset	C．radio	D．text
（7）A．submit	B．reset	C．radio	D．text
（8）A．submit	B．确定	C．reset	D．重写
（9）A．mappath	B．cereateobject	C．application	D．server
（10）A．test	B．test.mdb	C．website	D．website.table
（11）A．name	B．text	C．requesto	D．response
（12）A．strSql	B．varName	C．varURL	D．varIntro
（13）A．open	B．execute	C．requesto	D．response
（14）A．write	B．rewrite	C．redirect	D．direct
（15）A．write	B．rewrite	C．redirect	D．direct

第3学时　模拟测试（上午一）试题点评

（1）分析与答案：可以使用 Word 2010 提供的邮件合并功能，将主文档与一个数据源结合起来，批量生产一组输出文档。

参考答案： A

（2）分析与答案：在 Excel 中，若要选中多个不连续的单元格，需要按住 Ctrl 键的同时依次

单击要选定的单元格。

参考答案：B

（3）分析与答案：TEXT 函数的语法格式：TEXT(value,format_text)，根据 format_text 指定数字格式将 value 值的数值转换为文本形式，返回值为字符型数据。

参考答案：C

（4）分析与答案：COUNT 函数的语法格式是：COUNT(value1，value2，…)，其中 value1，value2，…是包含或者引用各种数据类型参数，参数最多 30 个。函数返回数值类型参数的个数。

参考答案：A

（5）分析与答案：综合布线系统由六个子系统组成，垂直子系统是连接各楼层布线系统的子系统。

参考答案：C

（6）分析与答案：

基础设施即服务（Infrastructure as a Service, IaaS）：用户通过租用 IaaS 的服务器，存储和网络硬件，利用 Internet 就可以完善地获取计算机基础设施服务，大大节约了硬件成本。

平台即服务（Platform as a Service, PaaS）：用户通过 Internet 可以使用 PaaS 在网上提供的各种开发和分发应用的解决方案，比如虚拟服务器和操作系统等，软件的开发和运行都可以在提供的平台上进行。

软件即服务（Software as a Service, SaaS），SaaS 提供完整并可直接使用的应用程序，用户通过网页浏览器即可接入使用。

参考答案：D

（7）分析与答案：RAID 10 相较于其他选项更优，可满足高性能和高安全性要求。

参考答案：D

（8）分析与答案：当硬盘出现坏道或者坏块时，只需要在出现问题的地方进行重构即可。

参考答案：B

（9）分析与答案：不因自然灾害发生较少，就减少灾备级别。

参考答案：D

（10）分析与答案：控制器和运算器构成了中央处理单元 CPU。

参考答案：B

（11）分析与答案：读写最快的是 cache。

高速缓冲存储器（cache）是介于 CPU 和内存之间的高速信息存取存储芯片，用于解决 CPU 和内存之间工作速度的问题，可提高整个系统的工作效率。

参考答案：A

（12）分析与答案：DPI 表示每英寸所打印的点数。400DPI 分辨率扫描的图像每一行有 400×4 个像素点，一共有 400×3 行。总的像素点行数*每行像素点=1600*1200。

参考答案：C

（13）分析与答案：应用程序开发中，从源代码到可执行文件，需要经过四个步骤，分别是预编译、编译、汇编和链接。

● 预编译：主要处理源代码文件中以"#"开始的与编译指令。

● 编译：把预处理完的文件进行一系列词法分析、语法分析、语义分析及优化后产生相应的汇编代码文件。

● 汇编：将汇编代码转变为机器可以执行的指令的过程。

● 链接：把各个模块之间相互作用的部分都处理好，使得各个模块之间能够正确地衔接。

参考答案：C

（14）分析与答案：人工智能是计算机科学的一个分支，它企图了解智能的实质，该领域的研究包括机器人、语言识别、图像识别、自然语言处理和专家系统等。

参考答案：A

（15）分析与答案：选择窗口中的连续多个文件，可先点第一个文件，然后按住 Shift 单击最后一个文件即可，分散的文件则使用 Ctrl 和鼠标一起点击。

参考答案：D

（16）分析与答案：差分曼切斯特编码属于一种双相码，中间电平不表示数据。信号开始时有电平变化表示 0，没有电平变化表示 1。

参考答案：C

（17）分析与答案：TCP/IP 协议栈的数据封装过程是从上往下的。数据的封装层次与次序是应用层->传输层->网络层->数据链路层->物理层。

参考答案：A

（18）分析与答案：IGMP、ICMP 协议都工作在网络层。

参考答案：D

（19）分析与答案：依据奈奎斯特采样定理，为了保证无失真地恢复原模拟信号，采样频率要大于最大频率的 2 倍。

参考答案：A

（20）分析与答案：有噪声的数据速率则使用香农公式，极限数据速率=带宽$\times \log_2(1+S/N)$，其中，S 为信号功率，N 为噪声功率。在信噪比为 30dB 的情况下，S/N=1000。则数据的传输速率=2000*$\log_2(1+S/N)\approx$20000b/s。

参考答案：B

（21）分析与答案：当交换机收到了一个带有 VLAN 标签的数据帧，但查询该交换机的 MAC 地址表，不能查到该数据帧的 MAC 地址，则交换机向属于该数据帧所在 VLAN 中的所有端口（除接收端口）广播该数据帧。

参考答案：B

（22）分析与答案：网络地址端口转换（Network Address Port Translation，NAPT）将内部连接映射到外部网络中的一个单独的 IP 地址上，同时在该地址上加上一个由 NAT 设备选定的 TCP

端口号。

NAPT 的主要优势在于，能够使用一个全球有效的 IP 地址获得通用性。主要缺点在于其通信仅限于 TCP 或 UDP。

参考答案：B

（23）分析与答案：由于有 TTL 的存在，数据包并不会无休止地传递。数据包的目的 IP 地址不会被修改。数据包的字节数不会越来越大。

参考答案：B

（24）分析与答案：收到重复帧不是数据泛洪导致的。数据泛洪是广播报文，广播报文不会导致收到重复数据包。

参考答案：C

（25）分析与答案：TTL 字段长度为 8 位，主要用于数据包防环。

参考答案：C

（26）分析与答案：BPDU 使用 IEEE 802.3 标准的帧，Etherent II 标准的帧属于以太网帧，BPDU 数据帧是一个二层的数据帧，不使用传输层协议，BPDU 帧的目的 MAC 地址为组播地址 0180-c200-0000。

参考答案：A

（27）分析与答案：Access 类型的端口在发送报文时，会剥离报文的 VLAN 信息，然后再发送出去。

参考答案：B

（28）分析与答案：直连路由的缺省优先级为 0，静态路由的缺省优先级为 60，RIP 路由的缺省优先级为 100，OSPF 路由的缺省优先级为 10，优先级的数值越低表示优先级越高。

参考答案：B

（29）分析与答案：链路聚合要求两端端口物理数量一致，速率一致，双工模式一致，但是对端口的编号没有要求。

参考答案：D

（30）分析与答案：Inverse ARP 用来获取 IP 地址，ARP 协议无法获取目的端 UUID 的地址，ARP 协议不支持在 PPP 链路与 HDLC 链路上部署。

参考答案：D

（31）分析与答案：当下层协议无法提供可靠连接的时候，可以依靠上层协议来提供传输的可靠性。

参考答案：B

（32）分析与答案：华为路由的 Serial 口默认封装的协议是 PPP。

参考答案：A

（33）分析与答案：海明码校验，原始信息位为 m，校验位为 k，如果需要纠正 1 位错，则之间的关系为 $m+k+1 \leqslant 2^k$。

参考答案：B

（34）分析与答案：MAC 地址由 48bit 组成，前 24bit 为厂商编号，由 IEEE 分配给生产以太网网卡的厂家。

参考答案：B

（35）分析与答案：CSMA/CD 只能尽量减少冲突的产生，但是无法完全避免产生冲突。

参考答案：B

（36）分析与答案：10M 以太网的最小帧长为 64 字节。

参考答案：B

（37）分析与答案：1000BASE-LX 中的 LX 表示单模光纤传输。

参考答案：B

（38）分析与答案：224.0.0.0～239.255.255.255 为组播地址，组播地址可以标识一组特定的终端，只要终端加入该组播组，则都可以收到组播源发出的消息。

参考答案：B

（39）分析与答案：网络地址不能作为目的地址。

参考答案：C

（40）分析与答案：IPv6 地址可以分为单播地址、任意播地址和组播地址，IPv6 没有广播地址的概念。

参考答案：B

（41）分析与答案：<hr> 标签在 HTML 页面中创建一条水平线。

参考答案：B

（42）分析与答案：<ol> 标签定义有序列表。

参考答案：C

（43）分析与答案：radio 定义单选按钮。

参考答案：A

（44）分析与答案：text 定义单行文本输入区。

参考答案：A

（45）分析与答案：在 HTML 文本中，转义符 "&lt" 表示的结果是<（小于号或者显示标记）。

参考答案：A

（46）分析与答案：ssh 协议是经过加密传输的。

参考答案：A

（47）分析与答案：在 IE 浏览器中，可以通过刷新来重新加载当前页面。

参考答案：A

（48）分析与答案：itct.com 表示该机构向互联网提供商申请的域名。

参考答案：C

（49）分析与答案：/g/2018/表示网站根目录下的相对路径。

参考答案：C

（50）分析与答案：Netstream 提供报文统计功能，它根据报文的目的 IP 地址、目的端口号、源 IP 地址、源端口号、协议号和 tos 来区分流信息，并针对不同的流信息进行独立的数据统计。

参考答案：D

（51）分析与答案：如果找到匹配项，但是表项对应的端口并不属于报文对应的 VLAN，那么丢弃该帧。

参考答案：C

（52）分析与答案：此题属于记忆性题目，没有基于端口属性划分 VLAN 的说法。

参考答案：C

（53）分析与答案：Hub 是集线器，看起来像星型结构，但内部却是总线结构，所有接口共享带宽，所以所有端口同属于同一广播域；二层交换机（L2 Switch）可隔离冲突域，但不能隔离广播域；路由器是三层设备，路由器默认是不转发广播的，能隔离广播。

本题的广播域只有两个，路由器和交换机的每个接口是一个冲突域。所以有 2 个广播域 6 个冲突域。

参考答案：C

（54）分析与答案：主机间的路由使用 IP 地址，而 MAC 地址固化在网卡中，一般无法改变，只能通过一些软件修改。网卡、网络设备均有 MAC 地址。

参考答案：C

（55）分析与答案：无线网络的信道共分 14 个，其中 1、6、11 三个频道信号隔更远，效果更好。

参考答案：B

（56）分析与答案：只有当作品创作完成，才能得到保护。

参考答案：C

（57）分析与答案：.dll 文件是一种动态链接库文件，里面有大量的供调用的函数。当执行某文件时，若其调用了 dll 文件中的函数，则自动去寻找这些 dll 文件，若找不到，则报错。

参考答案：D

（58）分析与答案：FQDN 的含义是完全合格域名，选项 A 前面多了个点；选项 B 和 C 后面没有加点，因此都不是完全合格的域名。

参考答案：D

（59）分析与答案：构建企业一体化的信息系统不仅仅考虑技术的因素，更多的是考虑企业的信息需求。

参考答案：A

（60）分析与答案：用户名和密码是一种典型的用户标识和鉴别的方式。

参考答案：D

（61）分析与答案：目录记录了文件名和物理位置等重要信息，目录信息存储在 FCB 中，改写目录信息时，若目录出现故障，将影响目录下的所有文件信息。

参考答案：A

（62）分析与答案：草稿箱中保存已经编辑过，但是没有发送或者发送失败的邮件。当然从其他地方移动过来的邮件也可以保存的。题目问的是一般保存的是，所以选 B。

参考答案：B

（63）分析与答案：logout 表示退出用户登录。

参考答案：D

（64）分析与答案：boot 目录下存放了系统内核文件和系统引导相关的文件。

参考答案：C

（65）分析与答案：在 Linux 中，所有设备都是以文件的方式显示的，/dev/sr0 表示的是光盘驱动器，光盘挂载命令可以用 mount /dev/sr0 /media/，表示把光盘挂载在/media 目录下。

参考答案：B

（66）分析与答案：Tracert 使用 ICMP 协议来工作，每次发送的 TTL 值都不相同，若设备关闭了 ICMP 协议，则不可回显。

参考答案：A

（67）分析与答案：因为两台设备互为备份，因此基本配置相似，并且已经定位到一台路由器，因此最好的方式是对比配置法。

参考答案：A

（68）分析与答案：TELNET 使用明文传输信息，数据不保密。而 SSH 使用可以确保传输信息的安全性。

参考答案：D

（69）分析与答案：ARP(地址解析协议)，在 Windows 系统下用 arp - a 可以查看 arp 表信息。

参考答案：B

（70）分析与答案：nslookup 可以查询指定 DNS 是否工作正常，ping 只能检查本机所配置的 DNS 是否正常。

参考答案：B

（71）~（75）分析与答案：理解 NAT 的基本工作原理，这题就简单了。

参考答案：（71）C（72）B（73）A（74）A（75）D

第 4 学时　模拟测试（下午一）试题点评

试题一参考答案

（1）B

（2）C

（3）C

（4）B

（5）2 个

因为财务专网只有 PC1 和 Server1 之间的互访，且两者都不需要访问互联网和其他部门的设备，所以只需要打通两者之间的 VLAN 即可，不需要在 SW1 上配置网关地址。生产部和销售部各需要一个网关。

（6）填写 trunk 或者 hybrid 都给分

（7）A

（8）D

（9）D

（10）A

试题二参考答案

【问题1】

考虑到每个部门的机器数量不超过 25 台，每个部门子网大小就划为 32 个 IP 地址，其中一个网络地址，一个广播地址，可以分配的地址有 30 个，子网掩码是 255.255.255.112。

【问题2】

剩余地址还有 64 个，剩余地址段是 192.168.36.192～192.168.36.255。

【问题3】

地址 192.168.36.111 的网络地址是 192.168.36.96，该网络的广播地址是 192.168.36.127。

【问题4】

当前常规做法是采用三层交换机来实现的，三层交换机结合二层交换和三层路由的优点，能够划分 VLAN 并实现 VLAN 间的互通。

试题三参考答案

（1）sysname SW2

（2）vlan batch 2 to 3

（3）port link-type access

（4）interface gigabitethernet 1/0/24

（5）port default vlan 3

（6）trunk

（7）allow-pass vlan 2 3

（8）interface vlanif 2

（9）192.168.2.1 24 或者 192.168.2.1 255.255.255.0

（10）access

（11）port default vlan 5

（12）192.168.5.2 30 或 192.168.5.2 255.255.255.0

（13）192.168.5.1

试题四参考答案

（1）B

（2）IP 地址

（3）子网掩码

（4）默认网关

（5）B

（6）A

（7）ipconfig /all

（8）ipconfig /renew

试题五参考答案

（1）B （2）B （3）A （4）D （5）A

（6）A （7）B （8）D （9）B （10）B

（11）A （12）A （13）B （14）A （15）C

附录一 考试常用华为命令集

华为交换机配置命令：

1. 配置文件相关命令

\<Huawei>system-view	进入系统视图
\<Huawei>reset saved-configuration	删除旧的配置文件
\<Huawei>system-view	进入系统视图
[Huawei]vlan 2	创建 VLAN 2
[Huawei-vlan2] port ethernet 0/1 to ethernet 0/4	在 VLAN 中增加端口配置基于 Access 的 VLAN
[Huawei-Ethernet0/1]port link-type access	当前端口加入到 VLAN
[Huawei-Ethernet0/1] port default vlan 3	
[Huawei]quit	退出当前视图
[Huawei]interface vlan 2	进入接口 VLAN 2
[Huawei-vlan-interface2]ip address 192.168.1.1 25	配置 IP
[Huawei]display current-configuration	显示当前配置
\<Huawei>save	保存配置
[Huawei]reboot	交换机重启

2. 基本配置

[Huawei]sysname switchname	指定设备名称
[Huawei]interface ethernet 0/1	进入接口视图
[Huawei]interface vlan x	进入 VLAN 虚接口视图
[Huawei-Vlan-interfacex]ip address 10.65.1.1 255.255.0.0	配置 VLAN 的 IP 地址
[Huawei]ip route-static 0.0.0.0 0.0.0.0 10.65.1.2	静态路由，设置网关

3. Telnet 配置

[Huawei]user-interface vty 0 4	进入虚拟终端
[Huawei -ui-vty0-4]authentication-mode password	设置口令模式
[Huawei -ui-vty0-4]set authentication-mode password simple 222	设置口令
[Huawei -ui-vty0-4]user privilege level 15	用户级别，数值越高，权限越大

4. 端口配置

[Huawei-Ethernet0/1]duplex {half|full|auto}	配置端口工作状态
[Huawei-Ethernet0/1]speed {10|100|auto}	配置端口工作速率
[Huawei-Ethernet0/1]flow-control	配置端口流控
[Huawei-Ethernet0/1]port link-type {trunk|access|hybrid}	设置端口工作模式
[Huawei-Ethernet0/1]undo shutdown	激活端口
[Huawei-Ethernet0/1]quit	退出系统视图

5. 华为路由器交换机配置命令：交换机命令

[Huawei]display interfaces	显示接口信息
[Huawei]display vlan all	显示全部 VLAN 信息
[Huawei]display version	显示版本信息
[Huawei]interface ethernet 0/1	进入接口视图
[Huawei]rip	进入 RIP 配置视图
[Huawei]local-user ftp	
[Huawei-Ethernet0/1]port access vlan 3	当前端口加入到 VLAN 3
[Huawei-Ethernet0/2]port trunk permit vlan {ID|All}	设 Trunk 允许的 VLAN
[Huawei-Ethernet0/3]port trunk pvid vlan 3	设置 Trunk 端口的 PVID
[Huawei-Ethernet0/1]undo shutdown	激活端口
[Huawei-Ethernet0/1]shutdown	关闭端口
[Huawei-Ethernet0/1]quit	返回
[Huawei]vlan 10	创建 VLAN 10
[Huawei-vlan10]port ethernet 0/1	在 VLAN 中增加端口
[Huawei]description string	指定 VLAN 描述字符
[Huawei]display vlan [vlan_id]	查看 VLAN 设置
[Huawei]stp{enable|disable}	设置生成树，默认关闭
[Huawei]stp priority 4096	设置交换机的优先级
[Huawei]stp root {primary|secondary}	设置为根或根的备份
[Huawei-Ethernet0/1]stp cost 200	设置交换机端口的花费
[Huawei]link-aggregation e 0/1 to e 0/4 ingress|both	端口的聚合
[Huawei]undo link-aggregation e 0/1|all	
[Huawei -vlanx]isolate-user-vlan enable	设置主 VLAN
[Huawei]isolate-user-vlan secondary	设置主 VLAN 包括的子 VLAN
[Huawei-Ethernet0/2]port hybrid pvid vlan	设置 VLAN 的 PVID

[Huawei-Ethernet0/2]port hybrid vlan vlan_id_list untagged　　设置无标识的 VLAN 如果包的 VLAN ID 与 PVID 一致，则去掉 VLAN 信息。默认 PVID=1，所以设置 PVID 为所属 VLAN ID，设置可以互通的 VLAN 为 untagged。

华为路由器命令：

[Huawei]display interfaces	显示接口信息
[Huawei]display ip route	显示路由信息
[Huawei]link-protocol hdlc	绑定 HDLC 协议

[Huawei]ip route-static {interfacenumber\|nexthop}[value][reject\|blackhole]

[Huawei]ip route-static 202.1.0.0 255.255.0.0 210.0.0.2

[Huawei]ip route-static 202.1.0.0 Serial2

[Huawei]ip route-static 0.0.0.0 0.0.0.0　　210.0.0.2

[Huawei]rip	设置动态路由
[Huawei]rip work	设置工作允许
[Huawei]rip input	设置入口允许
[Huawei]rip output	设置出口允许
[Huawei-rip]network 10.0.0.0	设置交换路由网络

[Huawei-rip]network all	设置与所有网络交换
[Huawei-rip]peer ip-address	
[Huawei-rip]summary	路由聚合
[Huawei]rip version 1	设置工作在版本 1
[Huawei]rip version 2 multicast	设置版本 2，多播方式
[Huawei-Ethernet0]rip split-horizon	水平分隔
[Huawei]router id A.B.C.D	配置路由器的 ID
[Huawei]ospf enable	启动 OSPF 协议
[Huawei-Serial0]ospf enable area	配置 OSPF 区域

附录二　常见英文词汇

第1天　打好基础，掌握理论

第1学时　网络体系结构

系统网络体系结构（System Network Architecture，SNA）

国际标准化组织（International Organization for Standardization，ISO）

开放系统互连参考模型（Open System Interconnection/ Reference Model，OSI/RM）

物理层（Physical Layer）

数据终端设备（Data Terminal Equipment，DTE）

数据通信设备（Data Communications Equipment，DCE）

数据链路层（Data Link Layer）

逻辑链路控制（Logical Link Control，LLC）

介质访问控制（Media Access Control，MAC）

网络层（Network Layer）

传输层（Transport Layer）

会话层（Session Layer）

表示层（Presentation Layer）

应用层（Application Layer）

协议数据单元（Protocol Data Unit，PDU）

服务数据单元（Service Data Unit，SDU）

第2学时　物理层

幅移键控（Amplitude Shift Keying，ASK）

频移键控（Frequency Shift Keying，FSK）

相移键控（Phase Shift Keying，PSK）

正交幅度调制（Quadrature Amplitude Modulation，QAM）

信号交替反转编码（Alternate Mark Inversion，AMI）

归零码（Return to Zero，RZ）

不归零码（Not Return to Zero，NRZ）

不归零反相编码（No Return Zero-Inverse，NRZ-I）

通用串行总线（Universal Serial Bus，USB）

时分复用（Time Division Multiplexing，TDM）

波分复用（Wavelength Division Multiplexing，WDM）

频分复用（Frequency Division Multiplexing，FDM）

同步光纤网（Synchronous Optical NETwork，SONET）

同步传送信号（Synchronous Transport Signal，STS-1）

第 1 级光载波（Optical Carrier，OC-1）

同步数字系列（Synchronous Digital Hierarchy，SDH）

第 1 级同步传递模块（Synchronous Transfer Module，STM-1）

准同步数字系列（Plesiochronous Digital Hierarchy，PDH）

混合光纤—同轴电缆（Hybrid Fiber-Coaxial，HFC）

电缆调制解调器（Cable Modem，CM）

有线电视网络（Cable TV，CATV）

光线路终端（Optical Line Terminal，OLT）

光网络单元（Optical Network Unit，ONU）

光网络终端（Optical Network Terminal，ONT）

光纤到交换箱（Fiber To The Cabinet，FTTCab）

光纤到户（Fiber To The Home，FTTH）

无源光纤网络（Passive Optical Network，PON）

以太网无源光网络（Ethernet Passive Optical Network，EPON）

千兆以太网无源光网络（Gigabit-Capable PON，GPON）

独立屏蔽双绞线（Shielded Twisted-Pair，STP）

铝箔屏蔽双绞线（Foil Twisted-Pair，FTP）

非屏蔽双绞线（Unshielded Twisted Pair，UTP）

美国电子工业协会（Electrical Industrial Association，EIA）

第 3 学时　数据链路层

码字（Codeword）

循环冗余校验码（Cyclical Redundancy Check，CRC）

多项式编码（Polynomial Code）

点到点协议（the Point-to-Point Protocol，PPP）

以太网上的点对点协议（Point-to-Point Protocol over Ethernet，PPPoE）

高级数据链路控制（High-level Data Link Control，HDLC）

逻辑链路控制（Logical Link Control，LLC）

媒体接入控制层（Media Access Control，MAC）

生成树协议（Spanning Tree Protocol，STP）

虚拟局域网（Virtual Local Area Network，VLAN）

多生成树协议（Multiple Spanning Tree Protocol，MSTP）

快速生成树协议（Rapid Spanning Tree Protocol，RSTP）

基于端口的访问控制协议（Port Based Network Access Control，PBNAC）

逻辑链路控制（Logical Link Control，LLC）

快速以太网（Fast Ethernet）

千兆以太网（Gigabit Ethernet）

万兆以太网（10 Gigabit Ethernet）

令牌总线网（Token-Passing Bus）

无线个人局域网（Personal Area Network，PAN）

宽带无线接入（Broadband Wireless Access，BWA）

第4学时　网络层

互连协议（Internet Protocol，IP）

数据报头（Packet Header）

服务类型（Type of Service，ToS）

区分服务（Differentiated Services，DS）

区分代码点（Differentiated Services Code Point，DSCP）

显式拥塞通知（Explicit Congestion Notification，ECN）

总长度（Total Length）

标识符（Identifier）

标记字段（Flag）

分片偏移字段（Fragment Offset）

生存时间（Time to Live，TTL）

协议字段（Protocol）

头部校验（Header Checksum）

源地址、目标地址字段（Source and Destination Address）

可选字段（Options）

环回（Loopback）

虚拟路由器冗余协议（Virtual Router Redundancy Protocol，VRRP）

可变长子网掩码（Variable Length Subnet Masking，VLSM）

无类别域间路由（Classless Inter-Domain Routing，CIDR）

路由汇聚（Route Summarization）

Internet 控制报文协议（Internet Control Message Protocol，ICMP）

地址解析协议（Address Resolution Protocol，ARP）

反向地址解析（Reverse Address Resolution Protocol，RARP）

IPv6（Internet Protocol Version 6）

网络地址转换（Network Address Translation，NAT）

网络地址端口转换（Network Address Port Translation，NAPT）

第 5 学时　传输层

传输控制协议（Transmission Control Protocol，TCP）

源端口（Source Port）

目的端口（Destination Port）

序列号（Sequence Number）

确认号（Acknowledgement Number）

报头长度（Header Length）

保留字段（Reserved）

标记（Flag）

窗口大小（Windows Size）

校验和（Checksum）

紧急指针（Urgent Pointer）

慢启动（Slow Start）

拥塞避免（Congestion Avoidance）

快重传（Fast Retransmit）

快恢复（Fast Recovery）

用户数据报协议（User Datagram Protocol，UDP）

协议端口号（Protocol Port Number，Port）

第 6 学时　应用层

域名系统（Domain Name System，DNS）

域名（Domain Name）

顶级域名（Top Level Domain，TLD）

动态主机配置协议（Dynamic Host Configuration Protocol，DHCP）

万维网（World Wide Web，WWW）

统一资源标识符（Uniform Resource Locator，URL）

超文本传送协议（HyperText Transport Protocol，HTTP）

超文本标记语言（HyperText Markup Language，HTML）

万维网协会（World Wide Web Consortium，W3C）

Internet 工作小组（Internet Engineering Task Force，IETF）

电子邮件（Electronic mail，E-mail）

简单邮件传输协议（Simple Mail Transfer Protocol，SMTP）

邮局协议（Post Office Protocol，POP）

Internet 邮件访问协议（Internet Message Access Protocol，IMAP）

优良保密协议（Pretty Good Privacy，PGP）

文件传输协议（File Transfer Protocol，FTP）

简单文件传送协议（Trivial File Transfer Protocol，TFTP）

性能管理（Performance Management）

配置管理（Configuration Management）

故障管理（Fault Management）

安全管理（Security Management）

计费管理（Accounting Management）

管理站（Network Manager）

代理（Agent）

管理信息库（Management Information Base，MIB）

简单网络管理协议（Simple Network Management Protocol，SNMP）

管理信息库（Management Information Base，MIB）

TCP/IP 终端仿真协议（TCP/IP Terminal Emulation Protocol，Telnet）

代理服务器（Proxy Server）

中间人（man-in-the-middle）

安全外壳协议（Secure Shell，SSH）

网络工作小组（Network Working Group）

基于 IP 的语音传输协议（Voice over Internet Protocol，VoIP）

第 2 天　夯实基础，再学理论

第 1 学时　网络安全

僵尸网络（Botnet）

拒绝服务（Denial of Service，DOS）

分布式拒绝服务攻击（Distributed Denial of Service，DDOS）

RSA（Rivest Shamir Adleman）

报文摘要算法（Message Digest Algorithms）

安全套接层（Secure Sockets Layer，SSL）

超文本传输安全协议（HyperText Transfer Protocol over Secure Socket Layer，HTTPS）

安全超文本传输协议（Secure HyperText Transfer Protocol，S-HTTP）

虚拟专用网络（Virtual Private Network，VPN）

Internet 协议安全性（Internet Protocol Security，IPSec）

多协议标记交换（Multi-Protocol Label Switching，MPLS）

入侵检测（Intrusion Detection System，IDS）

入侵防护（Intrusion Prevention System，IPS）

统一威胁管理（Unified Threat Management，UTM）

第 2 学时　无线基础知识

基础设施网络（Infrastructure Networking）

自主网络（Ad Hoc Networking）

无线局域网（Wireless LAN）

载波侦听多路访问/冲突避免协议（Carrier Sense Multiple Access/Collision Avoidance，CSMA/CA）

无线网的安全协议（Wired Equivalent Privacy，WEP）

Wi-Fi 保护接入（Wi-Fi Protected Access，WPA）

时态密钥完整性协议（Temporal Key Integrity Protocol，TKIP）

计数器模式密码块链消息完整码协议（Counter-Mode/CBC-MAC Protocol，CCMP）

无线健壮认证协议（Wireless Robust Authenticated Protocol，WRAP）

第 3 学时　存储技术基础

独立磁盘冗余阵列（Redundant Array of Independent Disk，RAID）

无容错设计的条带磁盘阵列（Striped Disk Array without Fault Tolerance）

网络附属存储（Network Attached Storage，NAS）

存储区域网络及其协议（Storage Area Network and SAN Protocols，SAN）

每分钟盘片转动次数（Revolutions Perminute、RPM）

自监测、分析及报告技术（Self-Monitoring Analysis and Reporting Technology，SMART）

固态硬盘（Solid State Disk）

第 4 学时　计算机科学基础

美国国家标准信息交换码（American Standard Code for Information Interchange，ASCII）

第 5 学时　计算机硬件知识

中央处理单元（Central Processing Unit，CPU）

微处理器（Microprocessor）

复杂指令集（Complex Instruction Set Computer，CISC）

精简指令集（Reduced Instruction Set Computer，RISC）

流水线（Pipeline）

随机存取存储器（Random Access Memory，RAM）

只读存储器（Read Only Memory，ROM）

可编程 ROM（Programmable Read-Only Memory，PROM）

可擦除 PROM（Erasable Programmable Read-Only Memory，EPROM）

电可擦除 ERPOM（Electrically Erasable Programmable Read-Only Memory，E2PROM）

顺序存取存储器（Sequential Access Memory，SAM）

直接存取存储器（Direct Access Memory，DAM）

相联存储器（Content Addressable Memory，CAM）

直接内存存取（Direct Memory Access，DMA）

数据总线（Data Bus，DB）

地址总线（Address Bus，AB）

控制总线（Control Bus，CB）

第 6 学时　计算机软件知识

操作系统（Operating System，OS）

软件开发模型（Software Development Model）

统一建模语言（Unified Modeling Language，UML）

图（Diagrams）

事物（Things）

关系（Relationships）

第 7 学时　知识产权

无

第 8 学时　信息化知识

政府对政府（Government to Government，G2G）

政府对企业（Government to Business，G2B）

政府对居民（Government to Citizen，G2C）

企业对政府（Business to Government，B2G）

居民对政府（Citizen to Government，C2G）

政府对政府雇员（Government to Employee，G2E）

企业对消费者（Business to Customer，B2C）

企业对企业（Business to Business，B2B）

消费者对消费者（Customer to Customer， C2C）

大数据（Big Data）

大量（Volume）

高速（Velocity）

多样（Variety）

低价值密度（Value）

真实性（Veracity）

基础设施即服务（Infrastructure as a Service，IaaS）

平台即服务（Platform as a Service，PaaS）

软件即服务（Software as a Service，SaaS）

物联网（Internet of Things）

人工智能（Artificial Intelligence，AI）

第 9 学时　多媒体

国际电话与电报咨询委员会（Consultative Committee on International Telephone and Telegraph，CCITT）

媒体（Media）

感觉媒体（Perception Medium）

表示媒体（Representation Medium）

存储媒体（Storage Medium）

传输媒体（Transmission Medium）

表现媒体（Presentation Medium）

离散余弦变换（Discrete Cosine Transform，DCT）

真彩色（True Color）

伪彩色（Pseudo Color）

色彩查找表（Color LookUp Table，CLUT）

每英寸点数（Dot Per Inch，DPI）

每英寸像素数（Pixel Per Inch，PPI）

第 3 天　动手操作，案例配置

第 1 学时　Windows 知识

主文件目录（Master File Directory，MFD）

用户目录（User File Directory，UFD）

文件配置表（File Allocation Table，FAT）

第 2 学时　Windows 配置

无

第 3 学时　Linux 知识

无

第 4 天　再接再厉，案例实践

第 1 学时　Web 网站建设

超文本标记语言（HyperText Markup Language，HTML）

万维网联盟（World Wide Web Consortium，W3C）

动态服务器页面（Active Server Page，ASP）

第 2 学时　办公软件

无

第 3 学时　交换基础

交换机（Switch）

"一次路由，多次转发"（Route Once，Switch Thereafter）

多层交换（MultiLayer Switching，MLS）

直通式交换（Cut-Through）

存储转发式交换（Store-and-Forward）

无碎片转发交换（Fragment Free）

千兆位接口转换器（Gigabit Interface Converter，GBIC）

小封装可插拔光模块（Small Form-factor Pluggables，SFP）

第 4 学时　交换机配置

命令行接口（Command Line Interface，CLI）

多生成树实例（Multiple Spanning Tree Instance，MSTI）

MST 域（Multiple Spanning Tree Region，MST Region）

生成树协议（Spanning Tree Protocol，STP）

网桥（Root Bridge）

指定端口（Designated Ports）

根端口（Root Ports）

阻塞（Blocking）

侦听（Listening）

学习（Learning）

转发（Forwarding）

禁用（Disable）

第 5 学时　路由基础

下一跳（Next Hop）

已注册的插孔（Registered Jack）

高速同步串口（Serial Peripheral Interface，SPI）

帧中继（Frame Relay）

路由表（Routing Table）

静态（Static）

动态（Dynamic）

路由选择协议（Routing Protocol）

第 6 学时　路由配置

路由信息协议（Routing Information Protocol，RIP）

水平分割（Split Horizon）

路由中毒（Router Poisoning）

反向中毒（Poison Reverse）

抑制定时器（Holddown Timer）

触发更新（Trigger Update）

开放式最短路径优先（Open Shortest Path First，OSPF）

内部网关协议（Interior Gateway Protocol，IGP）

单一自治系统（Autonomous System，AS）

最短路径优先算法（Shortest Path Firs，SPF）

链路状态广播（Link State Advertisement，LSA）

Internet 地址授权机构（Internet Assigned Numbers Authority，IANA）

内部网关协议（Interior Gateway Protocol，IGP）

外部网关协议（Exterior Gateway Protocol，EGP）

区域（Area）

防火墙（Fire Wall）

访问控制列表（Access Control List，ACL）

参考文献

[1] Jeff Doyle．TCP/IP 路由技术[M]．葛建立，等译．北京：人民邮电出版社，2009．

[2] 谢希仁．计算机网络[M]．5 版．北京：电子工业出版社，2008．

[3] 王达．交换机配置与管理完全手册（Cisco/H3C）．北京：中国水利水电出版社，2009．

[4] Andrew S.Tanenbaum．计算机网络[M]．4 版．潘爱民，译．北京：清华大学出版社，2009．

[5] 严体华．网络管理员教程．北京：清华大学出版社，2014．

[6] 朱小平．网络工程师 5 天修炼．2 版．北京：中国水利水电出版社，2015．